国家社科基金
GUOJIA SHEKE JIJIN HOUQI ZIZHU XIANGMU
后期资助项目

艺术理论的生命政治影响与建构研究

Research on The Biopolitical Impact and Construction of Art Thoery

支运波 著

文化藝術出版社
Culture and Art Publishing House

图书在版编目（CIP）数据

艺术理论的生命政治影响与建构研究 / 支运波著. —
北京：文化艺术出版社，2023.12
ISBN 978-7-5039-7519-6

Ⅰ. ①艺… Ⅱ. ①支… Ⅲ. ①艺术哲学—研究 Ⅳ.
①J0-02

中国国家版本馆CIP数据核字（2023）第218083号

艺术理论的生命政治影响与建构研究

著　　者　支运波
责任编辑　刘利健
责任校对　董　斌
书籍设计　姚雪媛
出版发行　文化藝術出版社
地　　址　北京市东城区东四八条52号（100700）
网　　址　www.caaph.com
电子邮箱　s@caaph.com
电　　话　（010）84057666（总编室）　84057667（办公室）
　　　　　84057696—84057699（发行部）
传　　真　（010）84057660（总编室）　84057670（办公室）
　　　　　84057690（发行部）
经　　销　新华书店
印　　刷　国英印务有限公司
版　　次　2023年12月第1版
印　　次　2023年12月第1次印刷
开　　本　710毫米 × 1000毫米　1/16
印　　张　12.75
字　　数　240千字
书　　号　ISBN 978-7-5039-7519-6
定　　价　58.00元

国家社科基金后期资助项目
出版说明

后期资助项目是国家社科基金设立的一类重要项目，旨在鼓励广大社科研究者潜心治学，支持基础研究，多出优秀成果。它是经过严格评审，从接近完成的科研成果中遴选立项的。为扩大后期资助项目的影响，更好地推动学术发展，促进成果转化，全国哲学社会科学工作办公室按照“统一设计、统一标识、统一版式、形成系列”的总体要求，组织出版国家社科基金后期资助项目成果。

全国哲学社会科学工作办公室

前 言

生命政治（biopolitics）是福柯后期阐发的一个极富创见的理论命题。他在法兰西学院的一系列课程中阐述了这个理论。在《性经验史》中，福柯考察了西方权力机制，发现了大约始于18世纪中叶的以管理生命为任务的政治权力的转变。福柯提出，这种权力模式由针对机器的以肉体为核心的人体解剖政治和针对以人口为核心的生命政治的正反两极构成，前者以规训的方式被整合到有效的经济控制系统之中，后者以调解的方式渗透到物种身体的增强与提升之中。[①] 这个理论被认为“也许是人类社会史上最重要的转型之一”[②]。

“生命政治”这个概念并非福柯首创。早在20世纪上半叶，一些德国国家社会主义者的著作中这个概念就已经成型。另外还有一些学者将生命政治思想的理论溯源至更为久远的历史。[③] 但无论如何，生命政治获得成功却是与福柯分不开的，几乎后来所有的生命政治理论家都与他相关，或直接从他那里获得了巨大的理论养分。可以说，福柯奠定了生命政治的理论走向。

但生命政治逐渐成为当今重要的理论范式则是与一大批理论家的鼎力阐发密切相关的。作为一种指涉实现治理合理化的政治技术和构想，以看护群体生命并使其得到幸福为旨趣的理论，不管是“生命哲学”的代表尼采、叔本华，还是海德格尔、阿伦特和德里达；也不管是当代思想家、美学家阿甘本、奈格里和埃斯波西托，还是巴特勒、哈拉维、巴迪欧、齐泽克、朗西埃等；抑或是东欧新马克思主义者阿格尼丝·赫勒、意大利哲学家保罗·维尔诺和拉扎拉托，英国的尼古拉斯·罗斯等都在

---

① 参见［法］米歇尔·福柯《性经验史》（增订版），佘碧平译，上海世纪出版集团、上海人民出版社2005年版，第90页。

② 米歇尔·塞内拉尔：《授课情况简介》，载［法］米歇尔·福柯《法兰西学院课程系列·1977—1978　安全、领土与人口》，钱翰、陈晓径译，上海人民出版社2018年版，第493页。

③ Prozorov Sergei, “When did biopolitics begin? Actuality and potentiality in historical events”, *European Journal of Social Theory*, Vol.25, 2022, pp.539–558.

不同领域丰富了生命政治。

福柯赞同亚里士多德的论断，认为数千年来，人依然没有摆脱亚里士多德所说的：人还是一个非常具有政治生存能力的生物。事实上，在政治环境中谋求审美生活的传统渊源，可远溯至古希腊、罗马时期。苏格拉底曾以自身生活的和声之美引领城邦人民实现和谐生活，柏拉图将具审美属性的不朽视为人生的最高追求，亚里士多德则认为甜美的生命只属于政治生命（bios）；古罗马人亦认为生命中含有创造快乐生活的想法。当时，政治生命被认为是真实的生活形式。现代，尼采提出权力意志概念后，生命、权力与力量的关系逐渐成为哲学考量的重要议题。受其影响，美学界也越发意识到形而上学思维的弊端，而不断将视点移向治身修德场域，尝试构建有关生存、真理和伦理的美学思想以超越资本主义治理装置的逻辑。

当代，哲学家、政治学家及（后）马克思主义者们对生命政治理论框架内的美学问题兴趣大增，他们都试图通过多种角度来思考美学的新可能。海德格尔终生沉思人如何诗意地栖居，以实现审美抵抗生命政治的集置（gestell）；政治学家阿伦特始终关注生命的根本价值，生命在基督末世学中的历史过程，以此追问生命在现代社会所遭受的危险；批评天才本雅明从技术与艺术的关系中分析出技术的生命政治美学；福柯后期思想转向的根本诉求是如何在身体政治解剖学和生命政治学中活得像件艺术品；阿甘本试图建构出使权力无效的真正政治以割断暴力、法、生命之间的固有联结，从而使生命摆脱主权和权力控制实现快乐生命；朗西埃创造性地致力于政治与美学这两种可感分配方式的研究，在其深层互依关系中找寻突破口。此外，哈拉维等人则对生物技术直接作用于生命所彰显的生命（生态）伦理美学给予了充分关注。

国外的研究显示出这样一个重要思路：生命政治给生存预留了美学空间，美学渴望但也需要在理论与实践中回应来自它的提问，两者呈现出相互吸引、彼此靠拢的强劲趋势。于是，美学与政治、艺术与生命政治的双重互渗被认为是当前美学与艺术学领域重要的新近贡献。国内学者王一川教授就提出审美生命政治的观点，并认为“审美生命政治是涵盖广泛的生命政治在文化艺术领域中的一种存在方式，表明来自异文化的审美和艺术资源当其与个体生命的特定需要相契合的时候，会产生一种特殊的规训力量，能够既有创造性的潜能，也可能有其他的东西”①。

① 王一川：《文化现代性中的异文化角色——跨文化学视域中的审美生命政治》，《人文杂志》2021 年第 1 期。

生命政治也是一种将生命作为政治考量的治理策略。那么，中国古代思想是否也能在此提供某种理论参照呢？众所周知，在中国古代，儒、道两家在生命的集体治理和自我治理上积累了丰富的有关养修人生的思想，佛家则在侧重心理治理的生命哲学上形成了系统理论，这不仅是古希腊和当代生命政治家共同的思想突破口，而且较之于西方更具理论智慧。近现代以来，王国维视审美为人生伦理；蔡元培在政治层面上认识美学；方东美重视人的理想化生存和生命的自我超越，提出理想人格的目标；宗白华引入生命哲学并融合传统思想后，倡导一种生命、美与秩序相统一的艺术化人生。中国百年来数次"美学热"现象，无疑在另一层面彰显了公民启蒙与国家治理间潜在对话的张力关系。

近年来，中国马克思主义在生命政治及其艺术和美学理论研究上呈现出以下趋势。一是儒、道、佛的生命政治学阐释。杨儒宾从古代政治环境对身体的整体影响入手提出公共身体的儒家身体观，杨国荣着力于佛教中生命、政治与国家福利的实践研究；台湾学界尤其关注汉学家于连、葛浩南等人有关庄子养生的生命政治学研究，徐复观将西方思想与庄子艺术精神作比较、阐释，得出庄子修养性命的目的在于人生解放的结论。二是美学研究新领域的拓展。骆冬青从马克思主义理论出发提出权力视野中如何获得自由与和谐的政治美学的理论，刘悦笛倡导生活美学意在构建当代大众精神幸福的文化工程，曾繁仁提出生态美学并以此作为抵制西方技术对生命铭刻的美学方法。三是对生命政治的关注及其美学探索。莫伟民开始转向福柯治理理论的研究，高宣扬紧扣"关怀自身"的线索阐发出福柯生存美学的实践性质和重构西方思想的意义，周宪将审美置于现代性场域剖析出美学的文化权力影响。四是生命政治与艺术理论的彼此介入。汪民安以《生产》为阵地持续推介生命政治和前沿艺术理论，张一兵、蓝江、吴冠军、王立秋等人不仅积极译介有关理论，而且亲自实践艺术中的生命政治学，这大大激发了学界对生命政治与艺术、美学探索的浓厚兴趣。可以说，这些研究都为向生命政治与艺术、美学的纵深思考奠定了坚实基础。

那么，我们不禁要问，如何在艺术与美学中谈论生命政治呢？首先，这需要通过生命政治理论家们，大多是在艺术与美学中广有影响的思想家，或者说他们就是艺术理论家，来厘清生命政治理论及其与艺术和美学的关联对于构建艺术、美学知识体系所具有的基础性作用。其次，从现代国家治理的美学属性研究本身来说，也是弄清楚当代资本主义国家治理美学中不可逾越的一环，即生命政治作为一种机器装置的美学，权力渗透和生命被政治介入后，整体性的社会以生命政治机器装置特性运转的美学思考对于理解当代美学理论也是不可或缺的。最后，艺术作为记录、表达生活或生命的方式，从生命政治角度探究其深层意蕴，是开拓批评理论无法绕过的一个维度。而几乎每一个生命政治理论家都为此做出了杰出的贡献，不管是福柯的关怀自我、阿甘本的例外状态、朗西埃的美学感性学、罗斯的分子政治或埃斯波西托的免疫范式等，对于思考生存的美学与伦理学，叙事正义或者生命政治学都具有当下的时代意义。

比如说，生命政治学的生存美学研究，其中的理论要点至少就包括以下三点。（1）古希腊城邦社会的生存美学考察。希腊人并无形而上学，而是从生存的意义上看待美学的，那里有大量的有关生存、生命的美学思想，这部分凸显出美学传统的政治空间关联。（2）西方生命政治理论家有关生存美学内容的思考。福柯认为，说真话可在被治理的群体内部产生；潜能是阿甘本的核心概念，它联系于艺术和现代美学启发了美学思考的新路径；奈格里发挥了福柯生命政治理论中生产的缺席，构建出集体生命政治的生产美学；埃斯波西托的"免疫范式"理论，提出法与医学语境下的生存策略。这部分是贯穿生存美学的线索。（3）生命（身体）伦理美学研究。生命被纳入治理视野后，它就再也不是一个自然过程，这样一来，生命伦理就被推至前台。身体是生命的基础与防线，所以身体伦理学开始进入视线，从其触及的尖锐理论问题（如主体、身份、伦理等）和干预的社会文化领域（如生物技术、媒介网络、生命安全等）出发思考生命的生存伦理。

再比如，当代中国生命政治美学研究，主要包括以下三点。（1）国家治理技艺的美学探索。在现代语境中，结合社会结构的变迁及传统美学理论，探索国家治理所彰显的美学机制。（2）"民众"概念及美学属性考察。根据福柯的"鄙民"、德勒兹的"游牧民"、奈格里的"诸众"等，从"共同体"理论考察它具有的生产性和抵抗性的生存美学。（3）民众诉求表达的美学机制研究。以福柯对生存美学采取的四条分析路线，分析当代控制社会、新媒体社会和生物科技社会中生命的新美学，解答何以缔造幸福生命的考问，同时以此提炼核心理论范式，构建生命政治批评的理念与方法，并将之运用到文艺批评实践中，也是当前艺术批评必须面对的紧迫任务之一。

目　录

第一章　迈向生命政治的艺术理论

在刚刚过去的这些年中，生命政治概念获得了巨大的成功。一方面，生命政治业已成为当代西方资本主义社会主要的管治范式和政治范畴；另一方面，它在哲学、美学、历史学、政治学、文学艺术、媒介文化，以及更为广泛的社会学和人类科学的广大领域迅疾渗透并不断扎根发芽。另外，有越来越多的学者开始使用这一概念，并将其作为他们理论分析中不可或缺的一部分。[①] 可以毫不夸张地说，生命政治已从几十年前仅作为福柯思想中的一个概念存在，如今俨然被一致认为成为“标识一个独立的学术领域”[②] 与新的思想武器。

或者，进而言之，正像国外诸多学者所认为的那样，今天已经进入了生命政治时代。于此，人们也渐渐意识到人类不仅没有脱离亚里士多德关于政治动物的人类本质界定，而且，阿伦特、福柯、阿甘本等人又将这一论断推向了一个全新的境地。可以说，人类政治生存的本质比古希腊时期是有过之而无不及的。

概而论之，生命政治理论既提供了一种看待生命的新视角，变革了以往人们对生命自然属性的传统看法，又提供了人类认识知识生产方式的新方法，即它可以不通过消耗原材料便实现社会再生产。此外，生命政治也在理论界引发了对于政治范式、生物科技、后人类、动物研究、身体理论、情感理论、批判理论、空间理论、伦理学等诸多领域的新思潮，这势必在某种程度上规约着艺术与美学理论的走向。既然如此，那么，这就将如何在生命政治时代研究艺术理论这样一个重大的理论问题摆在了当代艺术理论工作者的面前。

---

① Vanessa Lemm, Miguel Vatter, *The Government of Life: Foucault, Biopolitics, and Neoliberalism*, New York: Fordham University Press, 2014, p.112.

② Jakob Nilsson, Sven-Olov Wallenstein, *Foucault, Biopolitics, and Governmentality*, Huddinge: Södertörm University, 2013, p.73.

第一节 生命政治的范式转向

一、问题的提出：生命政治与艺术问题

在关于福柯理论的研究中，近年出现了对其后期思想持续关注的浓厚兴趣。而生命政治[①]就是福柯后期所开启的一个极具创造性的理论贡献。不无奇怪的是，在法国之外的意大利[②]，经由阿甘本、奈格里、埃斯波西托等一批激进理论家，以及英国的罗斯、美国的巴特勒、东欧的赫勒等人的推动，很快使生命政治在全球范围内和诸多学科那里得到了巨大回响而一跃成为当今时代的主导理论范式之一。难怪，在新近出版的《生命政治读本》一书中，编者便在序言中迫不及待地发出极富有宣言意味的感慨："哦，是的，生命政治的确诞生了，恰好政治让位于生命政治，权力让位于生命权力，生命让位于政治生命（bios）、生物生命（zoē）和形式生命，这就是我们目前的现实。"[③]的确，生命政治俨然成了当今资本主义管治的主导范式和最大现实。

在1976年著名的"法兰西学院讲座课程"《必须保卫社会》中，福柯论述了"生命政治"，并于同年出版的《性史Ⅰ》中再次重申了这一概念。可以说在20世纪70年代之后，福柯出现了生命政治思想的转向，他用生命政治强调的是生命权力（biopower）中相对于身体解剖政治学的对人口、卫生、种族和环境等"整体过程"起调节作用的治理新技术。通过对权力展布的历史性考察，福柯发现从古典时期开始，西方的权力不仅是一种消极因素，而且也存在着深刻变化，即它开始转变为"一个旨在生产各种力量、促使它们增大、理顺它们的秩序而不是阻碍它们、征服它们或摧毁它们的权力"，同时"'让'人死或'让'人活的古老权力已经被'让'人活或'不让'人死去的权力取代了"。[④]此种以对生命肯定意义的关注和以对人口生命宏观调节为特征的"生命政治"引

---

① 尽管生命政治的概念既非福柯首创，也非福柯首先使用，但确是因福柯的创造性研究而成为后来生命政治理论思考的基点。

② 这里并不是无视德勒兹、朗西埃以及法国一大批生命现象学家的卓越贡献，而只是强调意大利哲学家对福柯生命理论的继承、发扬以及生命理论的视域问题。

③ Timothy Campbell, Adam Sitze, *Biopolitics: A Reader*, Durham and London: Duke University Press, 2013, p.1.

④ ［法］米歇尔・福柯：《性经验史》（增订版），佘碧平译，上海世纪出版集团、上海人民出版社2005年版，第88—89页。

起了福柯的兴趣，福柯窥探到它早已深深植根于希伯来文化中对牧人和羊群的隐喻。[①]牧人肩负着拯救羊群的责任：一方面，他必须提供给羊群足够的食物，把它们引领到丰美的草场；另一方面，他还需对每只羊有彻底的了解，看护母羊，寻找迷途的羊，照看受伤的羊等。牧羊人的权力或“牧领权力”在一种保护的责任和义务中表现出来。因此，“其唯一的理据就是行善，为了行善”[②]。这种牧领权力，在实践中贯彻着审查、忏悔、引导、看护和顺从的权力技术。福柯强调并着眼于权力对人运作的权力布置体系的自由主义框架。在自由主义理论框架内，生命政治遵循着“治理变得合理化”“经济最大化”以及“治理的目的并非治理本身”的原则。

尽管在福柯看来，生命政治与死亡政治如同一枚硬币的正反面一样，互为一体。但福柯在他的生命政治学阐述中无疑还是悬置了极权主义问题，[③]而这恰好是意大利哲学家阿甘本所着力的地方。阿甘本沿着福柯的理路，同时糅合施密特、阿伦特的极权主义思想，在结合本雅明的基础上发展了以赤裸生命、例外状态、集中营和牲人等为核心的独特的生命政治理论。奈格里在积极的意义上继承了福柯生命政治中的调节与生产特性，同时吸收德勒兹的思想，提出当今世界处于“规训社会”和“控制社会”之间的杰出见解。他认为这个社会建立在由各种权力设施构成的网络装置之中，而且这种体系规约了社会生活和文化的各个方面。奈格里认为，“规训权力的统治手段是建构思想和行为的参数与极限，它预设正常行为，禁止反常行为。……行使权力的机器直接组织人的大脑（通过通信交往系统、信息网络等）和人的身体（通过社会福利系统、活动监控系统等）”。当今世界，逐渐显示出规训的“强化和普遍化”和控制的“虚拟状态”，渗入身体、神经末梢、民众意识乃至全部社会关系中。生命权力化，权力彻底生命政治化，生命“追随社会生活，解释它、吸纳它，并把它重新表述。……权力……指导、管理生活”。[④]另一位意大

① 但福柯并不关注羊群以及羊群内部的交流，也就是说，福柯是在纯粹单一的动物的、类的性质上看待被治理对象。在上帝—子民与牧师—羊群的置换关系中，权力模式就诞生了，并且人们被自然地带入了动物性范畴内。

② ［法］米歇尔·福柯：《法兰西学院课程系列.1977—1978　安全、领土与人口》，钱翰、陈晓径译，上海人民出版社2010年版，第109页。

③ 福柯的生命政治论述存在完全集中于牧羊人，而全然不顾羊群的单边、不对称分析，使被治理对象等同于哑口无言的、无主体的动物性存在。

④ ［美］麦克尔·哈特、［意］安东尼奥·奈格里：《帝国——全球化的政治秩序》，杨建国、范一亭译，江苏人民出版社2008年版，第29—31页。

利富有影响的理论家埃斯波西托较之于阿甘本、奈格里则表现出更多的调和性，他主张只有借助医学的免疫范式统合之，才能实现现代社会的治理平衡。

依据上文对生命政治的简要陈述，我们发现在生命政治理论中，统治者与统治技术之间出现了断裂或切割，统治者不再专门指最高统治者，治理被下放，甚至一些专门职业者都成了治理者，比如官员、公务员、教师、医生、律师等这些拥有各种专门技术的职业者。即是说，极端的终止性治理方式被积极地救赎、调节与管控（government）替代，传统上显而易见的元首治理也被细密化的网状型无名治理取代。生命与人口成为权力直接作用的对象而被捕获、征用、控制与治疗或提升。结果，管控不是淡化或消除了，反而是加强了，并变得无处不在；管控的对象也转换成了“一个几乎无限的对象”[①]。例外也成为常态，自然常态的生物生命随时可能成为阿甘本所命名的生命尖锐时刻的“赤裸生命”（bare life），即一种裸露于暴力之下的不受保护的生命。而艺术的生命政治所要考察和表述的则是艺术对于生命形式的书写，观察艺术依其运作的机制及艺术中的美学策略，反思艺术的生命政治特性，构建生命政治批评学等。

除这个问题之外，或许有必要简略回答在生命政治理论框架内谈论美学或艺术何以成为可能的质疑。因为，生命政治理论家们持有亚里士多德所说的“归根结底人是天生的政治动物”的论断，他们无不是在将生命作为直接对象来阐述政治作用于生命的技术手段和生命自然状态的关系问题的。况且，阿甘本也直言“生命（zoe）生活（bios）之间，活着（zen）与政治上有质量的生活（eu zen）之间存在对立”[②]。的确，在以规训为特征的“人体的解剖政治”中，福柯发展了自我呵护的生存美学；而在以调控为特征的“人口的生命政治”中，如何活得像件艺术品则是福柯终生追求的生存美学，也是他由于突然离世而未竟的事业。这似乎回绝了这一讨论的合法性。

然而，生命政治中寓含美学与艺术内在命题的依据却是充足的：早在古希腊，亚里士多德就在《尼各马可伦理学》中用享乐生命区分政治生命和沉思生命，这些生命都是 bios。古罗马人有这样的观点，即“那

① ［法］米歇尔·福柯：《法兰西学院课程系列 .1978—1979　生命政治的诞生》，莫伟民、赵伟译，上海人民出版社 2011 年版，第 6 页。

② Giorgio Agamben，*Homo Sacer*：*Sovereign Power and Bare Life*，trans.by Daniel Heller-Roazen Stanford: Stanford University Press，1998，p. 66.

种在人性里包含着优美的生活方式、包含着领会并造就快乐的人的行为方式的想法"[①]。康德把鉴赏界定于"对道德理念的感性化的评判能力"[②]，梅洛－庞蒂明确地说艺术是作为"生命自身的自我展现"，阿甘本认为艺术是生命这种纯粹潜能的展现。而且，阿冈本在《例外状态》中考察了古代丧礼与节庆的例外状态，他甚至引用塞斯顿有关悬法——国殇（iustitium—luttopubblico）的政治意涵来说明艺术的起源，并论述道："在皇帝的葬礼中残存着动员的记忆……透过以某种总动员的架构来看待葬礼，伴随着一切民政的停摆与正常政治生活的悬置，iustitium 的宣布便朝向将一个人的死亡转变为一个国家的巨变，一场所有人，无论愿意与否，都牵涉其中的剧码。"从中，我们看到主权者的葬礼被演变为日常的例外状态，诸多不可能的行为在这种语境中以艺术化的方式获得合法性。这种"无法与法之间的秘密连带"，在庆典、节日或其他狂欢活动中以艺术的方式现身。法的在场与悬置、艺术与生存美学成为例外状态中的生命之混沌[③]，而不受追责，即艺术在另外一方面成了合法性生存行为的政治性表达，这是别有寓意的。

阿甘本紧承海德格尔，也从创制 / 生产（poiesis）的亚里士多德的古希腊意义上考察艺术（诗学）的技艺的本义。只不过，海德格尔从诗的生产原始意上看到了人的栖居和真理的涌现，而阿甘本则看到了人的"潜能"。在古希腊，作为一种创造，人们用艺术（或诗）把世界呈现在眼前从而利于城邦生活的美好。诗学是归属于政治的，以培育有伦理的城邦人民为目的。显然，美学与艺术化生存的命题从一开始就已内在于生命政治学之中了。

二、技术时代艺术的生命政治

技术与艺术分离与纠合的历史同时也可看作它们两者之间生命政治纠缠的历史。技术在艺术理论中，总是被视为具有敌意和抗拒，这种现代观念大约始于 18 世纪。而在这之前，艺术也是被视作技艺，东西方可能均是如此。就艺术诞生的远古时期看，在最初的艺术表现中，它都是要求物质媒介（比如石块、贝壳、身体等）尽可能完全明了地传达艺术内容（意味），而使艺术终止于物质媒介之外。在古希腊，人们就掌握了

---

① ［德］汉斯 - 格奥尔格 · 伽达默尔：《诠释学Ⅰ：真理与方法——哲学注释学的基本特征》，洪汉鼎译，商务印书馆 2010 年版，第 40—41 页。

② ［德］康德：《判断力批判》，邓晓芒译，人民出版社 2002 年版，第 204 页。

③ 参见阿冈本《例外状态》，薛熙平译，台湾麦田出版社 2010 年版，第 185—204 页。

浇铸和制模两种复制艺术的技术，艺术常常被作为一种魅力技术，（而后来的技术时代或者装置时代，媒介之内无艺术）然后过渡到工业时期的以摄影、电影为代表的工业媒介，一直到网络技术的数字时代，乃至今天的人工智能、虚拟现实，每个时期对于艺术的生产和发展都产生了革命性的意义。

加拿大媒介学大师麦克卢汉曾援引现代主义绘画的例子来阐释“媒介即是讯息”的观点。他说：“在电影出现的时刻，立体派艺术出现了。……立体派不表现画布上的第三维这一专门的幻象，而是表现各种平面的相互作用，表现各种模式、光线、质感的矛盾或剧烈冲突。它使观画者身临其境，从而充分把握作品传达的讯息。……换言之，立体派在两维平面上画出客体的里、外、上、下、前、后等各个侧面。它放弃了透视的幻觉，偏好对整体的迅疾的感性知觉。它抓住迅疾的整体知觉，猛然宣告：媒介即是讯息。”[①] 不同的媒介背景构成了各异的感知环境，这些感知环境作为艺术本身的一部分，同时实现了观众对艺术理解的可能性，即是说媒介与艺术的融合，或者说艺术本身即为一种媒介。

艺术作为媒介扩充了艺术的边界，将本来“向着自身”的艺术带到了形式艺术的广阔领地。可颇具吊诡意味的是，在现代艺术观念诞生不久，有关艺术终结的哀歌就已开始像幽灵一般响彻在时代的上空了。

视技术与艺术为“敌对”性关系，它往往指称的是对现代科技的忧虑情怀。技术化的出现通常被认为是新的人类类型也就随之出现了。以提出“装置范式论”研究纲领而著称于世的当代美国技术哲学家阿尔伯特·伯格曼认为现代社会是由技术形成的，技术已经成为一种环境和生活方式。加林贝蒂在《技术时代的人》中更以充满感伤的笔调写道：“我们生活的世界中每个细节都以技术方式被组织起来……技术不再是我们选择的某种东西，而就是我们的环境。在此环境中，目的与手段，目标与过程，行为、活动与激情，甚至梦想与欲望，所有这些都通过技术被联结起来并需要通过技术才能得到实现。……我们无可挽回且无从选择地栖居于技术之中。”[②] 当然，有关技术的本质洞见莫过于海德格尔。海德格尔指出现代技术“摆置着人，逼使人把现实当作持存物来订造。那种

---

① ［加］埃里克·麦克卢汉、弗兰克·秦格龙编：《麦克卢汉精粹》，何道宽译，南京大学出版社 2000 年版，第 155—156 页。

② ［意］安伯托·加林贝蒂：《技术时代的人》，赵文译，载汪民安、郭晓彦主编《生产·第 9 辑》，江苏人民出版社 2014 年版，第 117 页。

促逼把人聚集于订造中”[①]。把技术视为现代人“座架”的观点引起了人们对于现代科技浓重的忧虑之情，这也被认为是海德格尔生命政治论述的一部分。其实在艺术中人们早就表达出了这一心情，比如法国的瓦莱里以及德国法兰克福学派的理论家们。可我们不禁追问：技术拿走的艺术中最珍贵的东西到底是什么呢？

本雅明的经典文献《机械复制时代的艺术作品》，在20世纪广有影响。在这篇文献中，本雅明宣布技术偷走了原作艺术品的灵韵（aura）之光，而对一种大众的革命美学欢欣鼓舞。这就改变了艺术品之所以是艺术品的安身立命的东西。这样的话，艺术就不再是艺术了，而成了现代生产条件下的产品（商品）。但另一方面，它也呈现了富有灵韵的艺术作品与可复制的艺术作品的悖论关系，以及艺术的生命政治诞生于机械复制技术的兴起和运用，使艺术的生产不再专注于“灵韵”——这种神圣性的生产，而是让技术直接作用于艺术，捕获艺术之名（作为艺术的艺术），并让艺术以艺术之名进入大量复制，即生产的时代。

也就是说，机械复制技术将艺术纳入现代性命题，且直接缔造了艺术的生命政治范式。《机械复制时代的艺术作品》的生命政治意蕴至少在于技术复活了艺术，技术驱逐了艺术内在性（自然生命）的同时却赋予了艺术的形式生命；艺术功能让位于艺术形式，间离了真实艺术与复制艺术，同时把长期处于隐秘状态的艺术品带到公共空间，实现了从艺术的祭祀价值到展览价值的革命性转变。简而言之，技术驱散了艺术的灵魂却激活了艺术的繁殖，也就是说它让艺术“活”而不是让艺术“死”。这时的艺术不就像自由主义框架中的生命政治那样吗？艺术品丢失了原作的“灵韵”，变成原作的纯粹形式复刻，此时的艺术便被赋予了具有现代性意味的生命色彩。当然，此刻的艺术在不断繁殖的同时也可以被随时损坏而不受惩戒。

艺术的上述情怀，还与另一个命题密切牵连，即艺术终结论。通常认为，艺术终结论命题肇始于黑格尔。黑格尔说：艺术就它的最高的职能来说，对于我们现代人已是过去的事了。因此，它对我们已丧失了真正的真实和生命，已不复能维持它从前的在现实中的必需和崇高地位，毋宁说，它已转移到我们的观念的世界里去了。现在艺术品在我们心里所激发起来的，除了直接享受以外，还有我们的判断，我们把艺术作品

---

① ［德］马丁·海德格尔著，孙周兴选编：《海德格尔选集》（下），生活·读书·新知上海三联书店1996年版，第937页。

的内容和表现手段以及两者的合适和不合适都加以思考了。所以艺术的科学（哲学）在今日比往日更加需要，往日的艺术本身就完全可以使人满足。近日艺术却邀请我们对它进行思考，目的不在把它再现出来，而在用科学（哲学）的方式去认识艺术究竟是什么。①

艺术终结之后的艺术是指上升哲学反思之后的艺术。黑格尔对于艺术终结的判定其实是宣告艺术形式生命的开始：艺术成了美学或概念的思考物，真实的艺术只能过渡为形式的艺术与思考的对象被纳入艺术的生命政治考量之中。艺术终结的黑格尔命题，也标志着自19世纪艺术的生命政治时代的开启——沉思进入艺术并将其视为对象。艺术的内在性转变为艺术的形式生命并作为反思的对象催生了艺术思想。表面上看，似乎是艺术性走向非艺术性，实质上则是艺术与非艺术的界限变得混沌了；一元论的叙述风格弥散为差异的生产。由此，在某种程度上甚至可以说，艺术变革史也就是艺术的生命政治史。

将黑格尔有关艺术转变为哲学的命题理解为“死亡论”的流俗观，与克罗齐等人将黑格尔“Auflosung”（终结）看作“已死或临死”②的误读不无关系。20世纪，美国著名分析哲学家丹托提出的“艺术终结论”影响甚巨，但丹托陈述的是作为艺术的艺术“丧失了方向”“不知走向了何处”③的状况。丹托在自己的命题内，所做的描述也颇具意味。他认为：“我们不再看绘画，而只看复制品，或至多是通过复制品来看绘画，于是艺术品和复制品变成一样的了，并且对于大众（化）的眼光来说，它们事实上就是一样的。复制品似乎变得比原画更真实和容易接受，也就是说，变得更容易被理解和更有亲切感。”④丹托这段话的生命政治意味在于他启发了人们将艺术视为一种装置，以供大众轮番进入，大众栖居了而艺术却空心了。

海德格尔是艺术终结论中最被忽视而又最不该被忽视者。海德格尔把克服形而上学作为终生的目标，所以他要终结的是形而上学的艺术观。他坚持一种反美学的观念。他认为艺术形而上学的现代性的完成是以艺术品而非艺术的消失为标志的，这时“艺术变成了一种方式

① 参见［德］黑格尔《美学》第二卷，朱光潜译，商务印书馆1979年版，第15页。

② ［意］克罗齐：《美学原理　美学纲要》，朱光潜等译，外国文学出版社1983年版，第76页。

③ ［美］阿瑟·丹托、刘悦笛：《从分析哲学、历史叙事到分析美学——关于哲学、美学前沿问题的对话》，《学术月刊》2008年第11期。

④ ［美］卡斯比特：《艺术的终结》，吴啸雷译，北京大学出版社2009年版，第8页。

（manner）”[①]。海德格尔把现代技术视为现代的精神“座架”，但其同时也“是一种解蔽方式”，它与艺术之间存在着古老的渊源。海德格尔提出“对技术的根本性的沉思和对技术的决定性的解析必须在”“艺术”的领域内进行。他说，“在最极端的危险中间，是否艺术被允诺了其本质的这种最高可能性。……技术之疯狂道出确立自身，直到有一天，通过一切技术因素，技术之本质在真理之居有事件（Ereignis）中现身”。[②] 抽身现实跃入事件（或译为本有）（Ereignis）的深渊，源始的沉思就能获得存在的真理而栖居于澄明之境。这样，海德格尔就解开了在技术时代，艺术如何成为可能的难题，也破除了生命政治理论中生存美学的魔咒，启发人们重拾福柯未尽的理论事业。

黑格尔宣告崇高艺术的终结，本雅明预言原作的消失，海德格尔判了形而上学艺术观的死刑……如此种种，似乎加重了人们的悲观主义论调：当代艺术枯燥乏味、不能引发审美感受、内容空洞和毫无意义、四不像与没有审美标准、无须任何艺术才华、枯竭的艺术、过度历史化的产物、无批判性、市场化、艺术圈策划的产物、官方的艺术、美术馆的艺术、与公众隔绝[③]，类似这种论调不绝于耳。相反地，景观则是艺术的泛化和日常生活的审美化。绘画作品被搬入博物馆、展览馆，音乐被刻录成光盘，古籍善本有了复印本或电子本，文学名著摇身一变成了畅销书，舞蹈走向广场，以及在世界各地随处可见的好莱坞影片，没有人怀疑艺术早已侵入生活中的角角落落。这刚好印证了韦尔施的观点，如今艺术经历了“从个人风格、都市规划和经济一直延伸到理论”的“美学的勃兴”[④]，还堂而皇之地被纳入国家工业计划中。艺术进入历史，被权力裹挟着纳入生命政治的装置之中。“它抵抗死亡，抵抗奴役，抵抗饥馑，抵抗耻辱”[⑤]，抵抗“没有艺术家的艺术作品”的宿命以延续生命，它像“某种去主体化的机器”一样运作，不断取消“各种认同过程……也对这

① Martin Heidegger, *Mindfulness*, Translated by Parvis Emad and Thomas Kalary, Bodmin: MPG Books Ltd, Cornwall, 2006, p. 23.

② ［德］马丁·海德格尔著，孙周兴选编：《海德格尔选集》（下），生活·读书·新知上海三联书店 1996 年版，第 953—954 页。

③ 参见［法］伊夫·米肖《当代艺术的危机：乌托邦的终结》，王名南译，北京大学出版社 2013 年版，第 30—31 页。

④ ［德］沃尔夫冈·韦尔施：《重构美学》，陆扬、张岩冰译，上海译文出版社 2006 年版，第 3 页。

⑤ ［法］吉尔·德勒兹：《哲学与权力谈判》，刘汉全译，商务印书馆 2013 年版，第 198 页。

些消解的认同进行了再编码”[①]，艺术每时每刻都在用各种形式“占据、充斥或创造新时空”[②]。

三、博物馆、收藏与作为装置的艺术

艺术品本来是人所驻足、栖居的本己性空间，但美学与艺术的相互牵扯使艺术品失去了艺术性而成了空洞的、美学的灾难之地。同时，技术以及媒介再次让艺术性变得雪上加霜，艺术不再是艺术，而成了展示的景观或纯粹的装饰。艺术终结论及技术对艺术的冲击，使真正的艺术品不得不退缩到了博物馆或收藏家那里，而艺术也失却了以往被顶礼膜拜的特质。

本雅明较早地看到了这一点，他宣布艺术中的非艺术性取代了原作的位置，实现艺术形式的生产，复制后的、对大众而言具备产品与艺术品双重模糊身份的物件作为一个对象性自足存在而发生作用。“光晕被破坏，艺术作品最内在的象征结构也发生了如此这般的移位，使得这个领域脱离了生活的物质过程，两者之间的相互平衡性被打破了。”[③]艺术作品被收回了“能够给予最高真实性和神圣性的声称”，被安放到原作中并将原作固定在博物馆或私人空间中。然后，仍然不变地通过原作“把历史见证和膜拜装点（的功能）”再拱手让给进入这些特定空间的“不具名”的闲逛者。这些群体以灵魂和肉体的“诸众”[④]（multitudes）特性在博物馆或某些特殊场所中的原作里批量进入，大多数情况下不做任何评判地再空荡荡地走出。大众不假思索地惊叹于特定空间中艺术的物质性，或者还保存着短暂的灵韵幻想。博物馆作为“一个跟物质上的陵墓差不多的精神上的石棺”[⑤]极力呈现艺术品的物质性，努力复活艺术的艺术性，并试图抹平记忆、缅怀、经验与未来的界限，共同保证艺术生命得以维持。

---

① ［意］吉奥乔·阿甘本：《生命政治与主体性：阿甘本访谈》，载汪民安、郭晓彦主编《生产·第7辑》，江苏人民出版社2011年版，第34页。

② ［法］吉尔·德勒兹：《哲学与权力谈判》，刘汉全译，商务印书馆2013年版，第196页。

③ ［德］西奥多·阿多诺、［法］雅克·德里达等：《论瓦尔特·本雅明：现代性、寓言和语言的种子》，郭军、曹雷雨译，吉林人民出版社2011年版，第356页。

④ 奈格里的诸众概念是个具有政治、种族、文化背景意涵的表达主体遭受撕裂与抛弃的概念。它处于福柯的“鄙民”（贱民）（the plebs）、德勒兹与瓜塔里的“游牧民”（nomads）、利奥塔的复数小写的“犹民”（the jews）、阿甘本的“凡异民”（whatever singularity）以及朗西埃的“没有部分的部分”（the part having no part）理论谱系中。

⑤ ［美］卡斯比特：《艺术的终结》，吴啸雷译，北京大学出版社2009年版，第8页。

进入博物馆观看原作的大众，常常不把原作作为原作应具有的欣赏品质对待；观看复制品的人们，反而在艺术的模糊身份中每每以艺术的心态去审视之。这样，技术给艺术品赋予了德勒兹意义上的“块茎”与“逃逸线”特征，要言之，它生成了艺术生命政治的一种特性，那就是艺术作为敞开性场域成为诸众轮番进入的平滑空间或者“流”。被物化的复制品的艺术，不再表达什么，也不再承担某种真理诉求，而是以更多的可见性述说观赏者“让”其述说的事情；观众走进博物馆观看原作，则是通过物质空间制造的“‘类身体’（quasi-bodies）来逃逸其生物性”。本雅明说，“读者、思考者、无所事事的闲逛者和吸食鸦片者、做梦者、狂喜者一样”，从远处走来，走近艺术品，在闲逛中与艺术的灵光漠然遭遇。然而，诸众与灵光的遭遇情境是博物馆、艺术展以及以活动形式出现的聚集（装置给艺术灵光提供了此时此刻的，也就是努力再现原作的意味。装置的生命政治意蕴在于装置再现原作，即装置成为原作）。再域与解域的游戏中，诞生的是平滑空间中符号式、无名性、无思想的诸众，也是阿甘本所说的丢失原初性沦为姿态的东西。它堵住了终止的路，让不可能、不可复现成为可能，并努力把技术生产物（假象）作为真实物。在永恒的再生中，内在性死了，它们所构成的两极重塑着被铭刻的历史。

美术馆使艺术溢出艺术品之外，从而让生活更具艺术性；美术馆又“让‘艺术中的生活’变得可见和可理解”[①]，以使艺术更生活化。人们走进美术馆，审美心理与审美感受直接作用于艺术品，此刻泯灭了一切物质形式和表象世界，艺术赤裸裸地走向前台并充满此在世界。美术馆设施构成了艺术与生活的连接点，并且延长了艺术的生命。相反，当艺术被单纯地视为艺术，“当艺术只是艺术时，艺术也就消亡了”[②]，朗西埃说得再明白不过了。

今天，作为原作的艺术品仅仅存在于十分有限的空间和特定的场合。艺术史实、艺术文献、藏品、艺展抑或礼物是艺术的几种典型生命政治形式。对于艺术收藏，国内学者汪民安说：“‘艺术’品一旦诞生，它最隐秘的欲望不是被欣赏，而是被收藏。在当今，艺术品的结局就是被收藏。但是，收藏艺术品，是为了去独自享受和占据艺术品的意义吗？事实上，几乎所有的收藏家都愿意将藏品展示于人，与其说收藏家垄断藏

---

① 汪民安、郭晓彦主编：《生产·第 8 辑》，江苏人民出版社 2012 年版，第 219 页。

② 汪民安、郭晓彦主编：《生产·第 8 辑》，江苏人民出版社 2012 年版，第 220 页。

品的意义，不如说他们更愿意同人分享藏品的意义。”[①] 艺术品一旦到了收藏家手里，艺术欣赏转换成物质占有，或触摸，或视觉投向艺术品的物质性因素时的那种人与艺术的独一无二的从属关系，甚至会因为收藏家的个人原因使艺术品处于“赤裸生命”状态。这表明处于藏品常态的艺术品其实处于极端时刻的例外状态。这种艺术品的“活死人”状态，同样经常出现在艺术市场、展览实践和博物馆中。虽然它们拥有自主权，却如当代学者格洛伊斯所言，“无语境地、非策展地流通着”，“艺术创作与艺术展示之间不再有任何本质的区别”。[②]

技术本身也是一种装置，海德格尔指出：“贯通并统治着现代技术的解蔽具有促逼意义上的摆置之特征。”[③] 复制品丢失了艺术作品的此时此刻性，即艺术品的本真性，艺术作品的灵韵枯萎了。一旦艺术作品的本真性失去了，或者被抽离了艺术存在的场域，艺术的根基就不再是艺术的传统关联，而是“另一种实践：政治”[④]，即意味着艺术乃是某种装置机制。

装置（dispositif）是生命政治的一个核心机制。布若塞特称其“已成为治理活人、生命权力和生命政治的支配性机制”[⑤]。装置在福柯、海德格尔、德勒兹、阿甘本等人的思想中均发挥着重要作用。德勒兹、阿甘本都讨论过福柯思想中的装置作用，并各自写了《什么是装置？》的同名文章。阿甘本认为，“对福柯来说，真正至关重要的，毋宁说是对实证性（或装置）在关系、机制和权力的‘游戏’中活动的具体模式的探究”[⑥]。装置对于福柯，就如同实证性之于黑格尔的意义。何为装置呢？福柯认为，它是“可能建立于这些之间的网络”。福柯的装置与海德格尔的集置，以及阿甘本的装置一样，“指意在管理、治理、控制、引导——以一种开起来有用的方式——人类的行为、姿势和思想的，实践、知识的

---

① 汪民安：《什么是当代》，新星出版社 2014 年版，第 205 页。

② ［德］鲍里斯·格洛伊斯：《装置的政治》，戴章伦译，《当代艺术与投资》2009 年第 8 期。

③ ［德］马丁·海德格尔著，孙周兴选编：《海德格尔选集》（下），生活·读书·新知上海三联书店 1996 年版，第 934 页。

④ ［德］本雅明：《经验与贫乏》，王炳钧译，百花文艺出版社 2006 年版，第 263、264、268 页。

⑤ Alain Brossat：《傅柯：危险哲学家》，罗惠珍译，台湾麦田出版社 2013 年版，第 79 页。

⑥ ［意］吉奥乔·阿甘本：《什么是装置？》，王立秋译，《当代艺术与投资》2010 年第 9 期。

诸身体、措施以及制度的集合 / 设定”[①]。

阿甘本考察福柯的装置概念，认为装置就是一种吸纳话语、制度、哲学等元素并在其间确定的网络，它坐落于权力关系和知识体系中。阿甘本将装置概念追溯到 2 世纪到 6 世纪的希腊语家政学 Okionomia，一个具有神学与经济学意味的术语。Okionomia 意味着上帝对于居所、生命与世界的管理，即是说，Okionomia 成为一种装置，透过这种装置，基督教实现了世界、信仰与教义的治理。通过考察，阿甘本发现了 Okionomia 在基督教中的救赎治理性，这也就建立了 Okionomia 与治理的关联。阿甘本也正是在管治活动的意义上理解装置的。在《什么是装置？》中，阿甘本将装置界定为所有捕捉、引导、决定、拒载、形塑、管控或确保姿态、行为、意见与论述的能力。它不仅是像监狱、学校、法律措施等治理技术或场所与权力结合的地方，也包括文学、哲学、书写、网络媒介，甚至是语言等。当然，艺术也不例外。作为装置的艺术所意指的是艺术依生命政治运作的机制与程序。

四、作为动物性与例外状态的艺术

阿甘本认为：“现代生命政治的新颖之处在于，生物性事实本身就是政治性的，而政治性事实本身直接就是生物性事实。”[②]艺术的两个生命在模糊难辨中又产生了分离，而且形式生命往往占据上风：书展和书无关，画展和画无关，艺术品购置与消费与艺术无关，操持艺术的是人而不是艺术本身受到狂热追捧，以至明星泛滥而艺术（文化）退化的畸形成为正常化现象，一切文化的形式都脱离了文化的内在性。对此，当代法国哲学家朗西埃在《审美革命及其后果》中有精辟的见解。他说：“艺术作品只有当其不是一件艺术作品时才能进入这一感知机制当中。”[③]在不作为感知对象的大量时刻，艺术品仅仅是作为纯粹客观存在物待在角落里。就如同那些从民间搜集来并杂乱无章地随意堆放在博物馆、民俗馆、文化馆、陈列馆里的那些所谓的“文化遗产”一样，宛如集中营里的“赤裸生命”（bare life）——一种具有生命的死人。人类审美的历史就是从对象提取或赋予对象美，然后再将由表象唤起的美感从对象中抽离出来的历史。

---

① ［意］吉奥乔·阿甘本：《什么是装置？》，王立秋译，《当代艺术与投资》2010 年第 9 期。

② 汪民安主编：《生产·第二辑》，广西师范大学出版社 2005 年版，第 241 页。

③ 汪民安、郭晓彦主编：《生产·第 8 辑》，江苏人民出版社 2012 年版，第 215 页。

生命政治理论中生命是被权力、政治包裹的由一系列技术装置渗透的生命。那么放到艺术上来看待，同样也是如此。艺术的自然状态与被诸多因素裹挟的生命政治状态之间的界限变得越来越模糊，艺术在自身的生产机制中也不断利用诸多技术手段所构成的历史创造出新的艺术样式，同时使艺术的自然状态不断远去和不可辨认。具有历史感的、再生的艺术形式加速取得人们的认可并摇身获取惯例的艺术资格。试想，生活在今天由网络技术制造的新媒体艺术时代，即生命政治语境中的诸众，谁还会去关注艺术之初的自然状态以及经验性构成呢？反而是艺术的符号真实超越了自然真实成为最大真实。

于是，艺术就像阿甘本在《牲人》(*Homo Sacer*)中对集中营里的赤裸生命的描述一样，艺术只有在展示的时候才是艺术，现实中人们对艺术熟视无睹，艺术只剩下“活着这一事实”了。体验、感受和沉浸式审美，这些来自艺术的审美属性被艺术形式感、存在感、惊奇感替代。但生命政治的典型特征在于呈现一种悖论的真理（不管是在福柯那里，还是在阿甘本那里），权力在场的时刻也正是权力缺席的时刻，赤裸生命就是最为单纯的生命，所谓的“活死人”。本雅明《机械复制时代的艺术作品》昭示了灵光诞生在机械复制时代，诞生与缺失处于同一门槛。复制品与原作之间的界限消失之时，就是原作生命诞生之时。本雅明不仅呈现了诞生与缺失的矛盾综合体，还呈现了灵光不在艺术的躯体内，而在躯体外部的秘密。这就要求人们去找寻艺术作品，借助艺术作品的沉浸式艰苦体验，调动人的各种能力，透过作品的表象世界去发现艺术的灵光之旅；这就要求人们挪动身体参与到陌生情境的审美探索，在艺术品存在的例外状态中进入艺术品原作的正常状态。可是技术捕获了人并改变了人的身体习惯、行为方式和审美趣味，人们不愿驱动自己的身体去寻找、体验艺术原作，而宁愿沉沦在艺术的复制品中。这是艺术的另一层生命政治。技术将艺术的一切带到近前，却毁坏了艺术之所以是艺术的灵光，艺术就是那个“活死人”。灵光以艺术形式的存在作为保证：“原创和拥有灵光与活着是同一回事”，复制给艺术带来的最根本的反而在于“让”艺术“活着”。艺术在多种情况下，“并非直接实存并可见，而是缺席和隐蔽的”[①]。

阿甘本视被剥离政治身份，仅仅存活的赤裸生命为西方政治的根本

① ［德］鲍里斯·格洛伊斯：《艺术力》，杜可柯、胡新宇译，吉林出版集团股份有限公司2016年版，第62页。

范畴。这种被排斥了一切政治身份的随时可能被依法或例外的状态处死的赤裸生命，不仅完全不是非政治的，而且恰恰相反，它反倒是更属于政治的。将此挪移到艺术上，也就是非艺术的反而往往更具艺术性，如杜尚的“小便池”就提出了类似的尖锐挑战，其他还有安迪·沃霍尔和詹姆士·哈维的布里洛盒子。就像丹托发出的疑问那样：“杜尚的《泉》这样的作品何以能从一件纯然之物擢升为艺术品？”[①] 艺术即非艺术，非艺术即艺术，类似于海德格尔说的差异与同一。矛盾性的依存是生命政治重大的悖论体现之一。

沿着福柯的理路但与福柯又截然不同，阿甘本坚持生命政治领域中的激进性和模糊性，认为在例外状态下，赤裸生命和集中营是典型范式，而且政治与非政治、排斥与接纳、内部与外部、自然与政治等这些界限变得异常模糊。在古代时期，赤裸生命与意义生命截然分开。但“在现代状态，肉体生命与精神生命已被混淆起来，而自然生命业已成为权力的机制和算计的一种战略性考虑。随着肉体生命成为人的权利的来源和目标，出生成为最高统治者的运作的原则”[②]。现代状态的艺术亦是如此，权力因素直接作用于艺术，并将艺术作为考量和算计的客体，艺术的生产体现艺术运作的原则。

艺术的泛化与艺术的缺席，艺术与非艺术的区分，就如同海德格尔对艺术的本质所阐释的一样，当我们去追问艺术是什么时，艺术的本质就离我们远去了。艺术的本质在于真理，而真理则是无蔽，当我们与艺术遭际的那一刻，艺术的世界向我们敞开，显现出光亮的瞬间，这就足够了。艺术的动物性与艺术的非艺术性不正像海德格尔的世界与大地的原始争执以及本有的运作那样——亲密而彼此进入吗？

将生命政治与艺术相勾连，是要表述艺术的新趋势与新机制：艺术以媒介而不是以自身指涉自身、指涉生活；艺术变成一种形式，借用了艺术之名而背离艺术变成了生活形式或艺术的记录；艺术制造艺术；艺术文献、艺术展示、艺术收藏和艺术快递是艺术作为生命政治特征的几种典型方式，艺术被纳入装置之中而失去了艺术自治，进入了艺术形式的自生产，则是艺术的时代宿命。艺术的价值及功能奠基转移到政治程序，并以生命政治的机制运作是当今技术媒介时代艺术的典型装置和最

---

① ［美］阿瑟·丹托：《寻常物的嬗变：一种关于艺术的哲学》，陈岸瑛译，江苏人民出版社 2012 年版，第 8 页。

② ［美］科斯塔斯·杜兹纳：《人权与帝国：世界主义的政治哲学》，辛亨复译，江苏人民出版社 2010 年版，第 136 页。

大现实。

艺术研究如何观照艺术新变，并对其做出理论回应是当代艺术理论生产面临的重大问题之一。艺术语境发生了变化，传统的艺术理论在阐释当代艺术是否还具有效力，能否回应现实提出的问题，都是摆在人们面前需要思考的理论问题。特别是数字时代、人工智能、虚拟现实、生物技术、人机互联等这些在艺术中大行其道，导致其美学机制出现了革命性变革，恐怕人们再也难以用传统理论去解答不同时代所出现的艺术问题了。

第二节　作为生命形式的艺术

20 世纪最杰出的思想家之一瓦尔特・本雅明，虽生命短暂，但死后名声斐然。他的经典文献《机械复制时代的艺术作品》被公认为是其最为著名、最有影响力的文章。对该文献的阐释与解读，一直未绝，蔚为奇观。然而，在相关阐释中，有太多的研究者对该文献进行艺术社会学解读，却极少有研究者在艺术形式的自足框架内投以关注的目光。因此，从本雅明视艺术为生命及其形式的观点出发来理解本雅明生命政治理论思想中的艺术问题，在全球资本治理新范式已然居于主导地位的今天显得十分迫切而必要。因为，这将为我们打开一个艺术在生命政治时代的可能缺口，去发现人类未来的生命潜能，从而坚持一种有意义的、积极的艺术人生观。

一、艺术的生命及形式

生命政治的诞生是与福柯的名字联系在一起的，但福柯并非这一概念的首创者。在他之前早些时候的德国，一些研究社会主义理论的学者就已经在国家与生命存在的意义上较为成型地使用了生命政治的概念。也就是说，生命政治理论有德、法两种传统。在德国，本雅明从施密特那里汲取思想养料，从其所处的现代性视域出发，着眼于生命政治的暴力面向却着意于其积极属性；在法国，福柯从尼采那里获得思想启发，沿着有关权力积极性的发现进行开掘，矢力于生命政治的生产特性却也不忘“死亡政治”（thanatopolitics）[①] 的维度。他们在生命政治同一主题

① Foucault, Michel, *The History of Sexuality*, *Vol. 1*, Trans. by Robert Hurley, New York: Vintage, 1990, p.137.

下，各自奔向了差异性的两极。在当今欧洲生命政治理论中，以阿甘本为代表的激进派和以奈格里为代表的温和派，可分别视为是对本雅明与福柯两种思想资源的继承与发扬。

本雅明关于生命及其类型的论述是他对生命政治的重要理论贡献之一。他的这一观念有巴霍芬思想的印记[①]和对波德莱尔的主动吸收，同时也受犹太隐秘主义影响，并与他个人忧郁的个性不无关系。在生命及其类型的认识和探讨中，本雅明较为详细地区分和论述了像"永恒生命"（eternal life）、"无辜生命"（innocent life）、"有罪生命"（guilty life）、"纯粹生命"（mere life）和"赤裸生命"（bare life）等一系列重要概念，这为后来阿甘本、德里达等著名生命政治理论家们对于生命形式的认识奠定了理论基础。[②]本雅明关于生命的论述同样也渗透在他有关文学艺术的卓越看法中。例如，本雅明把"形式"视为艺术作品的首要因素，并赋予作品及其形式"一种自然生命"[③]的看法。当然，像创作、阅读和翻译活动也不例外，本雅明同样认为它们无不是一次生命过程。传统的文学形式——讲故事是一种"生命铸造"；新近的艺术形式——电影则是一种复制、记录生命的机械装置。更为甚者，像书籍和页码、摄影的曝光过程，乃至流行时尚，在本雅明眼中竟然也都无不是"与有生命的躯体相关联"[④]的。

本雅明曾声称："艺术阐释的任务是将艺术的生物生命（creatural life）聚焦于艺术思想。"[⑤]这一文学阐释的思想强烈地贯穿于他曾一度明确宣称要做德国第一流的文学批评家的理想之中。所以，人们发现"在他的所有的文学批评著作中，本雅明其实只提出了同一个问题，即什么是政治生命（bios），在其中生物生命（zoe）与未来生命（zoeaionios）两者如何共存的问题"[⑥]。杰出作品与二三流作品的根本区别，在本雅明

---

① NitzanLebovic, *Ecstasy and Antihistoricism: Klages, Benjamin, Baeumler, 1914–1926*, from *The Philosophy of Life and Death*, Palgrave Macmillan, pp.91, 101.

② Vernon Cisney, "Categories of Life: The Status of the Camp in Derrida and Agamben", *The Southern Journal of Philosophy*, Vol. XLVI, 2008, pp.161–179.

③ ［德］本雅明：《德国悲剧的起源》，陈永国译，文化艺术出版社 2001 年版，第 19、23 页。

④ ［德］瓦尔特·本雅明：《发达资本主义时代的抒情诗人》，张旭东、魏文生译，生活·读书·新知三联书店 2007 年版，第 188 页。

⑤ Walter Benjamin, *The Correspondence of Walter Benjamin, 1910–1940*, Trans. By Evelyn M. Jacobson, Chicago and London: University Of Chicago Press, 1994, pp.224–225.

⑥ Miguel Vatter, "'Married Life', 'Gay Life as a Work of Art', and 'Eternal Life': Toward a Biopolitical Reading of Benjamin", *Philosophy and Rhetoric*, Vol.44, No.4, 2011, pp.309–335.

看来，就是开创与保留作品的生命形式的区别。毫无疑问，本雅明在他的名篇《机械复制时代的艺术作品》中，自然也贯彻了“生命”——这个他特有的“核心性的有机比喻”①。其实，与《机械复制时代的艺术作品》构成姊妹系列的《讲故事的人》和《拱廊街计划》中，本雅明也毫不隐讳地宣扬他的生命隐喻。例如，在《讲故事的人》中，本雅明便诉说了讲故事的人与听故事的人之间此消彼长的经验的贬值和在生死转换中权力的变迁，并得出了故事时刻就是一种自然生命的状态的观点；然而，在《拱廊街计划》中，他就迫不及待地直接声明“他将用幻景这样的最直接的形式来阐明 19 世纪‘诸多新的生命形式和新的创造物’”②。

本雅明对生命的比喻是个涵盖多重意味的概念。大体而言，本雅明有时指生物学意义上的自然生命，有时也指形式上的文本生命，有时还指时间序列上的历史生命。在《翻译者的任务》中，本雅明认为：“只有当我们把生命赋予一切拥有自己的历史而非仅仅构成历史场景的事物，我们才算是对生命的概念有了一个交代。”③另据他本人说，在《机械复制时代的艺术作品》中所作出的思考，正是处于现代的“时钟脚步中”给“艺术理论提出的问题赋予某种真正的现代形式”④，以捕捉“19 世纪作为‘命运’的艺术作品”⑤在终结时刻的讯息。本雅明认为历史决定了自然界的生命过程，而理论家的任务就在于“透过包罗更广的生命历史去理解自然生命的一切”⑥。

置于历史场景去理解《机械复制时代的艺术作品》中所表述的“灵韵衰退”宣言，其根本性的变革意义或许在于它解开了艺术不是由上帝，而是由政治和“综合科技”⑦所缔造的生命密码。简而言之，艺术从来就

---

① 朱大成：《文化的宗教性：本雅明、伽达默尔、勒维纳斯的文化理论》，香港道风书社 2010 年版，第 139 页。

② ［英］戴维·弗里斯比：《现代性的碎片：齐美尔、克拉考尔和本雅明作品中的现代性理论》，卢晖临等译，商务印书馆 2003 年版，第 353 页。

③ ［德］汉娜·阿伦特编：《启迪：本雅明文选》，张旭东、王斑译，生活·读书·新知三联书店 2008 年版，第 83 页。

④ Walter Benjamin, *The Correspondence of Walter Benjamin, 1910–1940*, Trans. By Evelyn M. Jacobson, Chicago and London: University of Chicago Press, 1994, p.509.

⑤ *Parallel Lines: Printmakers, Painters and Photographers in Nineteenth-Century France*, New Haven and London: Yale University Press, 2001, pp.7–43.

⑥ 朱大成：《文化的宗教性：本雅明、伽达默尔、勒维纳斯的文化理论》，香港道风书社 2010 年版，第 140 页。

⑦ ［德］瓦尔特·本雅明：《迎向灵光消逝的年代：本雅明论艺术》，许绮玲、林志明译，广西师范大学出版社 2008 年版，第 81 页。

不是一个自然而然的事件，而是由政治与技术书写的产物。这样，艺术就自然地获得了生命政治的合法性。此外，被技术控制的艺术接受者也必然“受制于对象化（objectification）、工具化（instrumentalization）以及一整套的程序，也可以用生命政治这个概念来表述”[①]。福柯、阿甘本、奈格里、哈特、埃斯波西托……如此众多的生命政治理论家基本都是沿着这条思路论述生命政治如何成为塑造当今事物呈现状态的政治意志和技术力量的。艺术被赋予生命政治，这意味着：其一，作品获得生命的形式，艺术逃离作品之外成为在场与不在场的矛盾体；其二，艺术进入（人的）生命之中并成为感知的对象；其三，艺术以生命的形式运作，拒绝在作品内部终结自身，又渴望在作品之外获得空间。

阿甘本认为“生命政治关联到伦理与政治，是只限于人类的一种朝向城邦生活的生命形式”[②]。《机械复制时代的艺术作品》将艺术与生命并置，透过其中复杂的生命政治装置技术，本雅明在以灵韵为代表的神圣生命，经由机械复制为特征的世俗生命向以拯救为价值的未来生命过渡的必然趋势中，流露出了惋惜、雀跃与忧郁的复杂情感关怀。

二、艺术的三重生命

本雅明提醒在艺术的物质部分之外，不可忽视“现代权力和知识运作的影响”。但技术对艺术的全方位变革则是前所未有的。就艺术作品的内在结构来说，一方面，技术使作品失去了时空个性，本雅明称之为形成作品真实性的生命存在的“此时此地”性；另一方面，技术使作品“具备了更多的文献真实性”[③]。美国左派艺术理论家格洛伊斯（Boris Groys）首次指出这种艺术成为文献所指涉和记录生命的属性是当今艺术独特的生命政治学。[④]就艺术作品的物理表象而言，技术就如同外科医生手中的一把手术刀或科学机械的设备装置一样，可以直接修复与制造出新的事物。就大众接受与感知方式而言，技术在解魅神圣与复魅俗物的双向过程中解放了人们的知觉系统。简言之，本雅明的《机械复制时代

① Thomas Zummer, “Attachments of voice”, *Artnodes*, No. 12, 2012, pp.111–118.

② Giorgio Agamben, *Homo Sacer: Sovereign Power and Bare Life*, Trans. by Daniel Heller-Roazen, Stanford: Stanford University Press, 1998, pp. 3–5.

③ 尤金·哈贝马斯：《瓦尔特·本雅明：提高觉悟抑或拯救性批判》，载郭军、曹雷雨编《论瓦尔特·本雅明：现代性、寓言和语言的种子》，郭军译，吉林人民出版社2003年版，第409页。

④ Boris Groys, *Art in the Age of BioPolitics from Art Work to Art Documentation*, Documenta 11–Platform5, Exhibition Catalogue, Germany, Hatje Cantz, 2002, p.115.

的艺术作品》表述了在有关艺术及其形式的生命隐喻观念下，技术宣告了艺术的“生物生命”(creaturely life)(以神圣为特征)进而转化到“世俗生命”[①]和未来生命的生命政治的诞生。

技术对艺术“生物生命”的改变是以艺术“灵韵”的消失为标志的。其实，灵韵并非艺术所独有，本雅明明确地说：“真正的灵韵出现在所有事物中。”[②]本雅明关注灵韵，从根本上讲，是因为灵韵来自一种宗教活动的崇拜仪式，他以此强调自然事物的“膜拜价值”(cult value)以及人们对它所产生的感受性。传统社会的人们是靠穿透艺术品把握灵韵，去找寻、亲近宗教仪式的。也就是说，艺术品是铭刻仪式和宗教仪式的寓所。人们膜拜的不是艺术品的物质本身，而是物质之外的仪式或宗教活动。艺术品以物质的在场显示艺术的不在场，从而展现艺术的可见与不可见的辩证关系。在《论波德莱尔作品中的一些主题》中，本雅明将灵韵的体验基础设定为对人与生命的反映和人与物的反映进行迁移(或等同)，认为发现艺术中的灵韵就意味着赋予它像人反观我们自身那样具备“反过来看我们的能力”。一方面，灵韵作为艺术的灵魂复活了艺术，即将艺术人化了，这样艺术也就具备了与人进行沟通的能力；另一方面，灵韵衰落也解放了灵韵中的秘密体验——一种上帝在场的宗教时刻。作为客体对象的复制品成为人的伙伴连同一览无余的平等距离也都成了“相互幸福的标记”[③]，同时强化了“在世界上的同一感”。这样，艺术品以主体间性的面貌出现，也就宣告了公共的、非艺术化的大众艺术时代的来临。

在现代技术社会，艺术一方面以技术确定其真伪，另一方面又被技术推向了两极生存空间。这表现为真正的艺术作品迅速从大众的日常生活中消失，退缩到由少数人占有的私人空间或者博物馆、展览厅等这种独特场合中；而缺乏独特性千篇一律的艺术复制品却大举进入市民的日常生活，并不断获得文化产品身份，被人们想象为艺术品而发挥着实用/非实用的杂糅功能。独特场合的艺术品常常以艺术的神圣价值来显示它“活着”这一事实，并凭借独特的占有关系而可随时行使终结手段以强化

---

① Leland de la Durantaye, “Homo profanus: Giorgio Agamben’s Profane Philosophy”, *boundary 2*, Vol.35, No.3, 2008, pp.27–63.

② Walter Benjamin, *Protocols of Drug Experiments*, Trans. by Howard Eiland et al. Cambridge, Mass., 2006, p. 58.

③ 戴维·罗伯特：《光晕以及自然的生态美学》，载郭军、曹雷雨编《论瓦尔特·本雅明：现代性、寓言和语言的种子》，郭军译，吉林人民出版社 2003 年版，第 160 页。

其存在的危险。就算将艺术品放置到有安全保护措施的博物馆，也不能消除表情陌生的闲逛者的冷漠。也就是说，这种场合的艺术品的存在方式是一种例外与正常模糊难辨的状态，类似于生命政治中的“活死人”状态。

日常生活空间中的大量复制品虽然并不是真实的艺术品，也缺乏独一性，可在大众世界，它们却享受着艺术的目光和文化的礼遇。它们被摆放的空间恰恰就是艺术品曾经受供奉的位置。大众把对艺术的情感投射和心理地位都给予了徒留下的艺术表象形式。概括地说，技术将艺术品和复制品都推向了“形式生命”（form of life）的共同道路上。形式生命具有分离、碎片和被任意处置的特点。与舞台演员不同的是，电影演员需要依靠机械这个中介完成自身活动与艺术产品的分离，他们实施着生命活动，却不再有灵魂；对着机械中介（镜头）做出的姿态经过专门技术人员利用一系列装置和技术制作而成的影像则是由“孤立的单格影像”这么一个个单子组成的如有机物切片一样的片段；这些复制品处于的空间——无论是私人藏所、博物馆、展览厅，还是都市景观物——都是艺术品生命存在所展示的“集中营”（camp）。

本雅明是赞成艺术品的两种生命（灵韵的与展览的）相分离的。因为在他看来，即使技术使艺术品失去了灵韵，但在世俗中艺术品的灵韵还能受到唯美主义或“为艺术而艺术”思想的维护。相反，维护灵韵只会让艺术高高在上，献祭给那些崇拜者。比较艺术新形式在大众那里获得的亲近不仅复活了艺术，还使技术直接捕获了艺术形式，制造出新的生命。也就是说，本雅明真正雀跃的是技术带来的新的共同体以及所引发的新的生产美学。

三、救赎的未来生命

由于不满为什么人不能“活得像件艺术”的生存美学难题，福柯提出了“关怀自我”的“修身技艺”的解答策略。可是由于治理的松动与治理的细密化的悖论关系，在“生命政治学”框架下如何谈论美或活出美来，就福柯生前所做的上帝—子民的牧领政治探讨来看，基本堵住了美学的出口。而在本雅明的《机械复制时代的艺术作品》中，他通过技术这一现代性手段直接消除了筑基于宗教仪式的崇拜美学，从具有亵渎姿态的大众美学中看到了政治美学在未来社会的奠基可能，可以说撕开了理论的口子。而且，本雅明通过艺术的新形式——摄影机和剪切技术“显示出艺术已经脱离了‘美的表象’，而以往人们以为艺术一旦少了这美的表象就注定会衰亡”[①]。本雅明清楚地指出了美的可能和技术让艺术活的生命政治，尽管不能排除技术制造的新的所有者是否会出现许多不正常行为。例如，收藏家可能依据对艺术品的占有关系对艺术品实施非理性行为，公共空间中的闲逛者也难以避免做出亵渎姿态，以及大众潜在的暴力倾向等。但最根本的是私有专属制彻底取代了公共财产关系。可以说，《机械复制时代的艺术作品》在某种程度上回应了福柯生命政治美学理论的遗憾，给出了集体主义社会生存美学的救赎希望。

《机械复制时代的艺术作品》的纲领性意义在于绘制了艺术的生命政治转向，并实现了“观众作集体而同时性”的审美活动的蓝图。在本雅明看来，“电影一方面让我们更进一步了解了支配我们生活的一切日常必需品，另一方面也开拓了我们意想不到的活动空间”[②]。另外，观众可闲谈、评价，乃至批判与分析，或者也可做些与观看行为无关的事情。人们可以有目的也可无目的地发生与艺术的中介关系，观众可以利用自己的知识系统、生产技能成为话语掌管者或生产者，两者处于一种较为自由的美学关系中。这彻底变革了福柯牧羊政治中，处于受身体惩戒、行为监控，以及哑言状态的羊群地位。这些羊群作为一个生命整体被施以照管之名，实为被囚禁且随时可能面临被丢弃与处置的生命临界时刻的生命。小心翼翼、时刻保持警惕性的顺从行为不见了，取而代之的是漫不经心的姿势和纷呈不断的无意识状态。原作“邀人静观冥想”希望观众“专心”；电影诱人穿越历险，希望观众“散心”。一个是将肉体的感受封闭在精神的岩石之下，另一个是刺激它使其苏醒去打碎束缚的体制枷锁。读者成为生产者，可以倾诉情感或发表心得，也可以同艺术这个公共财产保持一种关系的对等或超越。本雅明对俄国社会主义革命实现的集体生命政治的转变，相比福柯的牧羊人—羊群的不可逾越的种属的差异关系，是不可想象的。

在《机械复制时代的艺术作品》中，本雅明的根本意图是希望将原作中富有神圣性的东西拓展到个体大众那里去，从而与人类生命的单一性联系在一起。就像他所说的，文化遗产“不只属于那些天才的创作者，

---

① ［德］瓦尔特·本雅明：《迎向灵光消逝的年代：本雅明论艺术》，许绮玲、林志明译，广西师范大学出版社 2008 年版，第 76—78 页。

② ［德］瓦尔特·本雅明：《迎向灵光消逝的年代：本雅明论艺术》，许绮玲、林志明译，广西师范大学出版社 2008 年版，第 88 页。

也属于那些默默无闻的无名苦工”[①]。这样，艺术在贵族阶级中占有关系的极权主义生存美学就转换到了具有大众普遍性和人类单一性的生命政治中，本雅明根本意图的重大意义就是为这种过渡寻找合法性。这样的话，既避免了艺术品随时沦为赤裸存在的可能，也避免了可能被存在的少数特权者任意处置的发生。一方面，技术复制使原作不再成为孤本，并通过商品价值特征杜绝了附加于它的暴力行为，给它存在的空间，比如博物馆或展览厅、私人收藏所等，不断地被附加了一系列安全装置和技术保护措施。另一方面，解放艺术的所有权，将其系于普遍性、民主性的大众，这种解放性质内在地联系于人类生命的单纯相关性，这样也就给了艺术一个法的规定性。艺术像一个既受保护，又具有生命权的生命体一样，它实现了艺术所有权的变更和艺术生命保障机制的完成。复制技术悬置了艺术史和艺术理论，本雅明欢呼技术，似乎技术带着“弥撒亚”的讯息，在艺术的灵魂为艺术身体“设宴”的时刻，消灭了“历史的封闭密室”，并再次重新开启朝向未来的“历史密室”，艺术的律法与权力被打破，并被重新分配了。

在技术时代，大众艺术的松散关系破碎了物（财产）的主导者的所有关系。演员既不能掌控表演过程，也不能对影像结果产生亲近感。他们焦虑于自己在镜头前的卖力、挖空心思却不能想象最终的作品。同样的生产关系，站在读者角度进行审视反而是另一番景象。传统上，作家的权力地位不见了，数以万计的读者群体都可以轻松地实现生产者的地位转换，他们拥有了话语权，也可以倾诉情感，甚至凭借自己在生产过程中的主体地位而获得权力地位。以往只属于少数人的文化艺术，现在变成了每个人都可以参与的平等、民主的公共财产。早期，奠基于崇拜仪式的艺术作品阶段，大众对艺术怀着神圣而恐惧的心理，处于完全臣服的地位；但在人人都可享受的复制品时期，反而在观众那里出现了批判精神。

福柯牧羊政治的单边关系奠基于神 / 人或人类 / 动物关于种类的先天性差别假设前提。而本雅明不仅取消了种类的差别，还进一步解除了所有者关系和特权的存在以专注于同类内部考察其美学问题。本雅明与福柯的另一个区别是他并不是首先聚焦于主体，而是将视点挪移到物（艺术）上去探索物给主体创造的美学空间。高高在上的艺术品——不管是

① 参见［加］弗莱切《记忆的承诺——马克思、本雅明、德里达的历史与政治》，田明译，华东师范大学出版社 2009 年版，第 213 页。

实体距离还是心理距离——与大众的隔膜正是复制品以“接近”姿态所主要消灭的对象。救赎是本雅明终生追求的目标，也是涵盖本雅明所有艺术理论之核心概念的主要问题。[①] 在《机械复制时代的艺术作品》中，本雅明所主张的救赎美学是艺术的“崇拜仪式价值”，它经由“展览价值”过渡到政治价值得以奠基。在政治美学化之外倡导艺术的政治化，其“最大作用就是重新审查艺术本身所依赖的特有技术，并使这种技术能够发挥它的潜能，甚至是发挥乌托邦的作用，这是艺术政治化的最深刻意义”。本雅明指出，“真正要问的问题是艺术品在生产关系里的位置，而这个问题也就是艺术品运用的技术问题”[②]。

从艺术的形式因素出发，立足技术的关键切口，本雅明创造性地以生命譬喻艺术存在及运作的新机制。这种新机制处于与福柯生命政治理论同一视域中的不同面向。技术一旦进入艺术，便使艺术的自然属性被打破，获得了生命政治技艺的辖域化，并开启了被书写、被调节以及被制作的命运。从此，技术接管了艺术活动的全部事项：制造、修复、贮藏、购置、流通、生活，并剪辑出美来。它实现了政治权力架构所能承担的使国家更自由、平等、长治久安，让人民幸福、快乐和生命健康的国家职责。如果说福柯是在国家与人口的层面讨论生命政治议题的话，那么，相应地，本雅明在《机械复制时代的艺术作品》中便是以技术与艺术的角度阐释了同样的理论话题。技术复活了艺术，并且将艺术从以前“期待让一两名或极少数观众欣赏”转变为“期待数量更多的观众欣赏”；从同时欣赏变成间接欣赏；从以前的田园主义变成激进态度（批判—接受）。这种祭祀价值到展览价值、批评价值的成功实现，把隐匿处境中的艺术首次搬到大众生活的公共空间。艺术随之发生了功能让位于形式的变迁，这是技术带给作为生命及其形式隐喻的艺术在现代性社会的政治景观和当代命运。

第三节 本有 / 事件的始源政治

海德格尔被认为是本有 / 事件——他思想的关键词——哲学家，并开启了现代事件哲学，对列维纳斯、布朗肖、德里达，包括德勒兹和

① Miguel Vatter, "'Married Life', 'Gay Life as a Work of Art', and 'Eternal Life': Toward a Biopolitical Reading of Benjamin", *Philosophy and Rhetoric*, Vol. 44, No. 4, 2011, pp. 309-335.

② 马国明：《班雅明》，台湾东大图书股份有限公司 1998 年版，第 193 页。

福柯等法国事件哲学家均产生了深刻的影响。事件本身是抵抗政治的，可海德格尔却用现象学的方法对艺术与本有 / 事件的政治学做了富有独创性的阐释。然而，究竟艺术是以何种始源的政治方式敞开它的世界的呢？开篇伊始需要特别指出两点。一是本有 / 事件思想的孕育、发展和完成都离不开东亚思想（佛教、禅宗、道家）。20 世纪 20 年代之初，海德格尔开始思考本有 / 事件，此时也是他接触并对东亚思想产生兴趣的时候；20 世纪 30 年代所发表的一系列标示其思想转向的文章，也都显现着其东方思想的痕迹，此时他对布伯版《庄子》早已熟悉；1936—1938 年，集中探讨本有 / 事件的《哲学论稿》隐而不发、秘而不宣，很容易让人联想到他生前对东方思想之影响讳莫如深的态度。1919 年，海德格尔在《体验结构的分析》中认为，“发生事件（Er–eignis）也不是说：仿佛我是从外部或者从无论何处居有体验的”[①]；《艺术作品的本源》“附录”：“一个从外部很自然地与本文不期而遇的读者，首先并且一味地，势必不是从有待思想的东西的缄默无声的源泉领域出发来设想和解说事情真相的。这乃是一个不可避免的困境”[②]；《从一次关于语言的对话而来》：“而这种澄明本身作为大道发生（Ereignis）在任何方面都是未曾被思的。从事对这一未曾被思的东西的思，意味着：更原始地追踪希腊思想，在其本质源泉中洞察希腊思想。这种洞察就其方式而言是希腊的，但就其洞察的东西而言就不再是希腊的了，决不是希腊的了。”[③] 但被问及那是什么的时候，海德格尔拒绝给出答案，因为一旦被言说就自然是存在者而非存在的意义上了，他高明地回答：“重要的只是在其本质渊源中洞察作为在场的本质的显现。”[④] 它既是希腊式的，又不是希腊式的，但是离开了主客体领域。可他也会不经意地将其与希腊的逻各斯、中国的“道”并提，不管出于何种原因（伽达默尔曾给出解释），但这是很吊诡的。[⑤] 二是海德格尔对艺

① ［德］马丁·海德格尔著，孙周兴编译：《形式显示的现象学：海德格尔早期弗莱堡文选》，同济大学出版社 2004 年版，第 13 页。

② ［德］马丁·海德格尔：《海德格尔文集·林中路》，孙周兴译，商务印书馆 2015 年版，第 82 页。

③ ［德］马丁·海德格尔著，孙周兴选编：《海德格尔选集》（下），生活·读书·新知上海三联书店 1996 年版，第 1043 页。

④ ［德］马丁·海德格尔著，孙周兴选编：《海德格尔选集》（下），生活·读书·新知上海三联书店 1996 年版，第 1043 页。

⑤ 如需进一步了解可参阅［德］莱因哈德·梅依（Reinhard May）《海德格尔与东亚思想》，张志强译，中国社会科学出版社 2003 年版。

术之思，主要是就艺术作品（物的现象学），而不是艺术这一抽象观念而谈的。

一、艺术与本有 / 事件的关联

艺术与本有 / 事件的关联性索求自然要回到海德格尔的“最重要的艺术论著”[①]《艺术作品的本源》中。在此文中，海德格尔明确地规定“艺术归属于本有（Ereignis）”，并须“从本有（Ereignis）方面得到思考”[②]，即从“归属关系”或者“作为[③]关系”上才能理解艺术的本源问题。而“本源问题：就意义而言，‘这’本源总是历史性的，其本质性的影响是其自身的历史性并具有 Ereignis（本有）特性”[④]。另外，从《哲学论稿》来看，海德格尔规定的“存在—历史之思”也是在历史的敞开中被存在居有（ereignen）的。这个秘密写作的文本由六个赋格或关节（Fugen）组成：回响（der Anklang）、传送（das Zuspiel）、跳跃（der Sprung）、建基（die Gründung）、未来者（die Zukünftigen）、最后神（der letzte Gott）。Ereignis 的赋格（Fugen），不是逻辑术语、抽象概念，毋宁说它们是音乐的、艺术的、诗性的、语言性的语言表达，每一赋格都与艺术相关联，或可从艺术方面来沉思。“艺术归属于 Ereignis”指示出《艺术作品的本源》和《哲学论稿》建立的联系，相反，《艺术作品的本源》与《哲学论稿》的关系也可以给出艺术与本有 / 事件的相关性。

《艺术作品的本源》(1935）与标志海德格尔后期思想正式形成的《形而上学导论》是在同一年完成的，海德格尔是“以 Ereignis（本有）运作的转向”方式阐释意义问题的，且以索福克勒斯、巴门尼德和赫拉克利特的阐释简洁而含蓄地解释了本有 / 事件。在其中，海德格尔“尝试着去思一个存在者（一件艺术品）能够让此—在保持被遮蔽，以便存有的真理从开端处放射光芒（shine forth）的方式”[⑤]。存在真理的遮蔽同

---

① ［美］杰姆逊讲演：《后现代主义与文化理论》(精校本），唐小兵译，北京大学出版社 2005 年版，第 164 页。

② ［德］马丁·海德格尔著，孙周兴编译：《依于本源而居：海德格尔艺术现象学文选》，中央美术学院出版社 2010 年版，第 59—60 页。

③ “作为”意味着隶属于本有 / 事件所构成的主导性以及在其中被遣送的让在场。

④ Martin Heidegger, *Contributions to Philosophy (From Enowning)*, Translated by Parvis Emad and Kenneth Maly, Bloomton and Indianapolis: Indiana University Press, 1999, p.357.

⑤ ［美］瓦莱加－诺伊：《海德格尔〈哲学献文〉导论》，李强译，华东师范大学出版社 2010 年版，第 62 页。

样也是《哲学论稿》探讨的问题，① 或者在《艺术作品的本源》之初，在本有 / 事件方面思艺术还处于实验性阶段，从后来作者所作的注以及二十年以后所作的"后记""附录"的限定上，显露无遗地表明了这一点。我们认为《艺术作品的本源》行进在通向《哲学论稿》的途中，这两部著作可以相互阐明，鉴于《哲学论稿》的神秘性，《艺术作品的本源》可以更好地为这个后期谜一般的著作提供接近其核心思想的最佳渠道。② 因此，国外海德格尔研究者普遍认为《艺术作品的本源》是《哲学论稿》的本质性的补充或者说是评论，海德格尔试图从存在者（艺术品）能够保持敞开为存在，那么存在的真理才可以自行照亮的方式上思考。③ 如果说《艺术作品的本源》直接受到了他和日本的九鬼在 1927—1928 年的关于艺术的对话影响，即对东方思想的汲取的话，④ 那么，海德格尔"借助'道'，仔细小心地讨论 Ereignis"⑤，就证明艺术与 Ereignis 在海德格尔那里具有共同的来源。我们知道，一旦对海德格尔思想路径进行彻底研究，"最终都会在两个方向上统一：回到古希腊和越过东方"⑥。

《艺术作品的本源》和《哲学论稿》（还有《尼采》《哲学的基本问题》）具有一致性的主题。在《哲学论稿》中，海德格尔第一次论述了四重整体与本有 / 事件的结构图⑦。

---

① Daniela Vallega-Neu, *Heidegger's Contributions to Philosophy: An Introduction*, Bloomton and Indianapolis: Unjacketed Library Edition, 2003, p.82.

② Karsten Harries, *Art Matters: A Critical Commentary on Heidegger's "The Origin of the Work of Art"*, Berlin: Springer Netherlands, 2009, p.111.

③ Karsten Harries, *Art Matters: A Critical Commentary on Heidegger's "The Origin of the Work of Art"*, Berlin: Springer Netherlands, 2009, p.48.

④ 参见［德］莱因哈德・梅依《海德格尔与东亚思想》，张志强译，中国社会科学出版社 2003 年版，第 165 页。

⑤ Gail Stenstad, *Transformations: Thinking after Heidegger*, Masion: The University of Wisconsin Press, 2006, p.107.

⑥ Bret W. Davis, *Heidegger and the Will: On the Way to Gelasssenheit*, Evanston and Chicago: Northwestern University Press, 2007, p.2.

⑦ Martin Heidegger, *Contributions to Philosophy (From Enowning)*, Trans. by Parvis Emad and Kenneth Maly, Bloomton and Indianapolis: Indiana University Press, 1999, p.218.

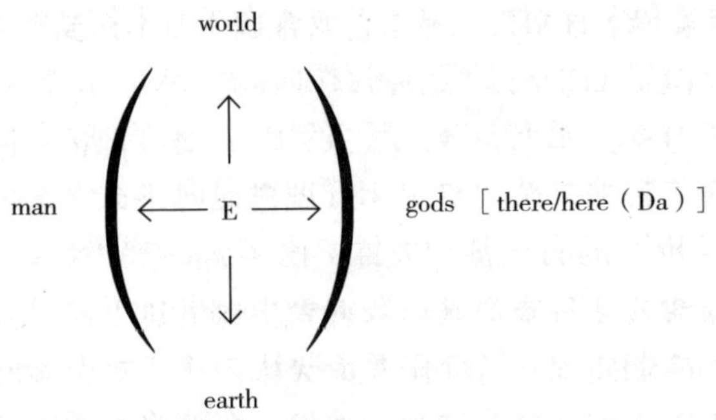

［注：杰夫·马尔帕斯在《海德格尔的拓扑学、存在、位置和世界》按照海德格尔《物》中的阐释，将 there/here（Da）调整为“世界—切近”（world−nearness）］

海德格尔指出，“释放（Breaking-out）和离弃（abandonment），指示（hint）和返回（returning）都作为本己的发生而共属于它，这种本有（Ereignis）中显示的被敞开只有从人类的方面才能被看到”[①]。这一结构及其运作方式在《艺术作品的本源》中，已经以艺术作品的“物性”，尤其是以农鞋、诗歌、神庙做了阐释。而且，被置于中心的“E”显然是 Ereignis（或者是 event）[②]，但按照海德格尔在此文中的阐释，还不如说是艺术作品。四重整体的四方域汇聚于中心位置的思想，海德格尔后来以存在（being）打叉法表示，[③]这也暗示存在仅仅是四重整体中的一方，打叉号的存在意味本有，四方归属本有的运作，在艺术中的朗照即是美。[④]

海德格尔对希腊神庙的阐释，认为其使“人类的存在获得了它的生命的形式”，从而赋予人类对“自身的希望”，在这种历史性的显示中，艺术作品建立了共同体的神、最高信仰和“艺术品从事赋义活动的主管机构”。因此，海德格尔把艺术称为“真理在作品中的自行置入”。正因此，他把艺术、思和国家建立并列在一起，人在艺术中获得了一个新的活动空间和同“存在”的另一种联系。[⑤]这就是《哲学论稿》中设置带着

① Martin Heidegger, *Contributions to Philosophy (From Enowning)*, Trans. by Parvis Emad and Kenneth Maly, Bloomton and Indianapolis: Indiana University Press, 1999, p.218.

② Jeff Malpas, *Heidegger's Topology: Being, Place, World*, Cambridge: The MIT Press, 2006, p.229.

③ Martin Heidegger, Wegmarken(1919–1961), ed. Friedrich-Wilhelm von Herrmann(2nd), 1996, pp.11, 310, 411.

④ Martin Heidegger, Holzwege, *Frankfurt am Main:* Vittorio Klostermann Verlag,1977, p.69.

⑤ 参见［德］吕迪格尔·萨弗兰斯基《来自德国的大师——海德格尔和他的时代》，靳希平译，商务印书馆 2007 年版，第 337—338 页。

希望走来的“未来者”，也是他关于德国国家主义的政治蓝图。

然后，海德格尔又明确说明真理的本质是本有 / 事件，[①] 而且把艺术理解为真理的自行置入作品，但这并非海德格尔关于艺术事件论的主旨，因为人们对海德格尔的澄清选择了视而不见。很明显，“真理自行置入论”，除了容易引起海德格尔所提及真理的模棱两可以外，还容易被带入一种纯然的无蔽状态之中，而这又是海德格尔明确反对的，因为无蔽同样具有模棱两可性（纯然状态 / 作为解蔽的无蔽，而且无蔽绝对不是纯然想成的状态，而是一种发生）。如将艺术思为存在，那么显然，存在在海德格尔那里又是一个谜。虽然，有不少学者将这个“谜”与他的政治主张相联系。

要解开存在之谜就必须借助本有 / 事件。如果着眼于后期的海德格尔，乃至整个变化和作为整体的海德格尔而言，存在、真理等的形而上学之克服也是通过本有 / 事件来实现的。因此，从本有 / 事件来思艺术才能把握海德格尔艺术之思的本质。总而言之，海德格尔为了更本真、更始源地道说无蔽的存在之境，对道说之物做了种种规定，这一努力导致的结果是种种二重性和物（以及存在者）被层层包裹起来、追问的虚无和形而上学性。本有 / 事件的实验性就在于它以最单纯性、最丰富性克服了这些矛盾。《艺术作品的本源》是反形而上学的，因为在海德格尔看来，“形而上学不追问存在本身的真理”。作为克服形而上学所思得的道路，从本有 / 事件而来去道说艺术之本质，就显得最合理不过了。

二、沉思艺术的现实性

《艺术作品的本源》不是论述什么是艺术的本质问题，而是经验艺术的本质是什么；不是就艺术及其概念论艺术，而是沉思通向艺术的始源性，在思的追问中来获取经验，以拯救当下人类问题的国家政治学。因为，在地球上并环绕地球，正发生着一种世界（精神性的世界）的没落：诸神逃逸、地球的毁灭、人类的大众化、平庸之辈的优越地位。其中，科学、机械技术、艺术进入美学成了体验的对象，人类活动被当作文化来理解与贯彻，弃神（Entgötterung）等在海德格尔看来是现代的几个根本现象。基于对这种现实性的不满，海德格尔将艺术的沉思沉湎于事件

① 其实，海德格尔对《艺术作品的本源》的阐释要素诸如物、真理、存在、无蔽、澄明之境、四重整体、世界、大地、争执等都是 Ereignis 的现身或运作。

以便从事件那里“获得基础规定性”[①]。

因为，事件是集置的一个前奏，而集置则是现代技术时代的本质，也是海德格尔对“技”的生命政治批判。海德格尔艺术观的起因之一便在于不满“存在之被遗忘状态”，可该“状态”与“所谓进入本有而不醒‘亦步亦趋’”。[②]“Ereignis 问题与科学、艺术和科技的问题相连”，[③]这也是《哲学论稿》所涉及的两个主要问题之一。[④]在精神上，对艺术作品本源的阐释是破除哲学化、技术时代和计算性思维对思的危害。“在艺术中为形而上学找出路，以使人类从传统的形而上学中解脱出来，以便拯救被高度发达的科学技术肢解的支离破碎的自然，以拯救被科学已推到毁灭边缘的人生世界，即人的生存本身。”[⑤]这意味着为存在者寻找或设置本真位置，于是《艺术作品的本源》便把人放置于作品的外围，将作品置于中心，给作品以特殊的地位，作品建立世界和制造大地现身“澄明之境”，艺术被带入其中并被设立位置。“带入”即“聚集入事件”，“位置”（Ort）与 Ereignis 具有同一个意思。[⑥]所以，《艺术与空间》也是海德格尔从事件沉思艺术，艺术的空间是人类希望之乡的澄明着的光亮之所，这乃海德格尔为当时德国设置的栖居地。

海德格尔强调艺术的本质是作诗，作诗和创造在德语中说的是“带向前来的东西”[⑦]。作诗“首先让一种栖居成为栖居，作诗是本真的让栖居”[⑧]。诗人“建造（stiftet）存有（Beyng）”，[⑨]“存有”即事件，而“任何一种现存和呈现都来源于在场状态之居有事件（Ereignis der

---

① ［德］马丁·海德格尔著，孙周兴选编：《海德格尔选集》（下），上海三联书店 1996 年版，第 699 页。

② ［德］马丁·海德格尔著，孙周兴选编：《海德格尔选集》（下），上海三联书店 1996 年版，第 706 页。

③ Babette E. Babich, *Words in Blood, Like Flowers: Philosophy and Poetry, Music and Eros in Hölderlin*, Trans. by Nietzsche, and Heidegger, Albany: State University of New York Press, 2006, p.248.

④ 参见［德］吕迪格尔·萨弗兰斯基《来自德国的大师——海德格尔和他的时代》，靳希平译，商务印书馆 2007 年版，第 393 页。

⑤ 靳希平：《海德格尔早期思想研究》，上海人民出版社 1995 年版，第 321 页。

⑥ Jeff Malpas, *Heidegger's Topology: Being, Place, World*, Cambridge: The MIT Press, 2006, p.215.

⑦ ［德］马丁·海德格尔著，孙周兴选编：《海德格尔选集》（下），生活·读书·新知上海三联书店 1996 年版，第 1050 页。

⑧ ［德］马丁·海德格尔：《演讲与论文集》，孙周兴译，生活·读书·新知三联书店 2005 年版，第 198 页。

⑨ Günter Figal, *The Heidegger Reader*, translated by Jerome Veith, India University Press, 2009, p.181.

Anwesenheit）”[①]，本源要从存在得到思考，存在的真理通过本有/事件得到理解，所以他“宁可认为它属于征用事件（the event of appropriation/Ereignis）”[②]。在艺术中沉思栖居生活，海德格尔就将人的存在与未来放置到艺术的根基之中了。

海德格尔对艺术做了如此规定，即他的艺术现象学阐释之后，也就和形而上学的、可计算性的艺术观念划清了界限。海德格尔认为艺术不能从现有作品的比较考察中获知，也不能从概念的推演中得到。此外，艺术的本质不是表达体验，不在于艺术家在其作品中所表达的“灵魂生活”；不是表达时代的文化之魂、模仿现实和表现某种东西，也不在于审美感受，而在于艺术家对可能性的东西的本质洞见，把存在者隐蔽的可能性带入作品中，让人们看到“盲目游荡于其中的现实的存在者”。要领会“现实事物的本质性的东西”，必须首先戒除“将艺术问题理解为某种的美学的那种哲学”[③]，“所有的文学风格和美学意趣都只不过是被曲解为智能的精神的后来产物与变种”[④]，而将精神曲解为智能是对精神的决定性误解。精神一旦被曲解为智能的精神就沦为其他事物的工具，成为可学习的事物。而且精神的工具性一旦开动起来，精神历事的力量，诗歌与创造性艺术，国家的创立与宗教就都进入一种可能被有意识地培植和规划的范围内，并被划分为诸多领域，于是精神世界变成了文化，人在其中达到自身的完成，自由在其中有所作为并被设置标准，这些标准即被称为“价值”。文化价值便将自身限定在自我有效性来保证其在整体上的意义，这样便出现了为诗歌而诗歌，为艺术而艺术。“艺术之为艺术”，海德格尔认为：“都是着眼于创造性和卓越技巧来规定，艺术家始终与作品相联系，任何美（或艺术）都是它自身的‘澄明着的消息之大道发生（Ereignis）’。”[⑤]

黑格尔指出，耳朵、眼睛等都是以“理论的方式”领会事物，并把对象的内在性变成“内在性本身”，相反，耳朵感知物体的内在震动性却

① ［德］马丁·海德格尔：《路标》，孙周兴译，商务印书馆 2009 年版，第 474 页。

② Josephj, Kockelmans, *Heidegger on Art and Art Works*, Dordracht: Martinus Nijhoff Publishers, 1986, p.81.

③ ［德］马丁·海德格尔：《论真理的本质：柏拉图的洞喻和〈泰阿泰德〉讲疏》，赵卫国译，华夏出版社 2008 年版，第 62 页。

④ ［德］马丁·海德格尔：《形而上学导论》，熊伟、王庆节译，商务印书馆 2009 年版，第 47 页。

⑤ ［德］马丁·海德格尔著，孙周兴选编：《海德格尔选集》（下），生活·读书·新知上海三联书店 1996 年版，第 1049 页。

不需要置身于与对象的实际关系中，于是，物及情态变成了概念与感知（感性），这也是海德格尔所说的“转渡”之一。所以，这里必须“清除附在‘艺术’一词上的种种含混用法，从而真正揭示出它的真正含义”[①]。在艺术思想上，海德格尔明确地意识到了这一点，关于“形而上学”和“艺术作品的起源”，海德格尔在《哲学论稿》第 277 节详细地阐述：本源问题的目的不在于对于艺术作品本质（ownmost）的永恒决断，也不是担当对于艺术史的历史性回顾的指南。这个问题与克服美学的任务密切相关，这同时也就意味着要克服作为纯粹客观描述的存在者的概念。克服美学再一次要求与历史性的，如其自身的形而上学相遭遇去寻求结果。海德格尔认为形而上学构成了存在者的西方基本传统，因此也是西方艺术及其作品的本质性根据。克服形而上学意味着面对关于存在者的任何理想的（想象的）、因果的，以及先验的和辩证的解释都必须让位于存在的真理问题的优先性。

然而，形而上学之克服并不是丢弃现存的哲学，毋宁说是跳入原初，它不是意图更新原初以及某些仍然历史的（historisch）虚幻和历史上（geschichtlich）的不可能。然而，原初性的留心带来了非概念（希腊）之思，这可能通过促使追溯性考察哲学上的古典主义而导致误解。但是事实上，随着更始源地“回溯”问题，原初的、孤独的遥远就随着其历史性向一切事物敞开了。最后，“另一个开始”——与现在西方形而上学不同——以必然和亲密但隐藏在第一个开始的关联中出现了，这里的“关联”根据它们的起源特征同时包含了彼此的完全分离。因此，它就那样发生了，恰恰在那里，预先之思很有可能属于原初起源的范围，错觉出现了：原初仅仅是被更新了，另一个开始只是这一个开始的历史性的改良阐释。通常，形而上学的真理也适合《艺术作品的起源》的留心（mindfulness），做出历史性决断的留心处于危难之境。这里为了阐释，原初的完成（earliness）最容易被采取，但你必须同时知道根本上影响希腊艺术的绝不会也不可能被我们那些作为关于艺术的本质性所不得不显现的东西决断。

但是，现在的全部问题是历史的（geschichtlich）思，这意味着成为历史的（geschichtlich），而不是历史性（historisch）的。古典主义的问题、对古典主义的错误阐释的克服以及贬低古典或者把历史描述为古典

---

① ［英］罗宾·乔治·科林伍德：《艺术原理》，王至元、陈华中译，中国社会科学出版社 1991 年版，第 8 页。

不是艺术的固有问题，毋宁说是赞成或反对历史的。

全部历史主义的新纪元都知道——很快即将是一切事物——不会抓住历史（缺乏艺术）的一刻，这可能比普遍的艺术事业时代更具历史性和创新性。这里缺乏艺术不是由无能和堕落引起的，而毋宁说是来自知道（认识）的力量以及直到现在艺术中，仍然很少充分发生的本质性决断。按照这种知道（knowing）的眼界，艺术已经失去了它的文化关联；这里它仅仅作为存在（being）的事件显现自身。缺乏艺术是根据完美能力训练的认识，甚至是根据仍然存在的最高级的测量和模型——不掌握最完美的规则可能永远没有艺术；为了产品按计划地完成以至符合目前还存在的作品和他们的宗旨，没有强迫、没有危难存在，艺术本质的必要性起源即把存在的真理置于决断；为了制作而把艺术处理为手段已经把自身置于艺术本质的外部，因此仍然是被遮蔽的和太微弱的与一直没有经验到艺术的缺乏，或是让其仅仅为了历史以及存在属于存在按其功能（力量）计算（count）。

缺乏艺术的依据：证实和同意那些欣赏和体验艺术，但他们根本不能决定欣赏的客体是来源于艺术的范围，还是作为历史的敏感的产物维持在目标设定的范围内。但是缺乏艺术的认识没有被公开和在一个不断扩展的艺术活动范围内承认，这种认识本身属于特殊的，并在其中以成其自身，我们称之为“此在”，其来自所嵌入存在者的预先堕落的准备中，伴随着艺术的另一个非同寻常和不自然的起源：人类和诸神遭遇的寂静的、隐藏的历史的开始。[①] 在《艺术作品的本源》中，海德格尔指出三种物的释义方式是有效的，但不是本质的。正是由于其有效性导致了一种思维方式，并以此去思考一切存在者，这种思维方式抢先于一切有关存在者的直接经验，阻碍着我们对存在者的沉思以及对物之物性的探求，海德格尔指出这三种错误解释为的是在知道中思索物的概念来源以及无度的僭越，并敞开这种思维方式自明性的假象。

众所周知，海德格尔的艺术之思集中体现在《艺术作品的本源》《筑·居·思》《艺术的起源与思想的规定性》和《艺术与空间》中。但《艺术作品的本源》是一个陷阱，《艺术与空间》又被严重忽视。这种情势使所论沦为原作的一个压缩本；或者将艺术解为真理而走不出形而上

① Martin Heidegger, *Contributions to Philosophy (From Enowning)*, Trans. by Parvis Emad and Kenneth Maly, Bloomton and Indianapolis: Indiana University Press, 1999, pp.354–356.

学的牢笼；或者逗留在外部进入与内部封闭的焦灼之境。就是作者反复强调的“真理自行置入作品”之规定的“真理”也免不了模糊的两重性（主体 / 客体）、先验论和形而上学，[①] 而若是从存在方面理解艺术同样难逃存在之谜的困惑，也会导致存在和真理关系的混淆，因为我们知道，真理是存在，但存在未必是真理。

三、艺术如何与本有 / 事件关联

当我们思及艺术如何与事件相关时，我们已经步入了问题的核心。而事件的生命政治意味则在于海德格尔主张回到事件反生命政治，亦即当阐明和艺术何以是事件时，其中反生命政治内涵也就自然敞开了。那么，海德格尔是如何阐释艺术与事件的关联的呢？在上述规定性[②]的前提下，我们从艺术作为“发生”（Er）[③]和艺术作为“有”（gibt），即 Ereignis 之“eignis”方面阐述艺术归属于事件。

在海德格尔看来，作品本身可以道出一切，当走近作品时，我们就进入了另一番天地。只是通过观赏，而无须对存在物进行描绘和解释，也无须对制作过程进行讲述，就可以获得存在者的存在方式，它能把我们带入作品自持的世界。作品作为发生的特征之一，就在于这种“带入”。作品彰显了“物”的存在性，揭示了作品的“物”实际上是什么，使存在者不知不觉地进入存在之无蔽状态中。“在作品中，要是存在者是什么和存在者如何被开启出来，也就有了作品中的真理的发生。”[④]“真理（来自 Ereignis 的真理）之发生”乃是存在中存在者的开启，存在者之真理通知这种“发生”，便“自行设置入作品中了”，于是，“一个存在者在作品中走进了它的存在的光亮中。存在者之存在进入其闪耀的恒定中了”。这种思“开启一道眼光”，作品之作品因素才会接近我们。作

① 《艺术作品的本源》“附录”中指示了“真理之自行设置入作品”的“根本的模棱两可”和如果不从“有待思想的东西的缄默无声的源泉领域出发来设想和解说事情真相”（即 Ereignis）的读者，会遇到“一个不可避免的困境”。

② 《艺术作品的本源》“后记”中规定了这个前提即是它的针对性。

③ 刘光旭曾将艺术与 Ereignis 隐约勾连，他指出海德格尔是在动词的意义上使用艺术一词的，它包含着：生成、发生、开启、运化等，同时指出 Ereignis 的运作流程和存在、真理、启蔽、大道的同一性。参见刘旭光《海德格尔与美学》，上海三联书店 2004 年版，第 211 页。

④ ［德］马丁·海德格尔著，孙周兴编译：《依于本源而居：海德格尔艺术现象学文选》，中央美术学院出版社 2010 年版，第 26 页。

品以自己的方式（一种根本的方式），开启存在者之存在。[①]“在作品中发生着这一种开启”，也即解蔽（Entbergen），它“不时作为艺术而发生（ereignet）”，即 Ereignis 的一种专有发生方式。

作品处于本身所开启出来的源视领域，在其开启中且只在这种开启中作品才成其本质。这种“开启”不是创作过程和其他什么东西，而是真理的发生，并部分地存在于对作品真理的解说中。艺术作品的真理是“出自这个世界并在这个世界中，这个民族才回归它自身从而实现它的使命”。作品在自持中处于存在者的隐蔽状态，在欣赏中存在者相互遭遇、带入、现身在世界的关联性中，诞生与死亡，福祸与荣辱都获得了命运形态，这些敞开的关联作品的范围就是这个历史性民族的世界。从艺术过渡到德意志民族，海德格尔声称，出自这个世界并在这个世界中，这个民族才回归到它自身，从而实现它的使命。作品开启世界，同时把这个世界“重又置回到大地之中”，而大地是“一切涌现着的返身隐匿之所”，是“庇护者”。

作品开启一个世界，并且“在运作中永远保持这个世界”。艺术作品赋予“人类以关于他们自身的展望”（即艺术作为未来者），带着希望的脚步，向我们走来，只要艺术品是艺术品，神就不会逃逸，它以敞开着的世界使存在者返身在场（在海德格尔的设想中，艺术为最后之神设立了庇护场所）。“作品存在就是建立一个世界”，这个“世界”并非现成的物的聚合，也不是“表象的想象框架”，更不是“立身于我们面前，能够让我们细细打量的对象”，它是四重整体（或说四方，即天、地、人、神）的运作，“世界世界化”[②]；它“不断地使我们进入存在”，“始终隶属于它”；它处在“我们的历史的本质性决断发生之处，在这些本质性决断为我们所采纳和离弃，误解和重新追问的地方”。[③]世界世界化，即标示世界敞开出来，所有的物，乃至诸神与上帝都获得了各自的存在状态。这里也意味着“为……设置空间”，即开放敞开领域之自由，以便存在者

---

① 一方面，海德格尔从作品的最直接的现实性入手寻求作品的物因素，即它的可靠性，同时把艺术家置于“一条为了作品的产生而在创作中自我消亡的通道”，让作品“达到它纯粹的自立”。另一方面，他又认为作品有（联系 Ereignis）而非存在，看到的作品并非作品本身，“作为其所似的作品已经脱离了它们自身的本质空间”。这种显隐的二重性乃是本有 / 事件运作的一个特性。

② 这是一种 Ereignis 化的表达法，也是海德格尔后期思维的一个突破，类似的还有时间时间化、存在存在化、空间空间化等。

③［德］马丁·海德格尔著，孙周兴编译：《依于本源而居：海德格尔艺术现象学文选》，中央美术学院出版社 2010 年版，第 32 页。

返乡、逗留、栖居其中。

与这种“开启”(敞开、建立)相关，作品的另一个本质特性是“锁闭”，即“制造大地”。作品回归之处让自身显现的东西，海德格尔称之为“大地”，他说：“大地乃是涌现着—庇护着[①]的东西。”由于建立一个世界，作品制造大地。[②]“作品让大地是大地。”[③]制造大地即“把作为自行锁闭者的大地带入敞开领域中”[④]。建立一个世界和制造大地在“作品中指明了一种发生(Geschehen)”，可是，这种运动状态又是何种关系呢?

世界建基于大地，大地穿过世界而涌现。作为自行公开的敞开状态，世界不容忍任何锁闭。作为永远自行锁闭者，大地总是倾向于把世界摄入它自身并且扣留下来。这种对立之“争执”(Streit)是一种原始的本质性的争执，通过这种争执，争执者双方相互进入其本质的自我确立中，即“投入本己存在之渊源的遮蔽了的原始性中”，这一纵身于“质朴的恰如其分的亲密性(Innigkeit)之中”也完成了归属一体性。作品就是这“争执的诱因”，作品的自立就在于实现这一“争执保持为一种争执”，同时作品也在自持中有了宁静，这是本有/事件的回撤。

宁静是真理在作品中发生着支配作用。真理即无蔽，它意味着存在者之无蔽状态。事件的优先性把我们置入存在者之无蔽状态这一本质之中，如果没有事件之发生，那么，我们凭“我们所有正确的观念”，也“可能一事无成”。在超出存在者之外，但不是离开而是在它之前，事件发生着：在存在者整体中有一个敞开的处所，一种澄明(Litchtung)在焉。此澄明比存在者更具存在特性，这个敞开的中心不是由存在者包围着，而是就像无(Nichts)一样围绕一切存在者而运行。唯当存在者进入和出离这种澄明的光亮领域之际，存在者才能作为存在者而存在。这种澄明同时也是遮蔽，它在存在者中间起着决定作用。存在者之无蔽从来不是一种纯然现成的状态，也不是事物特征或命题特征，而是一种生

---

① 作为大地之本质，它是涌现，可由于处于技术时代和可计算性思维方式盛行的时代，大地作为保藏防止科技的开发，所以又是“庇护”。

② 因为四重整体的纯一性和共属一体性，当思及一方时，其他三方自然现身。

③ “让”突出表明“Ereignis”本身亦显亦隐的运作，这也意味着“释放到敞开之境中”以及在 Ereignis 命运性的烙印中。“是”作者注为“Ereignis”。

④ 即是说作品将拒绝技术开发的大地带入可以敞开自身的空间(作品)之中。所以说，作品让大地是大地。这也是作品被海德格尔赋予的时代特性。大地的质朴方式和形式的无限丰富也象征了它的始源性。

发（Geschehnis=Ereignis）。[①]这个敞开的中心是由真理之本质，即在原始争执（Urstreit，即 Ereignis）中被争得的，作品就是这一争执的实现过程，作品的作品存在（解蔽—遮蔽）也是真理[②]的发生方式。在作品中发挥作用的是真理，而不只是真实，也不仅是显示，而是使得无蔽状态本身在与存在者整体的关涉中发生出来（Ereignis），本有/事件澄明着的发生就是美（艺术）。[③]

艺术作品中的这种发生，有时也称为"事件"（event）[④]，马尔帕斯的《海德格尔的拓扑学、存在、位置和世界》从两种意义上采取"事件"（event）理解，作为解蔽的始源性发生和作为始源性发生的解蔽。然而也可能存在第三种意义，即关于"其他开始"，也应该被注意到。它是与现在占主导地位的时代（技术时代）相对抗的新世界敞开模式的开始，在这种新的敞开模式中，世界将作为"奇妙的"和"天堂般的"显现。所以，阿兰·巴迪欧认为每一个"独特的真理都根源于一次事件"[⑤]，可"事件不表示本质和属性，而表示力，强度和行动"[⑥]，如果将《艺术作品的本源》视作海德格尔对艺术的解构，并赞同德里达将解构视作发生在文本内的事件的话，事件在艺术中即表现为艺术中的"运作性"，这样看来，争执、发生、事件乃是一回事。[⑦]那么，海德格尔在《艺术作品的本源》中对大地与世界争执的阐释也就是艺术事件的阐释了。

艺术作为一种发生，那么，何以有（Es gibt）艺术呢？艺术家的活动由创作的本质来决定和实现，创作的本质却由作品的本质来规定，而作品的木质则是由其中真理的发生在起支配作用，因此，创作被海德

① 参见［德］马丁·海德格尔著，孙周兴编译《依于本源而居：海德格尔艺术现象学文选》，中央美术学院出版社 2010 年版，第 39 页。

② 更本质地说是 Ereignis。因为真理的本质是非真理，真理也是无蔽，但真理同样具有形而上学特征，而在另一方面，真理的本质也是 Ereignis，可它比真理的含义要丰富得多，更是海德格尔后期思得的一个非形而上学概念。这里为了行文的方便没有做这种改动。

③ 参见［德］马丁·海德格尔著，孙周兴选编《海德格尔选集》（下），生活·读书·新知上海三联书店 1996 年版，第 1049 页。

④ 刘旭光从实践存在论的角度推测性地说，艺术本身也是这样一个事件。参见刘旭光《事件存在论的艺术哲学》，苏州大学出版社 2008 年版，第 165 页。

⑤ 彼得·霍夫沃德：《一种新的主题哲学》，载陈永国主编《激进哲学：阿兰·巴丢读本》，北京大学出版社 2010 年版，第 7 页。

⑥ 康斯坦丁·V. 庞大斯：《谁是德勒兹？》，载［法］吉尔·德勒兹著，陈永国、尹晶主编《哲学的客体：德勒兹读本》，北京大学出版社 2010 年版，第 10 页。

⑦ Karsten Harries, *Art Matters: A Critical Commentary on Heidegger's "The Origin of the Work of Art"*, Berlin: Springer Netherlands, 2009, p.184.

格尔规定为："让某物出现于被生产者之中（das Hervorgehenlassen in einHervorgebrachtes）。"[①] 作品之成为作品，乃是真理（Ereignis）之生成和发生的一种方式。

真理之所是、所为、所动、所显，只有在事件的意义上才能得以了解。真理发生的同一个本质："敞开性之澄明和在敞开中设立的共属一体性"即为事件。它的"自行设置"乃是"Er"，所"设置入作品"的东西乃是"eignis"，也就是"何以有艺术？"中的这个"有"（gibt）。"自行设置入作品"即（Er-eignis）的显现也即 er-öugen，"带入眼前"同时运作又是寂静之声。通过"Es"自行设置入"eignis"即存在者之中，所以事件与作品的牵连，事件的独一无二性的现身运作就体现在作品创作的独一无二性。

事件在作品通过世界与大地的对抗中的澄明与遮蔽之间的争执而现身。由于世界开启，它便对历史性的人类提出决断，并使未决断的事物显露，大地涌现并将一切涌现物尽量锁闭于自身的法则中。争执所带来的裂隙（Riβ）不只是贬义，也有划开和勾画田地、开沟的意味。"沟垄开启田地，好让田地保藏种子、促发生长。"[②] 争执进入这种裂隙便构成了形态（Gestalt），事件也被固定于这种形态中，作品的被创作存在也就实现了。"存在者之无蔽状态一旦发生就此发生了，而且是首先作为这种发生事件（Ereignis）而发生的；也就是说，这样的作品存在着，而不是不存在。"[③] "被创作存在这一发生事件（Ereignis）"把"作品在自身面前投射出来，并且已经不断地在自身周围投射了作品"。作品越是本质地开启自身，那种存在的唯一性就越明朗，这种冲击力就越本质地进入敞开领域中，作品就越"孤独（Einsamkeit）"[④]。

"被创作存在显示自身为：通过裂隙进入形态的争执之被固定存在。"这时还须寻找"应合于在作品中发生着的真理"的保存者，才能完成作品的被创作存在。如果从作品本身出发，作品无可争辩地把物因素置入敞开领域中并归属大地，那么作品也就与大地上的万物关联了起来，即丢勒所说的"艺术取自于自然"。

---

① ［德］马丁·海德格尔著，孙周兴编译：《依于本源而居：海德格尔艺术现象学文选》，中央美术学院出版社 2010 年版，第 43 页。

② ［德］马丁·海德格尔：《在通向语言的途中》，孙周兴译，商务印书馆 2009 年版，第 214 页。

③ ［德］马丁·海德格尔著，孙周兴编译：《依于本源而居：海德格尔艺术现象学文选》，中央美术学院出版社 2010 年版，第 46 页。

④ 乃 Ereignis 运作之尾。

艺术的本质先行被规定为真理之自行设置入作品，这意味着一方面艺术是自身建立的真理而固定于形态中，另一方面作品存在进入运动和发生中，即“艺术就是真理的生成和发生”①。凡是艺术都是让存在者本身之真理到达和发生，而真理源出于无（Nichts）作为存在者（eignis）的澄明与遮蔽（Es）。事件乃是通过诗意创造而发生的，“一切艺术本质上都是诗（Dichtung）”，这里的“诗”并非题材类别，而是“作诗”。何谓作诗呢？海德格尔认为，作诗（Dichten）意谓：跟随着道说（nach-Sagen），也即跟随着道说那孤寂之精神向诗人说出悦耳之声。“作诗才首先让一种栖居成为栖居，作诗是本真的让栖居。”②海德格尔经常使用“让”（lassen）这个字与人类的“解蔽”（entbergen）类型相联系，“让”意味着公开的帮助，不是一个目的。而且“让”指明存在的基本特征，这一特征来自事件，③它暗示“为……设置空间”，即澄明之所。那么诗人（艺术家）又成了敞开中心的守护者，这乃是一个回撤，这一返回的完成展现了事件的一次运作。

每当艺术发生，就有一个开端（Anfang）（必须在事件的意义上思）、一股冲击力进入历史之中，历史才开始或重新开始。艺术发生乃是赠予、建基（Gründung，Ereignis 的一个关节）、开端三重意义上的创建。“就其本质来看，艺术乃是一种供奉和宝藏，在其中，现实把它的一直隐而不显的光彩常新地馈赠给人，使得人在这种光亮中更纯粹地直观和更清晰地倾听那允诺给他的本质的东西。”④

只要真理可以像这样发生，甚至是必须像这样作为艺术而发生，就伴随“来自事件的真理”；“只要诞生与死亡、祝福与诅咒的轨道不断地使我们进入存在”，就伴随事件；只要存在者之无蔽状态把我们置入一种本质之中，以至我们在我们的表象中总是被投入无蔽状态并且与这种无蔽状态亦步亦趋，就伴随事件；只要无蔽本身与存在者相关涉，就伴随事件；作品让大地成为一个大地，同样伴随事件。事件的六个赋格或关节，其中回响（der Anklang），描述存在在当下的命运，这是海德格尔艺

① ［德］马丁·海德格尔著，孙周兴编译：《依于本源而居：海德格尔艺术现象学文选》，中央美术学院出版社 2010 年版，第 50 页。

② ［德］马丁·海德格尔：《演讲与论文集》，孙周兴译，生活·读书·新知三联书店 2005 年版，第 198 页。

③ John Loscerbo, *Being and technology. a study in the philosophy of Martin Heidegger*, The Hague, Boston and London: Springer, 1981, p.30.

④ ［德］马丁·海德格尔：《演讲与论文集》，孙周兴译，生活·读书·新知三联书店 2005 年版，第 38 页。

术观的现实针对性。回响包括共鸣，即好奇心，它是新艺术形式产生的动力之一。传送（das Zuspiel），它是前一个关节的补充和新哲学（后形而上学思想）的开始。就艺术作品而言，海德格尔认为艺术家在创作的过程中不断消失自身，而强调作品本身的存在特性。跳跃（der Sprung），在欢迎先前关节时它通过激化其张力处理存在的结构、存在的历史和存在问题。跳跃（以回忆的方式），描述和谈到了思想的另外一种初始的冒险，作为事件的存在的本真性敞开，作为事件的存在超越了本体论差异，这也是艺术中的深渊和本质性跳跃。建基（die Gründung），代表对存在的后形而上学理解，它是扎根于此在的深渊的一种指引，它是一种冒险、胆敢跳入存在的冒险，它是艺术之创建意之一。未来者（die Zukünftigen），言说人类的未来、决断和对存在的亲密性。它们几乎不是存在的遮蔽，接近存在和存在的感觉裂缝，也就是说它们聚集跳入存在。

艺术的希望之语——最后神（der letzte Gott），它根本不是全部六个关节中的最后一个元素，它是所有关节中必不可少的、穿越所有关节的成分。这一关节包含对基督教、上帝的形而上学概念以及在存在本身的深渊空间中言说上帝显现时的神秘性暗示的强烈批评。艺术家（诗人）是离神最近者。对于第六个关节的要求和说明发展了一种新思想，依本有/事件道说艺术，可以借海德格尔对日本语 Koto 的言说，认为艺术作为一种“道说”（Sage）是“优美的澄明着的消息之大道发生”，“有所带来的慈爱的澄明着的消息之大道发生”，“运作着的大道（Ereignis）发生”。[①]

20 世纪的艺术思想界对艺术（及美）的思考是从对概念的反驳入手的，如维特根斯坦、迪基、杜威、德里达、伽达默尔、舒斯特曼、古德曼、尼古拉斯等。国内不管是从实践存在论，还是从艺术人类学角度探索艺术之真，也都是行进在这一条道路上。海德格尔让艺术家自行消退，让作品占据艺术的中心，将作品自然地思为存在者，然后揭示技术时代存在者的存在之被遗忘状态，把存在者（人）带回自身的本己性所逗留的澄明地带，呈现它与四重整体的归属圆舞运作，并从那里返回自身。这里，作品成为为存在者设置自由空间的场所，成为存在者之堕落得以消失的通道，成为人类返回家乡、栖居生活的希望与亲近。这种艺术思想延续了谢林与黑格尔将真理与艺术关联的思想，但发展和回答了他们

① ［德］马丁·海德格尔著，孙周兴选编：《海德格尔选集》（下），生活·读书·新知上海三联书店 1996 年版，第 1049—1051 页。

所没有解决的问题。

艺术归属于事件指示了一种生生不息、光亮优美、显隐回环、声色并茂，以及含义最丰富、历史最久远又面向未来的非形而上学的新观念。艺术归于事件其实“也没有得出什么结果。它指示着本有 / 事件”，而艺术之魂就像海德格尔对荷尔德林《返乡——致亲人》所作的阐释那样，返乡者在到达之后，故乡的一切都向他“显露亲近”，而当他试图寻找故乡的所有物以便安居下来时，故乡那最基本的东西又“自行锁闭”、隐藏起来了。因为作为故乡最本己的东西“已然是一种天命遣送的命运，他早已赠送给在出生之地栖居的人们了”，“你梦寐以求的近在咫尺，已经与你照面”了。

对“海德格尔将我们带向何方”，或者“我们把海德格尔引向何方”的发问都没有见到一个显而易见的本质事实。事件是海德格尔扎根于欧洲现实，回溯到古希腊传统（但古希腊尚未思及 Ereignis），借鉴性地引东方思想之源对西方思想拯救的实验性之思。海德格尔一生都保持在这一道路上，在没有达到事件所带来的显而易见的本质事实时，给出了现今思想走出困境的一种途径的范例，同样也使艺术的始源性的政治事件自然地敞开了。

第二章　艺术的生命政治概念与范畴

生命政治在国际理论界风起云涌，特别是在哲学、政治学领域中掀起了研究浪潮，在国内也引起了众多文学、美学和艺术学研究者的浓厚兴趣，相关著作如雨后春笋般不断涌现。关于生命政治的一些核心概念、范畴，尽管已有一些研究，但总体上还不充分。如何从经典的生命政治理论家相关著述中提炼出相关概念、范畴，对于生命政治批评理论而言尤其重要。本章将讨论生命政治批评的核心范畴之一——姿态或姿势学。

第一节　姿态或姿势

从亚里士多德到尼采，再从海德格尔到本雅明、福柯、德勒兹，一直到南希的西方著名姿态论（Gesture）者中，没有哪一位理论家能像阿甘本那样，将姿态作为其批评思想中的一个极其关键的要素与核心内容，[①] 也没有哪一位理论家将姿态作为批评的最高标尺。[②] 阿甘本关于姿态的卓越论述使其一跃成为西方迄今为止影响最大的姿态论者。他的姿态论不仅横跨电影、文学、美学、伦理与政治等多个学科领域，且贡献卓著，甚至在某些领域内堪称“现代理论的一个重大事件”[③]，或者说首次廓清了困扰学界许久的批评难题。前者表现在近代电影理论史上；后者表现在对阿伦特提出的“本雅明身份难题”的破解上。[④] 不仅如此，姿态论的重要意义还在于它开启了本雅明与阿甘本从美学批评迈向生命政治批评的重大转向，并为“后理论”（after theory）时代的文学批评贡献了

---

① Paul Colilli, *Agamben and the Signature of Astrology: Spheres of Potentiality*, Lexington: Lexington Books, 2015, p.165.

② 参见［意］乔吉奥·阿甘本《潜能》，王立秋、严和来等译，漓江出版社 2014 年版，第 251 页。

③ Henrik Gustafsson, AsbjørnGrønstad, *Cinema and Agamben: Ethics, Biopolitics and the Moving Image*, London: Bloomsbury Academic, 2014, p.121.

④ ［德］汉娜·阿伦特编：《启迪：本雅明文选》，张旭东、王斑译，生活·读书·新知三联书店 2016 年版，第 23 页。

一个新的诗学批评理论范式。

一、作为空无与纯粹媒介的姿态

阿甘本有关姿态的论述散见于《赤裸生命》《幼年与历史：经验的毁灭》《亵渎》《没有内容的人》《潜能》以及《未来共同体》等诸多著作中，而尤其集中于《关于姿态的笔记》(1978)、《科莫雷尔，或论姿势》(1991)，以及《作为姿态的作者》(2005)这三篇重要文献中。阿甘本主要是通过阐释与糅合前人有关姿态的论述，从而综合发展了自己具有生命政治意涵的独特姿态说的。概括地说，他的理论资源主要来自瓦罗(Varro)的空无姿态说、科莫雷尔的纯粹姿态说、德勒兹的运动—影像说、福柯的"作者的缺席"说、德波的景观理论，以及本雅明的"情节中断"说。特别是本雅明的思想，一直是阿甘本理论最为重要的潜在对话对象和阐释对象，本雅明有不少关于姿态的论说都或明或暗地点明了后来阿甘本所论述的内容。为了行文方便，我们先从阿甘本的论述谈起。

"姿态"(Gesture)这个词最初来自拉丁语 gestura，意为"承受"(bearing)、"执行方式"(way of carrying)或"行为方式"(mode of action)，它的动词不定式形式 gerere，意为"执行、行为、自我承担、掌控、表演或完成"[①]等。阿甘本曾多次在不同地方对什么是姿态，或者确切地说什么是文学的姿态做过解释。而这些涉及文学姿态的解释又或多或少地遗留有姿态词源学上的痕迹。比如在《作为姿态的作者》中，他追随福柯，指出"我们可以把在每个表达行动中的未得到表达之物称作'姿态'"[②]；在《关于姿态的笔记》中，他服膺瓦罗认为姿态是"持续和维持着"[③]的某种行止领域；而在《科莫雷尔，或论姿势》中，阿甘本又赞成科莫雷尔而主张姿势乃是内置于语言中的沉默部分。[④]通过考察阿甘本不同文献中对姿态的论述，我们可以简要地将他的姿态论概括为"哑口""空无"和"纯粹媒介"三个方面的内容。

在《科莫雷尔，或论姿势》中，阿甘本考察并阐释了科莫雷尔的姿态说，认为姿态是一种内置于语言中的无言，它先于言语而在语言中存

---

① Adam Kendon, "The Study of Gesture: Some Observations on Its History", *Semiotic Inquiry*, Vol.2, No.1, 1982, pp.44–62.

② Giorgio Agamben, *Profanations*, Trans. by Jeff Fort, New York: Zone Books, 2007, p.66.

③ [意]吉奥乔·阿甘本：《无目的的手段：政治学笔记》，赵文译，河南大学出版社2015年版，第76页。

④ 参见[意]乔吉奥·阿甘本《潜能》，王立秋、严和来等译，漓江出版社2014年版，第252页。

在。阿甘本认为科莫雷尔的姿态论表明姿态不是一个非语言的元素，而是一种在语言中存在的，某种比概念的表达更为古老的在场；或者更为准确地说，言语是姿态，姿态是无言，它们同属于语言的两面。姿态所意指的是“内在于人类语言能力中的喑哑，是它（语言）寓居在语言中的无言”[①]。这种“无言”常常以“谜”（Rätsel）、“秘密”（Geheimnis）和“神秘”（Mysterium）这三种方式“确立”或“填补”人的存在。阿甘本将语言中的“无言”（或哑口、塞口）归结到“本性的姿态”（或语言姿势）范畴，把克制的性格掩盖在形象之中的举止归结到“灵魂的姿势”，但他最看重的却是从姿态的语言关系中窥视到的，只是作为交流之可能性的而无任何诉求的纯粹媒介性，即“纯粹的姿势”，这是阿甘本姿态论的最大贡献所在。

“姿态是无言”表明姿态既是“无”，也是“言”，是关于“无”或传达“无”的沟通方式。所以，阿甘本反对将姿态界定为一种“目的”，也反对将姿态界定为一种“手段”。相反，阿甘本认为它类似于康德的“无目的的合目的性”，是一种“无目的的手段”，是一种“无”与“有”的辩证统一体。姿态是一种“交流”，这种交流所展示的是作为“在—语言中—存在”的人的“不可言传性”：那些“无法说出”、失语、失忆，以及无须言说和拒绝言说的部分。对此，在福柯那里称为“空无”。在《作为姿态的作者》中，阿甘本根据他的姿态论，在福柯“作者的缺席”的基础上提出在作品中，作者并不再现、表征、重塑或诉求什么，作者仅仅是作品叙述成为可能的中介而在场的。作者是“传奇的空无，从如此空无中书写与发出话语”[②]，通过作者这种姿态，即“恰恰是通过在这个表达内部建立表达的空无来使表达成为可能的”[③]。进而，他认为诗的发生既不是来自作者，也不是来自读者，而是“在于作者和读者在文本中借以把自身置入游戏同时又无限地从游戏中抽身而退的那个姿态”[④]。

无论如何，姿态的意义从根本上说都要回撤到语言中，需要从作为“更普遍的沟通”[⑤]意义上去认识它。在《关于姿态的笔记》中，阿甘本谈到了“塞口”和交流性的问题，并从科莫雷尔那里借用了“纯粹姿态”

---

① ［意］乔吉奥·阿甘本：《潜能》，王立秋、严和来等译，漓江出版社 2014 年版，第 253 页。

② Giorgio Agamben, *Profanations*, Trans. by Jeff Fort, New York: Zone Books, 2007, p.70.

③ Giorgio Agamben, *Profanations*, Trans. by Jeff Fort, New York: Zone Books, 2007, p.66.

④ Giorgio Agamben, *Profanations*, Trans. by Jeff Fort, New York: Zone Books, 2007, p.71.

⑤ Alex Murray, Jessica Whyte, *The Agamben Dictionary*, Edinburgh: Edinburgh University Press, 2011, p.81.

概念来指称语言内部和置于语言结构中的，但却从来不能用语言完全表达的那种东西。对此，弗莱明通过考察认为，科莫雷尔提出的第三个姿态——纯粹姿态（the pure gesture），它是一种全然不同于灵魂姿态和自然状况下的语言的姿态，“它位于自然姿态与灵魂姿态上层的某个部分，作为纯粹姿态，它是其他所有姿态的起源”①。纯粹姿态乃是一种与外部世界无关、与当代无关，而只是与未来社会相关的无限时刻。“纯粹姿态不是表达、说出某物的形式；它没有在内部与外部之间、特殊与普遍之间、能指与所知之间建立任何关系。纯粹姿态根本就不是一个符号。它不属于符号秩序本身，因为它只是‘言说自身的纯粹可能性’。纯粹姿态不是语言言说某物，毋宁说，它就是言说的可能性。即是说，纯粹姿态存在，它置于语言内部，但不能靠语言完成表达。”②纯粹姿态展现了阿甘本姿态说的根本特性，即“在于在其中既无东西被产出，也无东西被演作，而毋宁说，是某种东西在其中持续和维持着。换言之，姿态打开了行止（ethos）的领域，这个领域是人之为人更为本己的领域”③。

姿态敞开了一个“行止的领域”，在这个领域中，既不“做”（facere），也不“作”（agree），而只是“持续或维持着”某种状态。这是阿甘本从亚里士多德对于制造（poiesis，或作诗）和行动（praxis）的区分，特别是从古罗马作家瓦罗提出的行动的第三个类型：“持”（greit）的阶段所获得的启发。阿甘本认为姿态在这个意义层面上突破了“制造”——“相对于目的而言的手段”——和“行动”——“无手段的目的”——之间在手段和目的上的“二决一”的难题。而且，阿甘本更加突出了手段，却又不忽视“无目的”的“纯粹媒介”性。阿甘本援引瓦罗的话说，诗人创造但不表演，艺术家表演但不创造，而一个国家的国王既不创造国家，也不执行（perform）什么（即不做），仅仅承担某种责任和履行职责。这表示姿态具有鲜明而激进的政治意涵，也是人们进入政治共同体的美学途径。

姿态是语言中无言的部分，也是为弥补无言的中断的部分，以及单纯地在无言中存在的部分。阿甘本说文学本质上是姿态的，这是一个综

---

① ［意］乔吉奥·阿甘本：《潜能》，王立秋、严和来等译，漓江出版社 2014 年版，第 256 页。

② Paul Fleming, “The Crisis of Art: Max Kommerell and Jean Paul’s Gestures”, *German Issue*, Vol.115, No.3, 2000, pp.519–543.

③ ［意］吉奥乔·阿甘本：《无目的的手段：政治学笔记》，赵文译，河南大学出版社 2015 年版，第 76 页。

合命题。它包括从文学作为艺术而言，对人类姿态的记录、书写和揭示，并通过它自身独有的方式试图挽回人类的本己性；从作者方面而言，作者是以姿态来保证作品的生命的，作者的姿态乃是将一个现实生命在作品中献出并置入游戏，同时保持作品对该状态处于“空无”，以言说的方式打断情节，并持续地揭露它；从读者方面而言，读者的姿态就是去辨识作品中作者的姿态，敞开作者所构筑的“空无的场所”，安放那个在作品中被证实的一度被作者空缺下来不可表达的思想和情感的姿态；而文学就是发生在作者与读者被置入作品的同时又抽离离去的那个姿态中；从文学的作用而言，它是以纯粹的中介性为读者提供诸如愉快等情感，以及作为纯粹媒介性展示为“在—媒介中—存在”；就文学的构成而言，姿态又是内置于语言中的无言；就文学批评而言，“批评就是把作品化约到纯粹姿态的领域”。[①] 最后，姿态既是人类行为，也是人类存在的方式和最本己的居所。所以，文学的意义只有在姿态中才能获得。

文学本质上是姿态，文学批评本质上也是姿态的批评。阿甘本称其是超越了其他一切领域和阐释方式（如心理学的、美学的）的最高的批评。它既疏离于文学的历史，也拒斥其他关于文体的理论，而保持着“现实与虚幻、生活与艺术、个体与种属之间的”恰当关系，借此展示一种“记忆的缺乏”和无可挽回的“无言的塞口”。对阿甘本而言，“姿态是当所有确定的界定——生命与艺术、文本与实践、现实与虚幻、权力与行动、个人事迹与客观事件——都被悬置时所发生的东西。在这种敞开中，出现或起作用的是姿态。阿甘本认为，姿态是一种特殊的行为，既不是手段，也不是目的。……（而）属于第三种行为概念，把它描述为执行（carrying）、承担（enduring）和支撑（supporting）。它是既不同于任何先验定义（如生命或艺术），也不同于任何终极定义（telos），包括一切美学定义（如为艺术而艺术）的‘纯粹实践’（pure praxis）”[②]。简言之，作为姿态的文学批评的根本作用就如同“国王的行事”一般，乃是悬置一切既往法则，从而重新协商、勘定与平衡边界的特殊行为。

遵照阿甘本的理解，批评作为文学姿态，它应被理解为既拒绝成为达到文学目的的方法或手段，也拒绝成为文学目的本身。从这个意义上说，姿态一方面重新协调并勘定了新的批评边界，也在另一方面划定了

---

① ［意］乔吉奥·阿甘本：《潜能》，王立秋、严和来等译，漓江出版社 2014 年版，第 257 页。

② Alex Murray, Jessica Whyte, *The Agamben Dictionary*, Edinburgh: Edinburgh University Press, 2011, p.79.

一个批评的新的独特领域。这种新的批评边界至少由三个方面所决定。第一是作品作为对丧失姿态的记录和挽回，它书写的乃是人在现代社会沦为命运姿态的必然趋势。其中蕴含着人的内在性丧失、未知力量的逼迫、自然生命沦为技术装置等几种情况。它们共同肢解了身体并促使其朝向神圣化以便于为献祭铺平道路。第二是作者开始由再现、表征和重塑的角色转换为“缺席者角色”，借助作者这种“外边思维”（或外部思维）的优势将那些无名者的生命置入作品的游戏中以揭示各方的姿态。第三是姿态属于一个“无目的的”纯粹手段领域，而且在现代景观社会，人类成了真正“在—媒介中—存在”的动物。这个“潜能和现实，本真和矫饰、偶然和必然变得不可区分”的重要领域正是姿态的乐土。人是媒介的动物同时联系于一种伦理的观念，而姿态不“做”，也不“不做”，它只是持续着、“维持着”，阿甘本认为，它“别无他名”，乃是“人类完整的、绝对的姿势性的领域”，即“政治”。[①]

表面上看，似乎德勒兹（还有瓦罗）、科莫雷尔和福柯都居于阿甘本三篇姿态论文献的突出位置。但事实上，阿甘本姿态论却是在多方面参考了本雅明，甚至被认为“更多的是属于本雅明的”[②]。《关于姿态的笔记》，其实可以看作关于“本雅明的笔记”；《作为姿态的作者》多是“本雅明的发展”，而《科莫雷尔，或论姿势》则将本雅明推向 20 世纪最伟大的批评家之列。此外，阿甘本姿态的空无与中断，沟通与媒介说都潜在地呼应了本雅明写于 1916 年的《论语言本质与人的语言》，以及著名的《机械复制时代的艺术作品》。本雅明在前者中追问语言交流的本质问题，并“试图在语言中找寻‘无词语的领域’，希望能唤醒人们对词语所不能表达的东西的兴趣”[③]。这多少可以窥见阿甘本“纯粹姿态”的影子，而在后者中，更是点明了很多后来阿甘本所进一步明确化的东西。

二、作为传统中断的姿态说

在本雅明的批评思想是什么的问题上，本雅明的忧郁气质一定传染了那些从事本雅明批评思想研究的学者，并在很大程度上影响了他们的

---

① ［意］乔吉奥·阿甘本：《潜能》，王立秋、严和来等译，漓江出版社 2014 年版，第 265 页。

② Samue Weber, *Going along for the Ride: Violence and Gesture: Agamben Reading Benjamin Reading Kafka Reading Cervantes*, The Germanic Review: Literature, Culture, Theory, 2006, pp.65–83.

③ ［英］伊斯特·莱斯利：《本雅明》，陈永国译，北京大学出版社 2013 年版，第 33 页。

思考。因为，人们熟知，本雅明早年就在文学批评上志向甚高，他不仅立志要做“最伟大的德国文学批评家”，而且决计要“开创一种批评样式”。[①]耕耘数十载，最终学者们对此还是一无所获，甚至连“批评家”的称号恐怕都难以安置在本雅明头上。即使偶尔有人对本雅明称颂有加（如詹姆逊，阿多诺等），但有更多的人却站到了他们的对立面。直到对本雅明思想最为杰出的阐释者——阿甘本的出现，才彻底扭转了这一境况。阿甘本在“姿态论”的最高标准上首次将本雅明推举到“20世纪德国毋庸置疑的最伟大的批判家”之列，才最终解决了本雅明的批评地位问题，并第一次解答了何谓本雅明的批评思想，这个困扰本雅明研究界多年的根本性疑问。

众所周知，本雅明受到歌德、德国浪漫派及悲剧理论，19世纪的爱伦·坡、波德莱尔，以及克劳斯、卡夫卡、布莱希特、普鲁斯特、布勒东等当代作家的广泛影响。本雅明与同时代的很多作家交往甚密，更写过不少有关文学家及其作品的批评文章。而且，他认为批评家与以往艺术时代的阐释者无关，相反，批评家是文学政治中的战略家。波德莱尔、普鲁斯特、卡夫卡以及布莱希特，可谓是本雅明批评最多、受其影响最大或交往最密的四位作家。我们发现，本雅明认为波德莱尔的抒情诗既不表现诗人自己，也不与他的读者之间保持一种亲密关系，而是保持一种疏离关系，并且明确地指出波德莱尔的“典型特征是语言姿态”[②]；对于普鲁斯特，本雅明说他既不再现生活，也不强调人的日常经验。相反，普鲁斯特的小说是以“让叙说者将自己的生活嵌入到事件中，以便把它作为经验一同传达给听者”[③]，或者说是以“意愿回忆和非意愿回忆”纠合在一起所形成的特殊姿态而闻名的；在卡夫卡的作品中，本雅明更是发现了姿态元素，并提出卡夫卡“全部作品构成了姿态的符码”[④]的经典论断。

另外还有一位，既是好友又是对他影响至深的布莱希特。据说，本雅明还曾因美学思想中的布莱希特色彩而招致阿多诺与霍克海默的不满。在姿态论上，他受布莱希特的启发最大。本雅明在《什么是史诗剧？》

---

① ［英］伊斯特·莱斯利：《本雅明》，陈永国译，北京大学出版社 2013 年版，第 108 页。

② ［德］本雅明：《波德莱尔：发达资本主义时代的抒情诗人》，王涌译，译林出版社 2014 年版，第 102 页。

③ ［德］本雅明：《波德莱尔：发达资本主义时代的抒情诗人》，王涌译，译林出版社 2014 年版，第 11 页。

④ ［德］本雅明：《开箱整理我的藏书：本雅明读书随笔》，国荣等译，金城出版社 2014 年版，第 87 页。

中提出“史诗剧的本质是姿态”的观点，这既使得“史诗剧”成为一种戏剧概念，也使得“姿态”成为一个批评概念；在《评陀思妥耶夫斯基的〈白鲸〉》中，他郑重告诫文学批评应该持有怎样的姿态，并将中国戏剧界定为“姿态戏剧”；他还关注拱廊，闲逛者的姿态，以及这些姿态者背后的命运问题；他对新艺术中展现的姿态美学更兴趣盎然……至此，已经很清楚无误地表明：姿态而非任何其他概念——比如寓言——才是本雅明在进行批评时所依据的根本批评思想。而且，我们知道本雅明终其一生的思考都是在现代性与政治救赎这两个鲜明背景下进行的，而姿态范畴恰恰是本雅明贯穿这两个维度进行批评探索最为主要的思想工具。

20世纪30年代，本雅明在他有关卡夫卡的文本和布莱希特的戏剧中发展了自己的姿态理论，主要集中在《弗兰茨·卡夫卡》《论卡夫卡》和《什么是史诗剧?》中。在《什么是史诗剧?》中，本雅明追随布莱希特，首先将史诗剧定位于有别于“叙述性作品”的一种需要观众参与美学表态的艺术形式。为了满足这两个要求，本雅明赞成史诗剧以传统历史事件作为素材的观点以降低观众参与的门槛，主张通过“非悲剧性人物”为主角以迎合观众艺术批评的层次。在历史事件的舞台展现上，本雅明倾向于以事件为中心的场景、状况的揭示从而在观众那里形成“错愕”与“震惊”，而这种美学效果的达成则是通过“中断情节发展”和“可援引的动作”来实现的。[①]“中断情节”和“可援引的动作”的根本目的则在于生产姿态，这便形成了本雅明所说的“戏剧是姿态”的观点。

就此，本雅明认为姿态是史诗剧的原材料，史诗剧的任务就是这种原材料的合理使用。此外，他还赋予姿态两个主要优点：一个是姿态只有达到一定程度，它才是可以证伪的，姿态越是稀疏平常，它就越难被篡改；另一个是不像人们的行动和企图那样，它有一个确定的开始与结束。本雅明认为姿态来自现实，这些严格的、框架性的、每个时刻封闭的特质是作为生活状态之流的整体，是姿态基本辩证的特征之一。这形成了一个重要结论：我们越是频繁地打断某人行动中的行为，我们就获得了越多的姿态。因此，行动的中断是史诗剧的一个主要关注点。[②]“可援引的动作”是要将某个社会情境离析、孤立出来，甚至是为了突出某

① 参见［德］汉娜·阿伦特编《启迪：本雅明文选》，张旭东、王斑译，生活·读书·新知三联书店2016年版，第161页。

② Walter Benjamin, *Understanding Brecht 4*, London and New York: Verso, 2003.

个寓有矛盾性质的单一动作，而解析其语境，重新检视它，并反复操演它，在不同的环境中引用它，剥离它原有的自发性与自然状态，终至将它引入崭新的洞察眼光之下。

“可援引的动作”即“引用姿态”，也就是中断戏剧中的历史传统、剧情整体性和情节连续性。姿态还中断了主体的有目的的行为和情节以及故事的指向结局的运动，而且它本身也是一个行为。于是，本雅明说：“情节的中断是最重要的。”① 本雅明所理解的中断类型乃是从一开始就是非静止的类型。因此，姿态的生成明显依赖于运动干预，特别是行为干预。② 外部行为的介入使得姿态产生了一种陌生化，尤其是这里的戏剧姿态不再被视为一种精神活动或美学行为了。可以说，本雅明以姿态及姿态的中断评论戏剧，从而在戏剧批评上开启了戏剧姿态理论范式的转向。③ 本雅明试图要“创造一种新样式”的构想，看来并非夸夸其谈，更不是他对于个人思想事业的某种忧郁的牢骚。这里可以套用他评价布莱希特的话，姿态论戏剧也具有与亚里士多德的“陶冶”悲剧戏剧范式“分庭抗礼”的地位。

本雅明对卡夫卡的阐释也常常是结合戏剧来讨论的。本雅明认为卡夫卡的大多数作品都可以扮演成戏剧，而且只有扮演成姿态的戏剧时，才能充分地廓清卡夫卡的作品。所以，本雅明说：“卡夫卡的全部作品构成了一套姿势的符码。”④ 这是说，卡夫卡的作品由姿态构成，理解卡夫卡的作品也就必须从姿态开始。姿态可以说是卡夫卡作品意义的枢纽。卡夫卡通过过滤日常生活场景和剥离传统历史的支持重组成一种由事件所筑造的谜一般的姿态。卡夫卡作品作为姿态符码所隐含的是他基于传统社会的神秘体验和现代都市的无名体验。在其中，本雅明看到了作为景观的姿态（如《弑兄案》《变形记》）、作为事件的姿态（如《审判》）、作为纯粹的姿态（如那些像动物似的姿态）、作为命运的姿态（如《在法

---

① Samue Weber, *Going along for the Ride: Violence and Gesture: Agamben Reading Benjamin Reading Kafka Reading Cervantes*, The Germanic Review: Literature, Culture, Theory, 2006, pp.65–83.

② Lucia Ruprecht, “Gesture, Interruption, Vibration: Rethinking Early Twentieth-Century Gestural Theory and Practice in Walter Benjamin, Rudolf von Laban, and Mary Wigman”, *Dance Research Journal*, Vol.47, No.2, 2015, pp.23–42.

③ Lucia Ruprecht, “Gesture, Interruption, Vibration: Rethinking Early Twentieth-Century Gestural Theory and Practice in Walter Benjamin, Rudolf von Laban, and Mary Wigman”, *Dance Research Journal*, Vol.47, No.2, 2015, pp.23–42.

④ ［德］汉娜·阿伦特编：《启迪：本雅明文选》，张旭东、王斑译，生活·读书·新知三联书店 2016 年版，第 129 页。

律面前》《城堡》)、作为灵魂的姿态(如《驼背小人》)、乞丐“一件衬衫”的愿望姿态，以及桑丘·潘沙极富正义的姿态等多种景观。本雅明认为卡夫卡的世界就是人世的剧场，这个剧场上演的是以他的姿态构筑的寓言式戏剧。从中，卡夫卡姿态所敞开的是多重美学魅力：“每一个姿势后面撕开一片天空”，每一个姿态后面都“提供一个令人寻思不尽的命题”①，并且，每一个姿态都关乎灵魂的姿态。

在卡夫卡的小说以及机械复制时代的艺术中，本雅明敏锐地觉察到了技术所带来的疏离关系，也觉察到了自身及其存在的种种命运问题。本雅明在《机械复制时代的艺术作品》中对于演员在电影镜头前的表演及其后果的深重担忧做了创造性的姿态阐释，指明了演员被悬置的姿态，而非影像本身才是电影艺术的本质所在。

另外，本雅明也说道：“广播这种组织机构最重要的过错是从根本上把演员和受众永久地分隔开了。”② 大众既可轻而易举地被带到麦克风前，也同样被轻而易举地抛在一边，成为迟钝而无言的存在。本雅明在其中看到了演员主体性、艺术灵光以及经验的断裂，“关于人类活动和运动的连贯感，一种具化感和可交流感”③ 的消逝。演员在荧幕上看到的是陌生化的自己，那些姿态与他自身的经验是那么的毫无关系。这时候，本雅明已经非常清楚地宣布在他所生活的时代，人们已经失去了姿态，那种存在性的姿态远去了，随之而来的是存在者的姿态；原有的复数的姿态转变为单数的姿态，一种纯粹的姿态，并超越美学而进入伦理学、政治学领域，同时，也进入了本雅明说的一切都被纳入由技术所引发和形塑的生命政治学领域。

三、作为生命政治批评的姿态说

本雅明的姿态说具有鲜明的现代政治背景，而他的继承者与阐释者——阿甘本，在这方面不仅没有减弱，而且显得更为激进。阿甘本三篇姿态论文献中，有两篇均以几乎完全一样的话语——“政治是人类绝对而完整的姿态性领域”——结束。而另一篇文献的结尾部分，也只不过是改用了阐述性的话语说了同样的意思。但令人非常诧异的是，阿甘本都无一例外地拒绝在这些文章中对此做进一步的解释。结果，姿态论

---

① ［德］汉娜·阿伦特编：《启迪：本雅明文选》，张旭东、王斑译，生活·读书·新知三联书店 2016 年版，第 130、144 页。

② ［德］本雅明：《瓦尔特·本雅明论广播》，库岑译，《热风学术网刊》2016 年第 1 期。

③ AlexMurray, *Giorgio Agamben*, London: Routledge, 2011, p.87.

为何属于政治、伦理领域的面貌，本雅明没有明说，阿甘本则没有说明。这使得姿态论的生命政治批评议题变得扑朔迷离。这方面的研究在国内鲜有提及，[①] 在国外同样缺乏必要的研究。[②] 因此，澄清姿态论的伦理政治和生命政治批评维度，显得至关重要。

生命政治批评的根据，其实，本雅明在他的思想中已经隐晦地给予了澄清。例如，本雅明曾经强调生命并不仅限于肉体生命，也不完全由“自然来决定”，而“只有当我们生命赋予一切拥有自己的历史而非仅仅构成历史场景的事物，我们才算是对生命的概念有了一个交代”。[③] 这就廓清了“艺术作为生命及其形式”[④] 的合法性问题，后来，包括朗西埃、阿甘本等不少当代西方理论家都继承了本雅明关于艺术是一种生命形式的看法。文学作为一种艺术形式，它的生命不仅易于辨认，而且是永恒的。

本雅明已经在他的时代将研究重点从文学的封闭研究、静态研究转向了更加关注文本、社会、事件以及大众、作家的“变换流转的语境和组合”以获得其在实践层面所具有的复合性意涵的属于文学“后理论”时代的新阶段。[⑤] 本雅明说，文学中的每一个姿态“都是一个事件”，而“每一个姿态后面（都可）撕开一片天空”。[⑥] 他把文学从“独自看书的读者”状态带领进了“作为集体出现”又各自息息相通且具有“参与性”的共同体阶段。姿态提供了一个既扎根传统，又疏离传统，还面向未来的“令人寻思不尽的命题”。通过这种混淆形成一种短暂的、变化无常的组合，进而持续制造出新的事物和事件来。这个历史维度便是本雅明对姿态所做的一个非常重要的规定。

而根据阿甘本的看法，“任何思考生命的思想都与权力共享其对象，

---

① 仅见胡继华在《生命政治化：简述乔治·阿甘本》(《国外理论动态》2006 年第 5 期）中略有提及。

② Colby Dicknson, “Beyond Violence, Beyond the Text: The Role of Gesturein Walter Benjamin and Giorgio Agamben, and its Affinity with the Work of René Girard” , *Heythrop Journal* LII, 2011, pp.952–961.

③ [德] 汉娜·阿伦特编：《启迪：本雅明文选》，张旭东、王斑译，生活·读书·新知三联书店 2016 年版，第 83 页。

④ 支运波：《本雅明论作为生命及其形式的艺术》，《东南大学学报（哲学社会科学版）》2016 年第 1 期。

⑤ 参见 [德] 汉娜·阿伦特编《启迪：本雅明文选》，张旭东、王斑译，生活·读书·新知三联书店 2016 年版，第 129 页。

⑥ [德] 汉娜·阿伦特编：《启迪：本雅明文选》，张旭东、王斑译，生活·读书·新知三联书店 2016 年版，第 130 页。

并必然会面对权力的策略”[①]。那么，姿态作为一种有关人类生命和身体行为方式的理论，自然与政治权力同属一体。在上文中，我们已经呈现了姿态在语意上的政治关联。不管是就单个的生命体而言，还是就作为共同体的“被治理者”而言，抑或是那个仅仅承担“持续着、维持着”的国王角色，“哑口”与否并无本质的区别。因为，他们的姿态涉及的无非是一种没有形式的生命类型与生命形式，这种生命形式允许一个没有确定身份、功能和排他性的社会。[②] 此外，博思（Renéten Bos）在他的一篇论文中还指出了姿态在起源上与政治的天然关系。据他考察：在古罗马帝国时期，政治总是关于姿态的。在议政厅或圆形露天场所的政治演讲并不能使声音有效地传递到听众那里，因此，杰出的演说家都知道他们并不能被众人理解。这时，当你知道你不能完全依靠你声音的力量时，姿态便成了你政治表演的最好方式了。[③] 与此颇有几分类似，让－吕克·南希也展示了具有叙述能力（或权力）的人如何利用自己讲故事的能力将众人会聚起来，进而形成共同体政治的历程。南希高明地展现了叙述何以发展为文学，文学又何以构成了叙述者的政治地位进而缔造成共同体的辩证关系。最终，南希得出了“文学的本质只是一个姿态（geste）”[④] 的文学本质主义结论，亦彰显了艺术的生命政治美学之所在。事实上，姿态作为纯粹政治、伦理领域的一个典型例子，可以在当代社会中的诸如静坐、绝食一类的民众运动中得以说明。此刻，他们什么也不做，什么也不申诉，仅仅是静坐、绝食，既不申诉政治需求，也不游行呐喊，但没人怀疑它确确实实是一种政治、伦理行为。

说文学是姿态也就将文学置于身体之内，从而与生命政治建立起了关联。沿着本雅明关于经验匮乏的路径，阿甘本提出西方现代社会资产阶级的姿态已然丧失的论点。这是阿甘本姿态论的第一个逻辑起点。阿甘本所说的人类的姿态丢失，在很大程度上是指随着现代技术、科技理性以及权力规训和道德伦理的发展与渗透而彻底把人作为自然生命的身体姿态消灭掉了这一现实。在阿甘本看来，对于一个失去自身姿态的时

① ［意］乔吉奥·阿甘本：《潜能》，王立秋、严和来等译，漓江出版社 2014 年版，第 423 页。

② Renéten Bos, “On The Possibility Of Formless Life: Agamben’s Politics Of The Gesture”, *Theory and Politics in Organization*, Vol.5, No.1, 2005, pp.26–44.

③ Renéten Bos, “On The Possibility Of Formless Life: Agamben’s Politics Of The Gesture”, *Theory and Politics in Organization*, Vol.5, No.1, 2005, pp.26–44.

④ ［法］让 - 吕克·南希：《无用的共通体》，郭建玲等译，河南大学出版社 2016 年版，第 166 页。

代，人们也就越发地执迷于它。而对于失去自身姿态的人们来说，亦即失去了其之所以为人的那些最为本己的东西，也就是说姿态成了他们的命运。我们不得不承认迫使姿态失去的乃是某种“未知力量”与无法挽回的历史趋势，但结果却造成了生命的实存越发地难以被解读与辨认。经验丢失、灵魂失却以及人的本己要素的断裂使得人的日常姿态沦为程式化的模式，即日常的姿态沦为人作为动物性物种的自然动作的他者和相异物。

于是，阿甘本说：“人——他的身体的存在已经变得神圣，就它使自己变得不可穿透而言——就为大屠杀做好了准备。”[①] 姿态的丢失所表明的不仅仅是主客体的分离，它还表明了主体自身的分离。这是什么意思呢？它指的是主体的实际经验、身体感受、姿态行为与理性观念之间处于一种分离的状态。身体的表象不再是身体感受的表达了，身体姿态与主体意识处于一种松散关系中。这也就意味着基于日常经验的自然生命或者说生物生命开始转向由主体之外的力量、因素（如政治、权力、技术、意识、观念等）所管控的非主体的生命状况中。这样，姿态潜在地起到了勘定生命的赤裸生存现实与社会/精神生命现实、自由生命与管治生命、真实与虚幻之间边界的作用。而每一种的界定都同时表明了一种新的身份确立。姿态的生命政治便联系于一整套的与姿态相关的装置系统：影像的、情绪的、伦理的、权力的以及观念系统的。它模糊了各种无差别的身体，并使生物生命与生命政治间的“例外状态”得以随时发生。它可以使处于某一状态的身体骤停、延续或者在不知不觉中变化动作：真实的、表演的、病态的、生产性的、实践的，如此等等。

为了记录、保存以及挽回人类的自然姿态，防止其“在不可见的权力运作下”[②] 丢失殆尽，阿甘本赋予艺术——主要是现代电影（之前是文学）——以“弥撒亚”的角色。这是姿态批评的逻辑过程，它包括电影以记录姿态的方式试图挽救姿态的丧失，但电影的记录不是作为静态的影像而是作为传统中断的“某个姿态的片段”而运动的，最终电影的中心是纯粹的中介，它属于伦理与政治领域而非简单的审美领域。阿甘本作为姿态的电影理论，首先从本质上奠定了艺术（电影）属于伦理与政

① ［意］乔吉奥·阿甘本：《潜能》，王立秋、严和来等译，漓江出版社 2014 年版，第 262 页。

② ［意］吉奥乔·阿甘本：《无目的的手段：政治学笔记》，赵文译，河南大学出版社 2015 年版，第 68 页。

治领域的合法性；[①] 其次宣告了其中存在着“两个生命的生命政治生产过程……作为空间中受调查的身体以及运作中的惩戒身体”[②]，即它所关注的乃是在生命政治征用与美学救赎之间被捕获的人类身体；[③] 最后，它在另一维度也开启了“从生命政治向生命诗学（Biopoetics）的转向：展示了运动中人类身体的纯粹媒介性，拉开了生命政治关联，并且捕捉到了赤裸生命的潜能”[④]。“纯粹媒介”是阿甘本姿态论最为本质的特征，也是阿甘本所谓的政治是“人类之绝对而完全的姿态性领域”的另一层意思。因为，政治也是一种无目的的行动、单纯的不作为的行为与持续、一种没有依存的举动。作为中介性，即“无目的之手段”罢了。在《未来共同体》中，阿甘本认为伦理是没有本质、没有历史或精神的职业以及没有人类必须实现的生物学命运。如果人类必须是这种或那种物质的话，那么就不可能有任何伦理经验。人类只有做的任务。所以，阿甘本说姿态范畴就是伦理范畴。

姿态如何是伦理的呢？“人类—在媒介中—存在”的思想敞开了人类在现代社会中的伦理维度。2016 年 4 月，在剑桥大学召开的以“迈向姿势的伦理学”（Towards an Ethics of Gesture）为主题的研讨会就是以阿甘本的这个基本观点作为出发点的。阿甘本所认为的伦理学是没有内容的，它既不关乎生产，也不关乎实践，而仅仅是一种手段而已。阿甘本说：“姿态被生命权力征用……姿态提供了一种朝向未来的敞开，提供了一种作为无政治、无科技、无身份政治实现的未来共同体的敞开，它是作为纯粹媒介的政治、无目的的手段。”[⑤] 因此，“姿势……只在必须被用作重新思考伦理与政治之奠基的那个门槛上出现。姿势因此也就起到了不作为的作用”[⑥]。

在《作为姿态的作者》中，阿甘本通过分析陀思妥耶夫斯基的小说《白鲸》中菲利波芙娜的人物命运，指出了作品中的姿态如何通过悬置道

---

① Janet Harbord, “Agamben’s Cinema: Psychology Versus an Ethical Form of Life”, *European Journal of Media Studies*, Vol.4, No.2, 2015, pp.13–30.

② Janet Harbord, “Agamben’s Cinema: Psychology Versus an Ethical Form of Life”, *European Journal of Media Studies*, Vol.4, No.2, 2015, pp.13–30.

③ Justin Clemens, Nicholas Heron, Alex Murray, *The Work of Giorgio Agamben: Law, Literature, Life*, Edinburgh: Edinburgh University Press, 2008, p.204.

④ Edited by Henrik Gustafsson and AsbjørnGrønstad, *Cinema and Agamben: Ethics, Biopolitics and the Moving Image*, London: Bloomsbury Academic, 2014, p.8.

⑤ Giorgio Agamben, *Means without End*, Trans. by Vincenzo Binetti and Cesare Casarino, Minneapolis: University of Minnesota Press, 2000, p.194.

⑥ AlexMurray, *Giorgio Agamben*, London: Routledge, 2011, p.89.

德法则而被置入生命的游戏中并最终才是伦理的。他说道：

> 菲利波芙娜把她的生命置入了游戏，或者说，也许，她允许这个生命被梅什金、被罗戈任以及她自己的狂想置入游戏。这就是为什么她的行为无法解释以及她在所有的行动中依然保持完美的不可进入、不可理解的状态。不是在生命服从于道德法则之时，而是在它接受它的姿态中把自身不可逆转且毫无保留地置入游戏之时——甚至冒着这样的风险：它的幸福或它的耻辱一次性地被决定——生命才是伦理的。①

阿甘本指出，作者的价值就在于在作品中贡献一个献出的生命并被游戏，而不是被表达或被完成。作者通过所设置的这种“空无”或“缺席”，“不被满足和不被言说的状态”，才“确保了作品的生命”，确保了艺术批评的空间。

将人（污名的人）实存的生活与文学绑定在一起，并不是再现/表征或重塑的关系，而是更为本质的东西。按照阿甘本的说法，乃是姿态。阿甘本借助福柯论述道，“污名者”的“真实的生命被‘游戏’”涵盖了多重意味：第一，是谁将他们置于游戏之中，并蓄意保持他们的无名状态；第二，污名的人是否彻底放弃过自己，而把自己交付给其他东西（如某种生活状况或事件）；第三，污名者的生命应由造成其结果的权力及其要件（如机构或权力者）负责，还是仅为一种纯粹的命运。对此，阿甘本声称：“污名的生活只是被游戏；它从未被占有也从未得到再现/表征，从未得到言说——而这就是为什么它是某种伦理和某种生命之形式的，但同时又唯一可能的是空无的场所。”② 阿甘本认为把生命置入游戏，既拒绝让生命服从于道德法则，也拒斥生命匍匐于权力的脚下，“而是在接受它的姿态中把自身不可逆转且毫不保留地置入游戏之时——甚至冒着这样的风险：它的幸福或它的耻辱将一次性地被决定——生命才是伦理的”③。这种毫无任何目的的纯粹手段，即将“一个生命被献出并在作品中被游戏。被献出且被游戏，而不是被表达或被完成”④。作者在一种“空缺的状态”下发出话语，如同小丑的滑稽动作不断打断舞台上延续的

① Giorgio Agamben, *Profanations*, Trans. by Jeff Fort, New York: Zone Books, 2007, p.69.
② Giorgio Agamben, *Profanations*, Trans. by Jeff Fort, New York: Zone Books, 2007, p.68.
③ Giorgio Agamben, *Profanations*, Trans. by Jeff Fort, New York: Zone Books, 2007, p.69.
④ Giorgio Agamben, *Profanations*, Trans. by Jeff Fort, New York: Zone Books, 2007, p.69.

情节并持续揭露情节一样，作者就是借助这种姿态“通过某个不可表达的外部边缘不可还原的在场，才确保了作品的生命”①。

如果从阿甘本电影始于人类失去自身姿态的那一刻的观点来看，文学也同样可以这么认为。而且，失去姿态同时意味着内部交流的失去，显然这对以内部情感沟通为主的文学而言也是致命的。这一看法，一方面部分解答目前人们所忧虑与不满的文学脱离现实的重大疑问，另一方面也宣告了文学作为外部装置的诞生和生命政治文学批评方式的开始。对此，阿甘本畅想了姿态批评的美好愿景：作品的批评“被赋予其最高的姿势后，作品继续活下去，像沐浴在末日之光中，在其形式的服饰和概念的意义毁灭之后幸存下来的造物”②。但是，一方面我们既要看到姿态“对主体性崩溃和美学崩溃的驾驭（harnessing）”③，也要看到文学沦为“一道笔画—— 一个切口和 / 或一次铭写”④的危险，看到福柯在《什么是作者》中把对写作者的漠然视为“当代写作的一个根本伦理原则”，写作呈现为一种游戏、一种空间创造、一种抵抗死亡的活动。从另一方面来说，姿态的文学批评与生命政治的关联，还可从福柯的这一观点中得以理解。他说“写作开始和献祭，甚至和牺牲生命相联系：它现在是代表一种自愿的毁灭，自我已经不需要再现在书中了，因为它已经被带入了作者的存在之中”⑤。所以，姿态并非要寻求一个拯救的主体或者革命主体，它仅仅是我们所生活的扁平化，社会的症候，并且在其中寻求超越的潜能，这是姿态的生命政治批评所需要明白的。

姿态批评给文学批评提供了一个进入政治与伦理的开始⑥，并将文学置入生命政治理论视域之内。它把文学关注的重心从作品的结构、布局，以及内部关系及其相互间的互动等美学研究转向了身体行动、实践、行为以及国家治理层面上来。这既不同于西方形式主义、语言论、结构主义的文学批评方式，也有别于马克思的社会历史和阶级分析法。姿态论

---

① Giorgio Agamben, *Profanations*, Trans. Jeff Fort, New York: Zone Books, 2007, p.70.

② ［意］乔吉奥・阿甘本：《潜能》，王立秋、严和来等译，漓江出版社 2014 年版，第 257 页。

③ Alex Murray, *Giorgio Agamben*, London: Routledge, 2011, p.90.

④ ［法］让 - 吕克・南希：《无用的共通体》，郭建玲等译，河南大学出版社 2016 年版，第 166 页。

⑤ Foucault Michel, *Language, Counter-Memory, Practice: Selected Essays and lnterview* Trans. by D.Bouchard and Sherry Simon. lthaca: Cornell University Press, 1980, p.117.

⑥ Anthony Curtis Adler, “The Intermedial Gesture: Agamben and Kommerell”, *Journal of the theoretical humanities*, Vol.12, No.3, 2007, pp.57–64.

范式的提出标志着文学批评从美学领域转向了生命政治批评领域。[①] 而且，“姿态转向”是在资本主义当代管治技术的层面上思考生命何以更幸福、更美好地存在的根本问题的一个“后理论”（after theory）批评范式。

阿甘本与本雅明的共同之处在于都沉思了人类、艺术在现代性之后的命运问题，其不同之处在于本雅明在现代性中以他忧郁的气质于消逝中看到了革命性，而阿甘本则更多地显现出激进的空无观。他们都以各自独特的姿态呈现了不同现实中人与艺术沦为景观、形式、姿态与空无的经验遭受否定与毁灭的未来面向。

如果说本雅明以姿态论史诗剧引入了戏剧姿态理论转向和新的戏剧理论范式的话，[②] 那么，他和阿甘本的姿态论可以说在文学批评中也完成了同样的事情。现代姿态论涉及本雅明、海德格尔、福柯、梅洛－庞蒂、南希、阿甘本、巴特勒以及其他一些重要理论家，并且横跨从文学、视觉以及表演艺术，到人类学、神学、哲学以及媒介研究的广大领域，其在身体与世界、自我与他者、静止与运动、持续的行为、普遍与特殊之间有着巨大的运用空间。不仅如此，姿态论对于解答艺术本质问题、艺术与现实关系、艺术与政治的关系问题以及生命政治批评是不是一种美学批评问题都提供了有益的思考路径。姿态论所引领的批评范式转向、开拓的批评领域探索相对于批评实践来说，还有相当长的路要走。

第二节　艺术的魅力技术[③]

艺术的魅力技术主要想说明的问题是艺术从来都是一个技术的产物，而非自然物，进而从艺术的技术上表明艺术的生命政治属性。同时，对于艺术中技术因素的考察，更主要是指艺术的“人文技术”，比如修辞、象征、隐喻等是从增强艺术效果方面而言的；或者是“审美技术”（aesthetic technology），比如采用对称、光影、反差等手段是从增加审美愉悦方面而言的；不单单是指“自然技术”，比如新科技、新工具、新媒介等科技理性地运用方面。

---

① Edited by Henrik Gustafsson and Asbjørn Grønstad, *Cinema and Agamben: Ethics, Biopolitics and the Moving Image*, London: Bloomsbury Academic, 2014, p.2.

② Lucia Ruprecht, “Gesture, Interruption, Vibration: Rethinking Early Twentieth-Century Gestural Theory and Practice in Walter Benjamin, Rudolf von Laban, and Mary Wigman”, *Dance Research Journal*, Vol. 47, No. 2, 2015, pp.23–41.

③ 支运波：《发现文化：淮河花鼓的景观与理解》，博士学位论文，复旦大学，2013 年。

一、艺术的魅力技术

不管是作为功利性生存能力还是闲暇时的审美活动，艺术基本上都是一种制作活动。为了达到美的效果、便于意义的传达，以及艺术与现成事物形成适宜的审美感受，在艺术的制作过程中往往会有技巧的运用，即使是对于艺术过程性内容了然于胸，也会加入一些“技巧性”的东西，使其产生更多的美，从而潜在地表明美的生命政治属性。

比如，“熟能生巧”的“巧”就是一种“技术”性的东西，也是一种美的体现。“艺术”（art）一词，源自古拉丁语（ars）。在古拉丁语和古希腊语中，“艺术”一词的本义是“技巧”或“技能”（技艺，technē），掌握艺术的人被看作工匠一类的人，地位较低。[①]这种意义指代，甚至一直延续到18世纪晚期。在中国古代，艺术则指“六艺”及术数、方技等各种技能。艺术史和美学史上不同的风格、流派、思潮的形成及其区别，与艺术中运用技术的不同是分不开的。因此，对“艺术家技巧能力的评定总是有意义的”[②]。

美学家们十分重视艺术（美学）的技术作用，古典美学家们则认为技巧存在于对现实的模仿。柏拉图基于城邦理想国缔造的宗旨而贬低艺术家，进而贬低艺术家的技巧，认为“单凭技巧便想成为一个名副其实的诗人”[③]是办不到的，艺术中的技巧离事物的真实较远，且“永远达不到真理”。与柏拉图轻视艺术生产中技术的看法不同，亚里士多德肯定艺术模仿和艺术形式功能，认为艺术生产是“设法筹划怎样使一种可能存在也可能不存在的东西变成存在的”[④]，他对悲剧的著名定义特别给了艺术技巧以充分的关注。康德区分了艺术和技术，认为艺术是自由的游戏，是非功利的审美活动，从而给艺术中的技巧以独立的地位；而美的艺术又具有“在形式上的合目的性”，合目的性的功能主义色彩同样离不开技术的作用。一件美的艺术品让人觉得“看起来像是摆脱了有意规则的一切强制”而自然地呈现，迷惑了我们对它是艺术品的意识。这种美的效果的达成，没有精湛的技艺是绝对不可能的。

---

① 但是在海德格尔看来，艺术家作为一种技师，在古希腊语中又与“真理”（alētheuein）相关，他能够解蔽被遮蔽的存在。

② ［美］彼得·基维主编：《美学指南》，彭锋等译，南京大学出版社2008年版，第139页。

③ 转引自朱立元主编《西方文论教程》，高等教育出版社2008年版，第33页。

④ 朱光潜：《西方美学史》（上卷），人民出版社1979年版，第70页。

黑格尔没有直接论述技术因素，若是从“人文技术”角度看[①]，何以感性地显现理念肯定关乎审美技巧。海德格尔反对形而上学的美学观，矢志将美学带回古希腊和遥远的古东方，并从那里获得意义阐释的原动力和立足点。在《艺术作品的起源》中，我们尤其能感受到海德格尔是如何在艺术的“技艺”（technē）和“真理”（alētheuein）的意义上阐述艺术的“澄明之境”和“四方游戏”的。经典马克思主义者认为生产高雅艺术是统治阶级的特权，农民因为缺乏闲暇、物质保障和生产艺术的技术优势而不适宜生产高雅艺术。但他们指明了资本介入艺术生产的生命政治机制。

意大利美学家克罗齐在《美学原理》中，直接谈到了他对技术的看法。他认为技术是实践的知识，是用来刺激“审美的再造”的；技巧之于艺术，就如同美之于物体一般，是属于艺术本身属性的东西。但克罗齐拒绝在美学理论中讨论全面的技术问题，他认为这不是美学理论的职责，否则就会带来物理学与美学的混淆。[②]科林伍德是克罗齐美学表现论的继承者，他在《艺术原理》中却设专章讨论了艺术与技术问题。为了将技术从艺术的殿堂中清理出去，他首先分析了技艺的六个特征，其次追述了古希腊的技艺论，最后将有关艺术的论述比照技艺的六个特征，批判了艺术的技巧论观点，他认为技艺论“与真正艺术都毫不相干”[③]。

苏珊·朗格认为技术性的东西是在艺术离开它出生很久之前的抽象活动中积淀起来的，很多艺术评论家都喜欢将技术与艺术的“抽象”相连。朗格继承了技术属于模仿的传统看法，认为艺术创造中的一切技术即是对原型进行处理的手段，也就是模仿的一种特殊方式。模仿是“艺术创造技术的伟大生命线”，也是形式化所带来的艺术产生的起点所在。苏珊·朗格说“技术，就是一种为原型创造一种形式的能力”，也是“某种借助于它就可以达到一定效果的技能”。[④]她认为模仿就是艺术的技术性手段，也是艺术中被视为“惯例”而非“规则”的东西。另外一种艺术中有效的技术手段是“转化”，它与模仿的区别是：它不是对原对象的

① 贺拉斯的《论诗艺》更是这方面的典范之作，全文分二十六章详细论述了模仿、悲喜剧、情节、修辞、创作实践等核心问题。

② 参见［意］克罗齐《美学原理》，朱光潜译，人民出版社 1983 年版，第 121—122 页。

③ ［英］罗宾·乔治·科林伍德：《艺术原理》，王至元、陈华中译，中国社会科学出版社 1985 年版，第 32 页。

④ ［美］苏珊·朗格：《艺术问题》，滕守尧译，南京出版社 2006 年版，第 111—112 页。

忠实复制，而是与原对象具有等效、合理和间离效果的新表象。除此之外，暗喻则是一种比转化“更为人们熟悉、更为普遍和更为显而易见的”技术手段，它是抽象思维赖以进行的天然手段。

阿多诺在《美学理论》中有讨论技术美学的专节内容。阿多诺认为技术（technique）源自中世纪的工艺制作过程，是把握物质材料的美学术语，但他否认自然技术义项。技术是艺术的诸要素之一，它与主旨既有区别又存在辩证关系，技术是“可以界定的修辞手段”“理性的”“非概念的”，通过技术可以“衡量艺术作品”，确定“作品的客观问题”，“理解作品本身”。另外，他又辩证地主张只有“从非技巧角度对作品有某些理解”，才能“搞清作品的技巧”。[①] 就作品而言，技巧的意义远大于感性的欣赏，但技巧也可以丰富感性的完善。技术是不断守护和突破的习得知识，在与技术相关的逻辑、主旨、真理的比较中，阿多诺更倾向于技术。他认为技术“是一种积累起来的适应审美对象之要求的能力”[②]，这种积累又“不会单单降为纯然的成规和惯例”，通过经验在主旨和技巧之间的润滑，可以达到自然的美学状态。技术是艺术使人进入着迷状态的魅力手段，是提升和丰富艺术主旨的中介，技术对艺术的渗透又是由主观的意向与客观的艺术情境所致，这是艺术的一项基本原则。

一言以蔽之，阿多诺关于技术和艺术的观念十分丰富，在历史上最具辩证法。此时，我们显然无法回避本雅明和他极具深刻影响的《机械复制时代的艺术作品》一文所提出的问题。本雅明引用瓦莱里对技术的悲观看法，从自然美的观点表达机械技术对于艺术作品真实性的冲击，特别是对艺术作品“光晕”（灵光）消失的哀怨。然而，艺术作品的这一科学技术的探讨多少已经溢出了我们的论题范围。

二、魅力技术的审美人类学

回到中国，古代在艺术技术论上也积累了许多有益的思想。孔子“志于道，据于德，依于仁，游于艺”（《论语·述而》），强调了技术在人格理想塑造中的重要作用。庄子提升了孔子的“游于艺”，主张“技进乎道”。虽然他站在道家的思想上反对艺术，但对艺术中技术的磨炼、获得以及达到的境界等却情有独钟。在“轮扁斫轮”“庖丁解牛”“痀偻者承

---

① ［德］阿多诺：《美学理论》，王柯平译，四川人民出版社 1998 年版，第 366—367 页。

② ［德］阿多诺：《美学理论》，王柯平译，四川人民出版社 1998 年版，第 370 页。

蜩”“工垂之技”“梓庆削木为鐻”“北宫奢制钟”以及“言意之辩”等著名篇章和论述中，他主张通过神遇“有数存焉于其间”的宇宙，从而实现“以天合人”的自由、逍遥境界。如果说中国古代是封建皇帝的“家天下”治理模式的话，那么，儒道思想都可看作对集体治理的政治美学的突围，也就是关于克服集体管治的生存美学。

随后，魏晋时期的中国文学理论集大成之作《文心雕龙》，更是一部关于文章作法的著作。唐人重视技法创造的艺术格调和艺术气象。到了宋代，各种关于诗词、书法、绘画和戏曲的论述，包含的技术观念达到了前所未有的高度，像师法古人、炼字炼句、“诗穷而后工”等对后世的影响很大。宋代讲究艺术技法的思想深刻影响了元代，在元代出现了重技术的思潮，像当时绘画理论的代表陶宗仪在《南村辍耕录》中就主张通过技术去实现形神兼备。至清代桐城古文派对义理、考据、辞章的强调而步入凋敝期。此刻，艺术的形式美学的自主性获得了发展。

瓦莱里曾说：“艺术一词起初的意思是行为方式，此外别无他意。”[①]艺术人类学家们与西方美学家大多将艺术与技术的关系撇开的做法不同。他们较严格地遵守了艺术的原初定义。艺术人类学家们一致认为艺术是文化系统中的社会行为，并且特别重视小型社会中的艺术活动及艺术制作过程，采用民族志方法记录艺术过程以求如实记录艺术中的技巧因素，视艺术为技术的一个特殊种类，以艺术中的技术特征去了解制作过程中的文化因素、文化相关性和艺术中的模式与技巧。“作为群居的物种，由于人类似乎具有装饰物体、他们自身以及环境的意愿，就如同为了吸引别人注意而创造的声音、词语和运动方式一样，人类学家们也已被吸引到艺术的魅力效果中。”[②]

美国人类学之父博厄斯认为艺术的发展和技术的进步密不可分，人们精通某种技术之后可以成为艺术家，熟练而完善的技术可以制造出艺术品。技术是产生完善形式的前提，技术与美感具有必然的联系，它还可以使工艺制作及其成品具有审美价值。艺术的发展与技术的成熟亦步亦趋，技术甚至是艺术两个来源中的一个，即是说技术与艺术关系密切，技术可以完善艺术品的形式，促进艺术的形成，技术过程中能产生审美快感，并使艺术具有审美价值。马林诺夫斯基认为艺术对于技术也有影

① ［法］瓦莱里：《文艺杂谈》，段映红译，百花文艺出版社 2002 年版，第 343 页。

② Shirley Campbell: “The Captivating Agency of Art : Many Ways of Seeing” , Christopher Pinney and Nicholas Thomas, *Beyond aesthetics : art and the technologies of enchantment.* Oxford : Berg, 2001，p.117.

响，他说艺术“有一种重要的完整化的功能，驱使着人们在手艺上推进到完美之境，激励他们以工作的动机”[①]。迪尔凯姆认为技术是科学的延伸，“科学只有借助于技术才能深入事实”[②]。因此，探讨艺术中的技术因素就使科学与艺术之间的鸿沟被抹平，给艺术这样一门“软”（或者“柔性”）的学科一点“硬”性。布莱金从音乐的人类学研究出发，也主张艺术是一种“技术累积”的结果，是对历史和周围环境情感体验的技术化实现。[③] 沃尔夫（Janet Wolff）认为艺术的生产并非源自圣神的灵感或是天才式的个人创作，而是和富有技术的生产劳动没有本质的区别。

哈彻明确地将艺术家看作工匠（craftsman），他认为工匠比其他人更具审美意识，他们在面对形式和技术的重组时更具创造性，他们制作的成果比其他方面也更有艺术性，特别是几乎所有的艺术品都涉及技艺，不可武断地在艺术品与工艺品之间进行划界。如果说艺术品看上去比工艺品更具审美品质和更富有意味，这仅仅是程度上的问题。技术魅力涉及制作各种物质材料的实际技术、各种工艺制作相关的专门化程度以及各种复杂程度不同的社会中制作某一特定工艺品的人这三个方面。[④] 显然，艺术人类学家都是基于具有实用性的材料制作过程研究技术的，工匠控制着技术并把他们的审美经验和美学观与文化传统允许的范围融入其中。与艺术品迥然不同之处还在于技术是社会性的，技术的魅力需要在交往（使用中）的共性中得到确认和验证。这是不是意味着美是事物属性之外附加上去的东西？

艺术人类学家们对技术的重视与阿尔弗雷德·盖尔（Alfred Gell）相关研究的推动不无关系。在艺术的技术思考上，盖尔的“技术的魅力”概念影响显著。他反对将艺术做符号学和文本化（textualizing）研究，主张进行文化物体的中介（agency）研究。他认为人类学理论的目的在于弄清楚人在社会关系语境中行为的意义。相应地，艺术人类学理论的目标就在于解释作为这种关系语境功能的艺术品的生产及其过程。他视技术为艺术人类学的主要概念，他认为“作为技术系统，艺术被定位为对象的结果。艺术品的力量来自其客观具体化的技术过程：魅

① ［英］马凌诺斯基：《文化论》，费孝通译，华夏出版社 2002 年版，第 96 页。

② ［法］E. 迪尔凯姆：《社会学方法的准则》，狄玉明译，商务印书馆 2007 年版，第 68 页。

③ 参见［英］约翰·布莱金《人的音乐性》，马英珺译，人民音乐出版社 2007 年版，第 73 页。

④ Evelyn Payne Hatcher, *Art As Culture: An Introduction to the Anthropology of Art*, Second edition,1999, p.55.

力的技术源自技术的魅力。技术的魅力是那种使我们入迷的技术过程的力量，在其中我们以富有魅力的形式看待真实世界。作为技术活动独立的一部分，艺术只有进一步发展和进化，魅力才会成为技术活动的内在本质"[①]。盖尔还认为艺术人类学可以把艺术作为技术的一部分，艺术品作为技术的特殊方式是倾向于让观众入迷的中介和技术过程的结果，艺术家是具有技术性的人，美是技术的结晶。艺术美感来自艺术创作中的技术和艺术家对技术的完美把握。艺术中的技术比艺术的意义更具优先性，艺术品是技术系统的一部分，本质上是人类社会的复制品，即"魅力技术"(technology of enchantment)。[②]盖尔强调魅力技术建立在技术的魅力之上，技术的精湛技巧则是社会背景中艺术品美学效力的本质。

艺术创造和艺术活动中必然包含审美形式，艺术创造者或艺术行为者在实际艺术行为中的作用是运用自己独特的能力，将个人的直觉和对社会生活的理解加以物化，为了使物化的形象或形式具有美感和动人的力量，他必须运用某种技巧，即"他必须在创作的作品中，加入一种诱人的'魅力'"[③]。"任何工艺熟练的人工制品，都是具有艺术价值的"，而不成熟的技术有时为"使作品不致过分的刻意矫饰，而更显得朴素、自然与真率之美"[④]，这也是原始艺术、民间艺术之所以吸引人的地方之一。因此，技术存在于艺术行为、工艺制作、艺术作品以及艺术的整个过程之中，它是艺术的主要因素，是审美效果的主要因素。

综上，艺术与审美效力的达成既是艺术自律的结果，更是技术植入以及外部因素合力的结晶，倘若单纯地将艺术视为一种纯粹性是不现实的，由此得出的认识可能也难以奏效。人们需要从以往那种绝对主义的观念中走出来，才能直面真实的世界。

---

① Alfred Gell, *The Art of Anthropology Essays and Diagrams*, Edited by Eric Hirsch Oxford berg, 2006, pp.163–164.

② Alfred Gell, *The Art of Anthropology Essays and Diagrams*, Edited by Eric Hirsch Oxford berg, 2006, p.163.

③ 刘其伟：《艺术人类学》，台湾台北雄狮图书股份有限公司 2005 年版，第 54 页。

④ 刘其伟：《艺术人类学》，台湾台北雄狮图书股份有限公司 2005 年版，第 78、81 页。

第三节 文学的生命政治学[①]

一、福柯与文学

福柯与文学的关系以20世纪60年代密集性的文学活动而著称，学界多称之为福柯的“文学时代”[②]。其实，福柯早在1948年就曾获得保罗·瓦莱里诗歌奖。50年代，他经常背诵和援引本国诗人勒内夏尔（René Char）的诗作，迷恋爱尔兰剧作家贝克特的作品，做过法国文学的讲师，并一度梦想成为像布朗肖一样的文学家。1961年，他还荣获文学博士学位。

从1961年到1969年，福柯发表了大量的文学短文，而在1966年之前发表的短论中，据说只有一篇是关于科学史著作的。在1964年他开始文学艺术批评之前就与多位文学家密切交往，参加文学研究会，任职《新观察家》《文学半月谈》等刊物。1966年，他与欧仁·尤内斯库对话，评论塞万提斯、狄德罗、卢梭、萨德、奈瓦尔、福楼拜、马拉美、荷尔德林、鲁塞尔、博尔赫斯、巴塔耶、布朗肖、克罗索夫斯基、罗伯–格里耶、韦尔纳（Jules Verne）、安·拉德克利夫等一大批作家的作品及思想，也结合一些哲学家，比如海德格尔的思想，论述文学、语言与死亡的关系，同时，文学也经常成为他这一时期不少著作——《疯狂与文明》《词与物》《知识考古学》等谈论的对象。而像《通往无限的语言》《僭越序言》《什么是文学》《外界思想》《什么是作者》等这些著名的文学批评文章，也都是这个时期完成的。整个60年代，福柯通过或研读文学作品、或与文学家结成友谊、或直接发表文学见解的多种方式，显示了他在文学方面的广博知识、浓厚兴趣和新锐见解。

70年代以后，文学开始逐渐在福柯思想中淡出是不争的事实。但是否就表明福柯疏离了文学，则仁智互见。一方面，1975年他还出版了诗选《法国诗歌自古及今》，1977年发表的《声名狼藉者的生活》——按照德勒兹的看法——被认为既是福柯的一个梦想，也是福柯对60年代文学时代的一个总结。而在1983年的一篇名为《一个最简主义的自我》的访谈中，福柯仍然强调对他的思想产生积极影响的是艺术家和作家，而

---

① 参见支运波《福柯的文学生命政治学》，《西南民族大学学报（人文社会科学版）》2021年第5期。

② 刘北成编著：《福柯的思想肖像》，中国人民大学出版社2000年版，第109—110页。

不是哲学家、社会学家或其他学科的学者。福柯整个一生都保有日记写作的习惯，这些日记不仅大多是有关文学阅读的记述，而且被福柯和后来的生命政治批评家们珍视为自我实践和生命政治文学研究的佐证；但在 1975 年一次关于文学的访谈中，福柯谈到文学对于他的意义时认为文学只是观察的对象，不是分析的对象，只“是一个间歇，思想旅途中的一个念头、一枚徽章、一面旗帜”①，这表明持续凭借文学的背景作用，已经不能在文学之中探求其文学思想。虽然，福柯在不同时期都有不同的兴趣点，像话语、性、僭越、权力、语言……这些他思想的关键词都不断被他否定，但否定并不一定意味着抛弃与断裂。

其实更多的学者倾向于：不能简单地反对把 70 年代以后文学在福柯思想中的淡出看作福柯对文学的疏离，而主张应该在他从前期哲学话语向后来权力话语转变过程中看待这一问题。这样，文学就“被归入一个更加广泛的领域”②，尤其被看作“昭示 1968 年之后他的生命政治学全新学术构境即将出场的理论前奏”③。再联系福柯的思想来源来看，促成福柯思想形成的是生命哲学家尼采——他“预见了后来被福柯所界定和发展了的整个生命政治学路径”④，促使福柯读尼采的则是文学家巴塔耶，而促使福柯读巴塔耶又是因为布朗肖。可见，试图断裂或区隔化地剥离福柯的文学思想几乎是不可能的。

不过，福柯与文学的关系存在着一个基本而突出的难点则是一个不争的事实，即文学贯穿福柯的一生，在其思想中扮演着特别重要的角色，对他之后的文学理论与批评也产生了不可估量的影响。福柯的诸多概念经常被文学理论家们挪用，并成为当今文学理论研究不可或缺的一部分。此外，相较福柯的电影理论、绘画理论、文化理论等所受到的礼遇，他的文学理论研究却颇为稀少。研究者们也普遍认为要从福柯的著作中提炼出一套完整的文学理论几乎是不可能的。造成这一难点的原因，大致可以归纳为两点：一是福柯的确没有创造出一套独立的文学理论，或

---

① Michel Foucault, *Politics, Philosophy, Culture: Interviews and other writings1977–1984*, Edited by Lawrence D. Kritzman, Routledge, 1990, p.307.

② [法] 朱迪特 · 勒薇尔：《福柯思想辞典》，潘培庆译，重庆大学出版社 2015 年版，第 102 页。

③ 张一兵：《回到福柯：暴力性构序与生命治安的话语构境》，上海人民出版社 2016 年版，第 262 页。

④ Robert Esposito, *Bíos: Biopolitics and philosophy*, Trans. Timothy Campbell, Minneapolis: The University of Minnesota Press, 2008, p.85.

"针对文学作品提出独创的分析概念与诠释"①，他也并不把文学视为思想对象，而只是作为一个背景；二是从20世纪70年代以后，文学也开始与他思想中的许多新概念之间的关系变得中立、暧昧和不可理解，福柯经常自我推翻式的作风也使研究者颇为犯难。

但这种"自我推翻式的作风"乃是福柯自我超越式的风格。或者说，他的每一部作品又"都是一个达到全新境界的新起点"②。比如，70年代福柯开始关注权力，之后又不断否定权力作为思想主题。1978年，他说"权力问题是以前自己所专注的知识'谱系学'的驱动力量"③；1982年，他又说"过去我过分坚持宰制与权力的技术"④，这反而说明权力在他思想中所起到的连贯性影响。

早在《文学与语言》中谈到文学是什么的时候，福柯就否定了文学是语言、是作品，或者是文学的批判意识所添加的东西，而明确地提出"文学的存在本身"的文学本体论看法。⑤这种文学本体的观念也是福柯在20世纪60年代写作的大量文学短论中所表露的文学看法，他认为文学具备叙述权力、方法和境况时的独特潜能。⑥这种"存在本身"的本体并不是在文学内部，而是在文学的外部。对此，赛义德就曾指出福柯的文学观"表明写作不是自由书写意志的私人实践，而是一个巨大而复杂的力量织物中的活动。就此而言，文本是处在其他地方也即是社会的控制战略被引导的地方中的一个位置"⑦。文学既属于"一个更加广泛领域"，又承担了一种抵抗与介入的角色，这逐渐表明它提供了福柯文学观研究的一个引线，即从他认为的文学作为臣服与抵抗在体验、话语秩序、权力装置中发挥作用的路径来探索福柯对文学的认识。这种文学的认识，在《声名狼藉者的生活》中已被进一步明确为一种文学的生命政治学的本体论看法。它是一种悬置法律和讲述权力配置的话语系统。因为，在

---

① 赖俊雄:《傅柯与文学》，画林出版有限公司2008年版，第7页。

② ［英］阿兰·谢里登:《求真意志——密歇尔·福柯的心路历程》，尚志英、许林译，上海人民出版社1997年版，第266页。

③ Michel Foucault, "Remarks on Marx: Conversations with DuccioTrombadon", Trans. R. J. Goldstein, J. Cascaito, *Semiotext(e)*, 1981, p.145.

④ Michel Foucault, "Technologies of the Self", in *Paul RabinowEthics: Essential Works of Foulcault 1954–1984 Vol.1*, The New Press, 1997, p.225.

⑤ 参见［法］米歇尔·福柯等著，白轻编《文字即垃圾：危机之后的文学》，赵子龙等译，重庆大学出版社2016年版，第84—85页。

⑥ Timothy O'Leary, *Foucault and Fiction*, London: Bloomsbury Academic, 2008, p.41.

⑦ 汪民安、陈永国、马海良主编:《后现代性的哲学话语——从福柯到赛义德》，浙江人民出版社2000年版，第446页。

福柯看来是否被描述、被书写则是一种特权，而规训装置打破了这种权力关系，降低了对象进入表述权力的标准，从而在新的表述机制中重新造就了一种新的大众、新的控制手段和权力规则。

从一开始，福柯在文学上的兴趣，更多的是使文学能对生命政治的管治做出回应。福柯文学经验的迷人之处不是他十余年持续地迷恋文学，而是他不能充分解释文学的语言形式、差异结构、隐秘经验和无法预料的可能性。十年后，令福柯着迷的生命政治思想与文学带给他的兴趣则具有异曲同工之处。因为，它是一种能够回应在生命之上的权力思想：这是另外一种言说方式，比如人们自身从来无法完成创造，也如沙滩上的人脸一样注定是要被渐渐抹去自身的。所有这些被认为很可能都与鲁塞尔有关。[①] 可以说，福柯既处于由本雅明、阿多诺、巴塔耶、布朗肖和德里达等人所坚持的政治与文学的"介入式文学"观念之中，也处于德勒兹、朗西埃等人主张的文学在抵抗的文化制度之发挥关键作用的观念[②]之中。

因此，说文学的生命政治意味着一起返回福柯从未停止过思考的两个维度：一方面是主体摆脱客体优先性的主体重塑与主体激进批判的调和，另一方面是从差异的空间分析向当代创作本体论阐释的过渡。[③] 福柯认为文学经验至关重要，其重要性并不在于他对文学理论的建构，而是作为建构和丰富自己独特风格的个人经验与新的生命形态的资源。以此看，文学提供了一个法外空间和可供亵渎权力的例外状态，使得疯癫、死亡、性虐狂、非理性……这些都能获得一个合法的表达。

二、生命政治转向

1974 年，福柯在巴西里约热内卢州立大学社会医学研究所生物医学中心举办的讲座中首次引入了生命政治这一概念。之后，福柯至少从医学、权力和治理三个主要维度阐述了这一概念，在《不正常的人》《性史》《必须保卫社会》《安全、领土与人口》《生命政治的诞生》《对活人的治理》《主体解释学》等著作中都涉及了生命政治。可以说，生命政治

① Vernon W. Cisney, Nicolae Morar, *Biopower: Foucault and Beyond*, Chicago: The University of Chicago Press, 2016, p.45.

② Warren Neidich, *Neuropower: Is Resistance Fertile*? From: Jakob Nilsson & Sven-Olov Wallenstein, *Foucault, Biopolitics, and Governmentality*, Huddinge: Södertörm university 2013, p.138.

③ Vernon W. Cisney, Nicolae Morar, *Biopower: Foucault and Beyond*, Chicago: The University of Chicago Press, 2016, p.44.

成为福柯最后十年思想的主要兴趣所在。生命政治，显而易见，就是涉及生命的政治，它包括关于生命的政治（politics of life）和生命之上政治（politics of life）。前缀 bio 源自古希腊词语。在古希腊，有两个词表示生命：zoe 指的是赤裸生命或生物生命本身，bio 指有质量的生命或某种特殊形式的生命。莱姆克（Lemke）在《生命政治：高级简介》中认为生命政治概念史可追溯到 20 世纪早期，最早是瑞典政治学家鲁道夫（Rudolf Kjellén）提出的。他认为国家是一个自然存在的观点，其中的社会斗争则来自阶级和族权的利益冲突。埃斯波西托认为这种国家活力论在 20 世纪的德国特别流行，[①] 但直到 20 世纪 80 年代以前，生命政治在西方都还是一个生物学概念。莱姆克也指出：生命政治不能单纯地被标记为一种特殊的政治活动，或处理生命进程的规则与管治的政治学中的一个子领域。它的意义更应该是它有能力使政治与生命之间的、文化与自然之间的以及在无形和确定领域之间的那些总是偶然的、总是不稳定的差异变得可见。另外，它又能使道德和法律行为变得可见。[②]

其实，福柯中断与文学的直接对话而意欲迈向一个更为广阔领域的动向，早在 20 世纪 60 年代就开始了。比如，福柯就曾对德里达文学思想中政治的缺席表达不满。但也有研究者认为福柯 20 世纪 70 年代开始意识到“文学几乎没有政治和伦理意义”，或者福柯意识到文学对于更大的主体性政治理论的局限[③]，才使他渐渐远离了文学，转向了像忏悔和规训等其他个体化实践方式。在《词与物》中，他勾勒了一种文学与其他文化形式和思维形式相一致的研究文学史的方法论。在福柯去世前不久，他还就艺术表达过不满。他说“艺术仅仅与物相关而与个人或生活无关”[④]，或者说与生命无关的时候，就很好理解了。

在 1970 年的《话语的秩序》中，福柯“第一次将秩序（ordre）明确指认为一个象征着暴力和强制性结构等级的范式，它向我们揭示，在人们日常生活里每时每刻、不经意之中使用的言说、写作和思考中的话语之中，其实是存在一种抑制和排斥性的压迫，一种被建构出来的看不

① Robert Esposito, *Bíos: Biopolitics and philosophy*, Trans. Timothy Campbell, Minneapolis: The University of Minnesota Press, 2008, p.16.

② Thomas Lemke, *Biopolitics: An Advanced Introduction*, Trans. by Erik Frederick Trump, New York：New York University Press, 2011, p.31.

③ Timothy O'Leary, *Foucault and Fiction*, London: Bloomsbury Academic, 2008, pp.39,43.

④ ［法］米歇尔・福柯著，汪民安主编：《福柯读本》，上官燕译，北京大学出版社 2000 年版，第 304 页。

见的权力之下话语发生、运行法则和有序性”[①]。此时，他已意识到话语实践支配了言说背后的控制体系，即开始注重从社会政治领域的权力批判角度审视对象了。[②]

福柯从60年代文学时期向70年代生命政治概念转变之际，也联系着一种处理文学创作的手法所衍生出来的生命政治诗学观。对于权力如何与文学相关的问题，福柯指出：“如果权力所做的一切只是去观察、刺探、侦查、禁止和惩罚，那么要摧毁权力是一件轻而易举的事情；但是权力同时还在煽动、挑拨和生产，它不仅是眼睛和耳朵，它还促使人们言说和行动。这种机制对于新知识（savoir）的构成来说相当重要。它与整个新的文学机制也并非全无关系。我并不是要说国王手谕标志着新的文学形式的出现，而是要表明，在17世纪末18世纪初，话语、权力、日常生活和真理之间的关系已经以一种新的方式结合在一起，而文学也卷入其中。”[③] 福柯考察了17世纪以前，文学在将日常生活寓言化过程中发挥了规训作用，而17世纪以后文学表述也发生了和政治权力转变相似的趋势，即从英雄举动、丰功伟绩等重大事件到平常之事、细微生活向下的位移，文学话语开始钟情于那些难以觉察、不易讲述、可耻以及被禁止的部分，并以此形成现代文学的伦理规则和自身的位置。况且，福柯也“认为主体的精神属性，以及他们的人格结构，完全都是特别类型的身体惩戒的产物”[④]。

于是，文学也渐次形成了自身的话语真理和权力规则，它通过悬置事实和法律等外部因素强行把外部生活纳入自我表述机制，同时带领人们体验一种内在真实，或呈现权力运作对“卑贱者”生命介入的话语体系。对此，文学话语发生了一次转变，就像权力从君权向大众权力的生命政治转变一样，文学也从英雄及其丰功伟绩向卑贱者的不堪生活的转变。而且文学是法外之地，它像一束权力之光一样照亮了声名狼藉者的生命，激活了他们的生命和在历史、话语中的位置。福柯认为文学只有“挣脱了传奇幻想风格”迈向对卑贱者那些“逾越道德界限”生活的书写

① 张一兵：《回到福柯：暴力性构序与生命治安的话语构境》，上海人民出版社2016年版，第273页。

② 参见张一兵《回到福柯：暴力性构序与生命治安的话语构境》，上海人民出版社2016年版，第275页。

③ ［法］米歇尔·福柯著，汪民安编：《声名狼藉者的生活：福柯文选Ⅰ》，北京大学出版社2016年版，第316页。

④ Michael Feola, The Powers of Sensibility: *Aesthetic Politics Through Adorno, Foucault, and Rancière*, Evanston and Chicago: Northwestern University Press, 2018, p.49.

法则的生命政治学，文学“才能得到更完善的发展”。[①] 大致而言，文学从西方威权政治到市民政治，从君主权力向生命权力的转变处于同一时期，两者也都具有相似的机制。事实上，“福柯的整个文学研究方法都是以西方文学发生重大转变为前提的”[②]。

而他这种对文学的重新界定也直接成为他评论文学家与文学作品的标尺。比如，他特意挑选了像萨德、鲁塞尔、阿尔托、巴塔耶等这些毗邻疯癫、色情和死亡的隐秘场域和界限经验的艺术家，同时故意撇清了这些作为精神病性征的艺术家与创造性之间关联的一般性发问，而是对何以人们如此地对精神疾病作品体认的亲在情有独钟。他也无意于“作品—疾病之间有何关系的问题，而会提出排斥—纳入之间有何关系的问题：排斥某个个体，他的行为，他的举止，他的特征，他的所是，但也会极快地，而且最终还相当轻易地将他的语言纳入进来”[③]。也就是说，文学为生命政治管治下差异、芜杂的诸种生命样态提供了话语表述的正当与可能，从而体现为一种权力的解域和再辖域化。

福柯说：“(文学)的任务将不再是真实地显示力量、恩典、英雄行为或强有力的显而易见的光辉，而是探求那些最难察觉、隐藏最深、最难以讲述和表现、最可耻的、被严令禁止的事情。……(文学)决意要探求日常生活中最隐匿的部分，越过种种界限，无情又阴险地将我们的秘密昭告天下，将各种规则和法典取而代之，强迫人们讲述难以启齿的事情……述说那些拒绝被讲述的东西：最恶劣的、最私密的、最无可忍受的、最寡廉鲜耻的东西。”[④]17 世纪以后的文学表述转向，从福柯所列举的内容看，至少包括了政治、医学、种族和伦理等方面的内容，而卑贱者或者声名狼藉者、微不足道的生命等都是以群体性概念，或者说“人口”的形象出现的，文学将这一类人的生命真相纳入了话语表述机制，并由此将其带入知识、真理、历史和权力的视野。权力本来是要抹去这一类人，可文学却将这一群人带入权力的照料视线中，一个生物生命的现实便在文学中跃然而出了。

---

① ［法］米歇尔·福柯著，汪民安编：《声名狼藉者的生活：福柯文选Ⅰ》，北京大学出版社 2016 年版，第 318 页。

② Timothy O’Leary, *Foucault and Fiction*, London: Bloomsbury Academic, 2008, p.46.

③ ［法］米歇尔·福柯、埃米尔·涂尔干、塞尔日·莫斯科维奇：《大师之声》第一卷，张竝译，译林出版社 2015 年版，第 46 页。

④ ［法］米歇尔·福柯著，汪民安编：《声名狼藉者的生活：福柯文选Ⅰ》，北京大学出版社 2016 年版，第 316—319 页。

三、文学的生命政治学

福柯转向生命政治源于他对社会实践兴趣的增加，从一个严格的理论层面上说，与他抛弃“外在”（outside）作为一个思想范畴，并在解释概念上找到了一个更为关键的方法论基础有关。[①]20世纪60时代，他是在“外部思维”（或外边思维、域外思维，pensée de dehors）的意义上界定文学的，认为文学（文学经验）是外部思维的场所。他推崇的文学家——不管是以往的作家（比如卢梭、萨德、荷尔德林、内瓦尔、福楼拜、马拉美和鲁塞尔），还是当代的作家（比如阿尔托、巴塔耶、布朗肖、科索洛夫斯基，以及和他交往过密的一些作家）——都是因为他们超脱了语言、主体和各种传统的限制，进入外部的、无所规范的自由状态中；或者因为他们实现了逾越和诗意的生存，“在创作中，从不确立一种固定不变的主体性，而是任其思想跟随语言的展开而自由翱翔”[②]。这些他同时代或者具有同时代属性的作家也都可以被纳入福柯所概括的自荷尔德林到阿尔托的那种有别于古典文学的某种外部经验的文学传统之中。福柯的外部思维直接受惠于布朗肖，但也有尼采、巴塔耶的影响。外部思维是走出历史建构的主体意识之外，冲破理性、规范等一切约束的、自由的思想创作活动，也是一种运用语言陈述对主体进行解构的思维方式。当然，即使是在20世纪60年代，外部范畴对福柯而言也具有更为广泛的意义。外部不是绝对的外部，而总是与特定文化强加的限制有关。

德勒兹曾区分了外在形式与外部思维，认为两者的区别在于：外在性仍然是一种形式，而外部思维（域外）却涉及力量，力量与力量结合形成关系，并指向由不可分割的距离造成的不具形式的域外。德勒兹认为外部思维（域外）就是福柯的生命观念——他的《时间—影像》中“外部思维”的观点就直接吸收了福柯的生命政治学说[③]，其中包含了生命权力与生命政治思想：当权力以生命为对象，利用基于生存的优异人口之名制造了生物学风险，而这个时候的生命抵抗便僭越到域外成了生命权力与生命政治。如何理解福柯的外部（域外）文学观？或许，从福柯所深受的尼采、海德格尔以及布朗肖三人的影响中可以获得部分启发。

---

① Julieta Yelin, “From Biopolitics to Biopoetics: a Hypothesis on the Relationship between Life and Writing” , *CLCWeb: Comparative Literature and Culture*, Vol.20, No.4,2018, pp.2–9.

② 高宣扬：《福柯的生存美学》，中国人民大学出版社2000年版，第23页。

③ Gregory Flaxman, *The Brain Is the Screen*: *Deleuze and the Philosophy of Cinema*, Minneapolis: University of Minnesota Press, 2000, p.302.

德勒兹认为福柯钟情于域外而很少说敞开，是因为福柯发现了来自域外的力量元素，而力量与力量又结成关系，借由域外诸力量及其关系的外在性才能获得解释。因此，福柯说自己的哲学演变决定于对海德格尔的阅读，但尼采对他的影响更大。

借助权力研究主体是如何形成的是福柯思想的总问题，而文学却是最恰当和最有力的主体抵抗形式，它借助话语和语言的颠覆力量对秩序以及生成秩序的体制进行抵抗和反思。福柯关于文学的三篇重要论述，《通往无限的语言》勾勒的文学本体论是语言通过自我陈述实现自我增值的生命政治学，《僭越序言》陈述了语言作为"界限与僭越之间的对抗游戏"操持的话语政治，《外界思想》则重申了文学是语言排除主体和逃离再现的事件，并与规范和法律处于复杂的悖论关系之中。聚焦于语言，福柯阐释了文学语言折向自己内部，又言说外部世界，内与外都是对规范、理性的逾越，却在可见的事物中发现那些不可见的可见性，从而具有抵抗、逾越和自我生成的多重功能，这也是文学艺术体制革命性的重新配置。因此，福柯认为现代文学的一大意义与实践价值就在于对内部思想，或者说同一性思想的抵抗与僭越。从内部逾越到外部的界限是法律、制度、规范、禁忌、限制等，所以，"域外思想就是一种反抗的思想"①，而文学促成了其与管治保持距离，以体验真正的存在。

福柯关注文学，特别是那些书写死亡、疯癫、色情、病态以及表达某种僭越与界限经验的文学。在福柯看来，描写这类状况的文学都是迎接权力临界时刻的狂欢。在《规训与惩罚：监狱的诞生》中，福柯说道，"围绕着瘟疫形成了一批欢度节日的文学作品：法律中止，禁忌全无，时间冻结，肉体不分贵贱地混杂在一起，每个人都揭去面具，抛弃了过去据以相互辨认的法定身份和形象，露出一副全然不同的真相"②。福柯对于书写疯癫和病态这种生理性特征的文学的痴迷，来自他的老师康吉莱姆生命理论的深刻影响。福柯一方面是要从中追问在正常社会中被认为病态的人如何能创作出杰出的艺术作品，即在生命政治管治下形塑的日常经验的个体是何以能在书写与病态之间具有创造性的；另一方面是要颠覆区分正常与病态的知识体系与权力关系，并说明这类生物病理特征完全是社会政治的建构物，而不是器官性的生物医学病变。另外，僭越在

① [法]吉尔·德勒兹：《德勒兹论福柯》，杨凯麟译，江苏教育出版社2006年版，第92页。

② [法]米歇尔·福柯：《规训与惩罚：监狱的诞生》，刘北成、杨远婴译，生活·读书·新知三联书店2007年版，第221—222页。

调用规则的同时又打破规则，或者以隐蔽的形式显现（如色情等），这时候又常常“牵涉到了神圣（sacré）和禁忌（interdit），并与某种神秘灵修体验相关”[①]。当然，性也是生命政治至关重要的领域，且处于个人身体和社会身体之上生命权力的两个轴线的关键点上。性受话语与权力规训的影响，既生产主体的真理，同时也是种族主义产生的领域，更是联系于最重要的，如出生率、死亡率等的生命政治常量。其与文学的诞生以及生命政治的诞生大致处于同一时期，福柯认为性在这个时候也开始变得非常重要，因为它使权力—知识装置（apparatus）能够介入个体和社会身体。20 世纪 70 年代，福柯抛弃僭越这一概念，渐渐疏离文学领域和弃用外部思维，他开始在规训的意义上，而不是启蒙的意义上看待萨德了。福柯认为文学家都是现实介入者，他们对于上述文学的讴歌，目的并不在于这些行为本身，而是将其视为解构权力体制和压制人的表述行为进而实现一种不可界定的、无限制的自由的途径。这一切都指向了生命政治，正如杨凯麟所认为的：福柯文学思想的“特异”之处在于他认为文学是“一种在字词平面上充分且永远已过度展演的生命政治”[②]。

从文学转向权力，联系于文学批评的外部思维、僭越、疯癫、病态和性等重要概念向生命政治这一基础方法论的转变。福柯认为艺术的颠覆姿态、文学家的激进行为和越界话语都是从文学内部修改文学以产生新的象征和想象系统，进而赋予社会实践以意义的自我实践。如果抛弃这种观念，我们就可能把文学重新认为是一种我们与世界之间建构的丰富的知识、表现和符号经济关系总体创造的思维老路。文学的生命政治阐释则修正了读者、作者、文本之间存在的惯例体系，重建了一种新的话语体系和审视表述的规则。在文学的生命学看来，作者与文本的关系受到情感、性和非理性冲动的影响，而且假定这些作品不能再被提交到美学或人类中心主义的哲学框架内得到解释。[③] 福柯主张“文学的独特位置只是在某种权力系统配置（dispositif）之下产生的一种结果；在西方，这种权力配置渗透了整个话语系统和各种展现真理的策略”[④]。文学制

① ［法］菲利普·萨博：《僭越书写和对僭越的思考：福柯论萨德与巴塔耶》，载莫伟民主编《法国哲学研究》（第一辑），上海人民出版社 2017 年版，第 32 页。

② 杨凯麟：《分裂分析福柯：越界、褶曲与布置》，南京大学出版社 2011 年版，第 81 页。

③ Julieta Yelin, “From Biopolitics to Biopoetics: a Hypothesis on the Relationship between Life and Writing” , *CLCWeb: Comparative Literature and Culture*, Vol.20, No.4, 2018, pp.2–9.

④ ［法］米歇尔·福柯著，汪民安编：《声名狼藉者的生活：福柯文选 I 》，北京大学出版社 2016 年版，第 319 页。

度（literary institution）决定了文学的功能和标准。[①] 近代以来，西方文学努力寻求建立的“自然、逼真、真诚，以及科学基础之上”的话语秩序都存在背后的权力机制。这也透露出福柯推崇的那些看起来似乎有些“不正常的”文学家的原因：一方面，只有在超越现实的疯癫、色情和荒诞的叙述中，话语等级的秩序和权力规则才有可能被打破；另一方面，他重申文学不必受制于说真话原则，其与政治话语和科学话语有别，且比日常话语更边缘，更具生产新主体的可能。他说“文学却在一种非真理的确定性的基础上确立了自身：它明确地以虚构的面目展现自身，但同时又力图制造出人们都能认可的真实效果”[②]，即文学并不承担真理功能和知识功能，而是一种抵抗和介入的姿态，关乎的是政治、道德、伦理与美学问题。

文学为在现实中受困于权力管治和生命束缚的主体提供了一个虚拟空间，使其能够超越有限性而获得无限的延伸。通过写作和阅读吸纳其他经验的可能性，从而建立新的生存能力，福柯对生命政治的回应是拒绝成为我们是什么。文学打破了社会规训和社会规范，抵抗生命政治机制的操弄，还原了人类生命的真实面貌；文学也提供了例外空间以让人在其中活出充满活力的生命形态；文学提供的特殊性在于它使人与人之间、人与群体之间既能通达，又不彼此化约。这是一个法外空间和可以亵渎权力的例外状态，使得疯癫、死亡、性虐狂、非理性等都能获得一个合法的表达。文学成为祛除掉其中主体所附着的生命政治主权的在场，以及主体自我技术和阐释的场所。

文学的生命政治令福柯着迷的是两者叠加所造成的神秘的不确定性：“一方面，诗学语言以创新打破语言成规，抵抗生命政治机制操弄，还原人类生命至其内存余力面貌，并让人类透过语言使用认识、体验、活出如此充满余力的生命形态。另一方面，单一诗学实验可以彼此映照却不能彼此复制的使用形态，构成了某种典范关系；个体与个体之间、个体与群体之间的无法两相化约，却不能互相类比、包覆彼此；同时，语言可能的使用方式亦无法封闭，群体因此亦不等于群体。”[③] 福柯开创了文

---

① Sylvère Lotringer, *Foucault Live(Interviews, 1961–1984)*, Edited by Sylvere Lotringer, Trans. by Lysa Hochroth and John Johnston, *Semiotext(e)*, 1989, p.151.

② ［法］米歇尔·福柯著，汪民安编：《声名狼藉者的生活：福柯文选 I 》，北京大学出版社 2016 年版，第 318 页。

③ 刘志伟：《诗学之恒余：阿甘本论述中诗学艺术作为生命—形式典范之可能》，《中外文学》2015 年第 3 期。

学的生命政治批评本体论，它界定了生命进入政治计算领域之后的境遇，展现了知识—权力转换为改造人类生命的动力，它也引发了如何重新定义生活与文学之间关系的新思考。生命政治不仅配置、重组和影响着社会生活方式，而且影响着它表现和想象的方式。

福柯谈文学不是就文学谈文学，而是在其中发现了非主体化策略，发现了难以被规范化的情感和欲望，发现了抵抗理性、知识、规范以及法律等对于生命的控制以及对抗同一性的重要场所。生命政治以传记写作、自我技术和关于生命的技术的文艺作品中，以及生命政治作为生命概念及其实践和贡献中——如何讲述生命、探索生命和转换生命——提供了一个生成空间。“我们看到在当今批评界有许多关于生命政治作为生命—管治机器、人口控制、个体化形式生产的争论，但是支配生命小说和刻写着这种模式文学的批评话语的语法还没有被研究。”[①] 同时，由于福柯对生命政治并没有形成一个较为完备的体系，文学的生命政治本体论在他那里也略显模糊，而更为清晰的理论则需要由后代生命政治理论家完成。同样，正像福柯对后世生命政治理论的深刻影响一样，他的文学生命政治学也必将被后来的理论家提及。这为文学的生命政治学带来了极大的理论空间，将改变以往沉思默想式的话语模式为技术性的阅读方法和以介入现实的方式。

第四节 《一九八四》的生命政治批评[②]

奥威尔的《一九八四》作为一部举世闻名的经典之作，其在政治性上的成就远远胜过它在文学性上的贡献。作者明确重申他在这部小说中致力于贯彻“政治艺术”的写作策略。毫无疑问，奥威尔极为成功地做到了“用文学的方式传递了政治的讯息”[③]。评论界将这种“政治的讯息”界定为反乌托邦与反极权主义的预言。然而，奥威尔在小说中实际上也宣告了一种国家治理技术新技艺——“生命政治”权力语法的诞生。

① Julieta Yelin, “From Biopolitics to Biopoetics: a Hypothesis on the Relationship between Life and Writing”, *CLCWeb: Comparative Literature and Culture*, Vol. 20, No. 4, 2018, pp.2–9.

② 支运波：《生命政治与〈一九八四〉》,《四川师范大学学报（社会科学版）》2017 年第 4 期。

③ Craig L. Carr, Orwell, *Politics*, *and Power*. New York: Continuum Publishing Corporation, 2012, p.1.

一、生命政治的死亡政治维度

《一九八四》传达了奥威尔所担忧的未来社会中可能出现的典型的恐怖图景以及乌托邦式的极权主义。可以说，“反乌托邦”与“反极权主义”构成了《一九八四》主要的阐释历史。然而，若从福柯理论出发来看，乌托邦与极权主义则都属于生命政治理论范畴。因为，乌托邦与生命政治的关联在于福柯生命政治理论的诞生正处于福柯后期对于自由主义乌托邦思想的热衷时期。这一时期，福柯对权力自由技术的机制表现出浓厚兴趣。[①] 而生命政治理论恰好是福柯对于西方以往资本主义统治技术，以及凯恩斯主义和马克思主义政治解决方案之外所开列出的另一个个体救赎的乌托邦药方。因此，“乌托邦思想也是生命政治分析的目的”[②]。而极权主义与生命政治的关联[③] 则在于施密特、阿伦特的政治思想，特别是阿伦特关于极权主义的论述不仅与福柯的生命政治部分重叠（在阿甘本那里汇聚），而且成为福柯之后西方生命政治的另一个主要理论脉络。在这个理论谱系中，意大利著名哲学家、美学家阿甘本成就巨大。他在这方面的突出贡献之一便是将极权主义推到现代社会政治生活的典范——而非“例外状态”（state of exception）——境地。这里借用阿伦特对于这两者关系的说法，即极权主义告诫生命不值得活或者存在仅仅是活着，而生命政治则表明生命可以活得更轻松点，它们针对的都是“管理生命”（administration of life）这个同一问题的不同面向。也就是说，从生命政治理论角度阐释《一九八四》更具合理性和深刻性。在当前生命政治居于资本主义政治中心的现实语境中，从极权主义过渡到生命政治阐释的必要性不仅在于奥威尔借奥勃良之口直陈英社党采取“改造”而不是德国纳粹和俄国酷政的“死亡政治”（thanatopolitics）策略，而且，更在于《一九八四》展露了该文本真正关注的是权力与生命的关节点，而非单纯的权力本身。奥威尔追问的是人作为一种“生物生命”（zoē）在遭受政治权力的极端时刻时，什么才是存在的价值这样一个根本性的问题。

---

① Alain Beaulieu, “Towards a liberal Utopia:The connection between Foucault’s reporting on the Iranian Revolution and the ethical turn” , *Philosophy and Social Criticism*, Vol. 36, No. 7, 2010, pp.801–818.

② Neel Ahuja, “Abu Zubaydah and the Caterpillar” , *Social Text 106*, Vol. 29, No. 1, Spring 2011, pp.127–149.

③ See Kathrin Braun, “Biopolitics and Temporality inArendt and Foucault” , *Time &Society*, Vol. 16, No. 1, 2007, pp. 5–23.

从根本上说，生命政治所针对的是“生命治理和作为物种的人类的生物过程”[①]的调节与增强；而极权主义（totalitarianism）则是施加于被治理对象的权力无限化和极端化。的确，福柯只是在《性经验史》和1976—1979年法兰西学院演讲的系列课程中偶尔谈及极权主义，却如数家珍般地在追溯古代治理史中大谈权力的历史性转变，以至造成了人们以为福柯从来没有在生命政治理论中关注过极权主义（如阿甘本）以及“极权主义的恐怖是生命政治所反对的”[②]这两种错觉和印象。结果导致在很长一段时间内，极权主义很少被人们在生命政治理论视域中加以讨论。其实，极权主义以纳粹主义和斯大林主义作为发展的两个顶端，它们都是生命政治的。只不过，一个导向了种族主义的生命政治，另一个导向了国家社会主义的生命政治，两者的共同之处在于都“无意于个体的道德重建”[③]。这很难让人理解为何纳粹主义和几乎所有关于苏联斯大林极权主义的研究基本上都偏偏疏忽了对生命政治方面的考量。[④]当代左派理论家格洛伊斯就很不满地说：“对于生命政治而言，这种断裂是尤其有害的。因为，斯大林主义提供了大量权力作用于生命的例子。这些例子与福柯首创的生命政治的问题遥相契合。”[⑤]不仅如此，奈格里与阿甘本杰出的生命政治理论也已经证明了什么才是生命政治问题的核心及其辩证关系。意大利著名生命政治理论家埃斯波西托努力将“极权主义与生命政治范式纳入一个框架”[⑥]讨论，并从纳粹主义的析厘中贡献了“免疫”（immunitary paradigm）——这种希望“消除生命政治所存在的正反分歧现象”[⑦]的生命政治学新范式，极大地丰富了生命政治理论体系。反观《一九八四》，它则提供了从极富否定性的极权主义向同样极富生产性的生命政治过渡，抑或居于这两者典型治理技术模糊地带并彼此孕育的

---

① Foucault, M. *Society Must Be Defended: Lectures at the Collège de France 1975–1976*, New York: Picador, 2003, p.247.

② Henry A. Giroux, “Reading Hurricane Katrina: Race, Class, and the Biopolitics of Disposability”, *College Literature*, Vol. 33, No. 3, (Summer) 2006, pp.171–196.

③ Daio Padovan, “Dialogue Section Biopolitics and the Social Control of the Multitude”, *Democracy & Nature*, Vol. 9, No. 3, November 2003, pp.473–494.

④ See Boris Groys, *Art Power*, Cambridge: The MIT Press, 2008, pp.165–172.

⑤ Sergei Prozorov, “Living Ideas and Dead Bodies: The Biopolitics of Stalinism, Alternatives”, *Global, Local, Political*, Vol. 38, No. 3, 2013, pp.208–227.

⑥ Roberto Esposito, “Totalitarianism or Biopolitics? Concerning a Philosophical Interpretation of the Twentieth Century”, Translated by Timothy Campbell, *Critical Inquiry*, Vol. 34, No. 4 (Summer) 2008, pp. 633–644.

⑦ Roberto Esposito, *Biopolitica, immunita, communita*, in Politicadellavita, a cura di L, Bazzicalupo& R. Esposito. (Roma: EditoriLaterza) 2003, p.126.

典型案例，对其做生命政治阐释显然具有重要意义。

对生命政治理论中极权主义的轻视，势必会形成另一种观点。那就是认为福柯在讨论生命政治时没有充分注意到生命政治的否定性因素，或者说，生命政治的另一极：死亡政治。例如，齐泽克就说："逻辑上讲，死亡是生命政治学的致命弱点。"① 在《性经验史》中，福柯通过权力在西方社会的历史学发掘，获得了权力从古典时期以来，特别是到了近现代社会以后发生了深刻变化的理论发现。福柯认为这种深刻变化就是权力的死亡时刻转向了向生命负责，转向了一种积极的、管理和调节整体生命的权力原则。福柯将关注的焦点集中于权力直接作用于群体生命的积极因素，但并不意味着他对这一否定性维度的忽视。事实上，早在 1974 年，福柯在巴西里约热内卢所做的几次讲座中，就反复提醒："权力对生命的提升会被转化为它致命的对立面，一种制造死亡的政策。"②1976 年的报告文集《种族主义的谱系》和专著《知识意志讲稿》中也专门讨论了生命政治中天然的矛盾性：它在维护生命的同时也是极端致命的。在《性经验史Ⅰ》和《必须保卫社会》中，福柯除强调生命政治的积极、生产特性以外，也时刻注意到了生命政治理论的辩证性。在从君主政治向生命政治的转变过程中，福柯始终没有脱离生死的辩证关系。他坚持在"从使人死和让人活的权力向使人活和让人死的权力的转变"③ 定义这种转变。福柯认为生命政治系统中包含肉体人的解剖政治学（anatomo-politique）和类别人的生命政治学两个层面。身体的解剖政治学侧重惩戒的肉体系列，即权力的否定性；生命政治则是基于调节的人口系列，但其也并未给予权力控制下的生命自由空间。④ 福柯反对将这两者割裂开来，或者将它们"对立绝对化"，而是认为前者趋向于后者，并在大多数情况下它们是连接在一起的。可见，死亡属性一直内置于生命政治框架中。麦比姆（Mbembe）就持有"生命政治的本质其实是死亡政

① Slavoj Zizek, "The Structure Of Domination Today: A Lacanian View", *Studies in East European Thought*, Vol. 56, 2004, pp. 383–403.

② 埃米利亚诺・萨奇：《生命政治的悖论：人口群体与安全机制》，吕厚良译，《国际社会科学杂志（中文版）》2013 年第 3 期。

③ Michel Foucault, *History of Sexuality, Vol. 1: An Introduction*, Trans. by Robert Hurley, New York: Random House, 1978, p.143.

④ Foucault, Michel. *Society Must Be Defended: Lectures at the Collège de France 1975–1976*, NewYork: Picador, 1997, p.255.

治”[①]的观点。只不过，福柯继承尼采思想高扬积极的权力观，又未将身体的惩戒技术作为生命政治范畴的讨论重点才导致了这种情况而已。

二、生命治理技术书写

许多西方著名评论家，诸如沃柏格（Fredric Warburg）、瑞德（Herbert Read）、布兰德（Laurence Brander）、米勒（Mark Miller）等人都曾对《一九八四》的恐怖性和极权主义政治做过富有启发性的解读。欧文·豪（Irving Howe）认为奥威尔创作了“有史以来最形象的个人独裁的图景”，并将此视为该部作品的最大成就。[②]然而，罗蒂提醒人们：奥威尔的《一九八四》“让我们清楚地看到，我们无法再使用我们旧的政治理论了”[③]。罗蒂所不满的政治理论，很可能指的就是极权主义。罗蒂启发了在极权主义理论之外从生命的政治化角度重新思考《一九八四》关怀与“善良”的新可能。这种“新可能”正是奥威尔自我坦承的《一九八四》“真正想表达”的“极权主义的潜在含义”，即极权主义对思想自由的空间，更主要的是“从积极方面着手”[④]的这一观念。因此，在生命政治领域内，从否定性的极权主义的另一极——福柯所论述的从权力负担起生命的责任的积极性的生命权力——出发探讨《一九八四》的潜在寓意便获得了阐释的合法性与必要依据。我们认为《一九八四》展现了以温斯顿为代表的生命政治：一方面，如阿甘本所言，“自然生命（zoē）开始被纳入国家权力机制和计算，政治进入生命政治”[⑤]；另一方面，“生命政治学观点有助于将基于生命的一系列权力干预措施和权力策略聚焦起来”[⑥]展现针对生命的政治治理技术与权力装置的积极性。

大洋国中，英社党利用科学技术（电幕和仪表）、思想监管（新话和双重思想）进行国家管治的实践。外围党员温斯顿在这种治理技术中进

---

① Achille Mbembe, “Necropolitics”, Trans. by Libby Meintjes, *Public Culture*, Vol.15, No. 1, Winter 2003, pp.11–40.

② Calder, Jenni, *Open Guide to Literature :Animal Farm and Nineteen Eighty-four*. Buckingham: Open University Press, Milton Keenness, England, 1987, p.89.

③ ［美］理查德·罗蒂：《偶然、反讽与团结》，徐文瑞译，商务印书馆 2003 年版，第 243 页。

④ George Orwell, *Collect Essay Orwell: The Collected Essays, Journalism And Letters Of George Orwell*, Vol. 4, 1945–1950, Sonia orwell and ian angus, New York: 1968, 4, p.460.

⑤ Giorgio Agamben, *Homo Sacer: Sovereign Power and Bare Life.* trans. by Daniel Heller-Roazen Stanford: Stanford University Press, 1998, p.3.

⑥ Francois Debrix, Alexander D. Barder, *Beyond Biopolitics:Theory, violence and horror in world politics*, London: Routledge, 2011, p.8.

行了各种生存抗争，却终而在暴力作用下，于身体不堪忍受后宣告种种抗争的失败。尽管，温斯顿最终放弃了自我坚守转而“爱上了老大哥”，但奥威尔却借此暗示了管治权力并不是不可战胜的。英社党实施的各种治理新技术，恰好是福柯生命政治学所阐释的首要干预领域：知识领域和权力领域。而温斯顿既不是单个的人，也非作为党员身份而塑造的。奥威尔在整部小说中并无意于温斯顿这个人物形象的塑造，也不着力于与人物有关的情节对故事发展的推动作用，而是把他作为在英社党统治下的一个集体的群像代表，以呈现在国家权力的展布和运作机制下的未来社会到底是何种景观。

《一九八四》塑造的超级监听世界并不像温斯顿以为的那般恐怖，因为，它既不像德勒兹的控制社会那样能实现对无疆界空间中分散身体的监控，也非福柯圆形监狱中自上而下的全知监视。与其说这是权力的恐怖，倒不如说是控制的松动和权力的毛细血管式的社会渗透，以及以此作为调节社会群体的“自由”手段。[①] 因为，电幕监视的意图和目的是透明的，在监视时，它希望人们“脸上现出一种安详乐观的表情”；监视的目的是通过规避、训导、引导的方式使人们的行为符合国家管治的需要。所以，在电幕的监视下，奥威尔把早操做得比以前标准了许多。也就是说，电幕的性质并不完全是以惩戒为目的的，它也是以生产为目的的。另外，电幕有“接收”和“放送”两个功能。“接收”重在对大众的控制，“放送”则重在对大众的调节。两者相比，放送发挥的功能明显要远远优于接收。接收控制功能的发挥显然存在很多难题。一是电幕在技术上存在先天缺陷。因为，电幕接收信息时受到光线、距离和遮挡物的限制。二是电幕操作存在漏洞。因为，人们“没有办法知道，在某一特定的时间里，你的一言一行是否都有人在监视着。思想警察究竟多么经常，或者根据什么安排接收某个人的线路，那你就只能猜测了，甚至可以想象”[②]。三是被监视者知道如何规避被监视。因为，每个人都知道巡逻机、电幕、侦查队存在的位置。在小说中，奥威尔没有告诉读者电幕究竟是由什么材料制成的，读者也不清楚奥威尔到底对电幕了解多少。但奥威尔却始终乐此不疲地提到电幕时不时地播放国家生产信息、组织仇恨周和与敌国的外部战争，电幕对社会大众生活的组织调解功能倒是

① 参见［美］阿博特·格里森、杰克·戈德史密斯著，玛莎·努斯鲍姆编《〈一九八四〉与我们的未来》，董晓洁、侯玮萍译，法律出版社2013年版，第228页。

② George Orwell, *Nineteen Eighty-Four*, London: Penguin Classics, 2013, p.2.

发挥得非常有效。因此，奥威尔对电幕的态度很可能是暗示在现代社会中，一种新的权力运作机制存在的权力松动和民主的曙光。

大洋国实施的第二个治理技术是通过篡改文书、训练双重思想、发明新话对思想和精神进行管治。布洛萨认为根据福柯的看法，“现代社会中，人民（peuple）……是政治与历史的实体，因为它有管道进入叙事与记忆，它是被纳入的行动自身”[①]。英社党实施新话和双重思想的根本目的就在于改变人的政治身份存在成为无法辨认的无名者，以使其进入福柯称之为“鄙民”（plèbe）的难以查证和“消逝的状况”中，人民都被塑造成温顺的无抵抗性的无名者。大洋国借此实现在其内部制造分歧以离间和削弱其凝聚的力量。英社党推行新话的意义是从根本上取消了自然状态的人的存在，将其转变为生命政治视野中的“鄙民”。新话取代主体性话语是将人们驱赶到福柯生命政治分析域中羊群的地位——作为一个哑口无言与无主体的动物生命存在。在福柯分析的断裂之间是为权力拓展、预留的空间：“让其活”和“令其死”的在场。在这种语境中，个体因群体而存活，群体的所有价值全在于为引导而存在。“人民因其记忆、传统、‘获得的事物’（acquis）、在不同组织里的身份和某些独立的网络而与国家绑在了一起。”[②]而“鄙民”则是“现代权力秩序的某种发明”。“不确定的姓名与脸孔；它们时而相互改变、时而若隐若现”的“鄙民的特性”，在福柯致力于的生命政治框架中，也“孕育了自由思想的经验：反权威（‘没有领袖、没有指令’）、人人平等（‘自由发言权’）和分子式的（moléculaire）（‘没有组织’）”[③]。正是由于“鄙民”是被忽视和丢弃的一类没有身份、无语言的分子式存在，他们才具有了与事件相关的行动的主体并以此另类的陈述能力再次缔造荣光时代，即进入他们自己的历史主体地位。自始至终，在温斯顿内心最感恐惧的就是“老大哥”（the big brother）实施的“双重思想”和“无爱”关系改造。表面上看，温斯顿尝试通过与异性（裘丽娅）约会来抵抗政治镌刻，似乎也部分地获得了存在感，可却在电刑面前不堪一击，很快就背叛了一切。一方面，这实质是温斯顿自我意识的消亡、主体性的泯灭；另一方面，英社党所悬

① Alain Brossat：《傅柯：危险哲学家》，罗惠珍译，台湾麦田出版社、城邦文化事业股份有限公司 2013 年版，第 115 页。

② Alain Brossat：《傅柯：危险哲学家》，罗惠珍译，台湾麦田出版社、城邦文化事业股份有限公司 2013 年版，第 117 页。

③ Alain Brossat：《傅柯：危险哲学家》，罗惠珍译，台湾麦田出版社、城邦文化事业股份有限公司 2013 年版，第 124 页。

置的秩序、法律和真理反而成为"鄙民"置换新的权力的自由地带。这才是奥威尔既忧虑"欧洲最后一个人"消失，而又坚信"未来属于无产者"的隐蔽意义。

如果说电幕监听技术体现了权力对身体的渗透，发明新话实现了权力的知识体系建构的话，那么，"双重思想"则是权力将一切敌对因素都悬置起来的自我现身。大洋国的"双重思想"集中体现于英社党的三大口号："战争即和平、自由即奴役、无知即力量。"布伦纳在其《和平状态：双重思想的一个实践》中对此做过阐释，他说：战争与和平都是权力重构社会结构的一个功能，它们都是权力实施的方式。根据斯宾诺莎和福柯的积极权力观，战争是统治的原始技术。在和平时期，权力关系变成制度化的了，政权只能通过民众政治的暴力才能颠覆，而和平就是建立于前一次战争胜利之后所奠定的社会秩序的制度。因此，和平是权力关系的暴力维持。这与卢梭的和平并不是狭义暴力观的反面，而是与内置于暴力之中的认识是一致的。所以说，战争即和平。[①] 据此，我们就解开了为何奥威尔借温斯顿之口及其内心感受不厌其烦地提及英社党的三大口号——战争即和平、无知即力量与自由即奴役的谜团了。奥威尔在这个口号中发觉了违反常规和真理的矛盾体恰好是未来民主与自由最好的藏身地。小说中，大洋国、欧亚国和东亚国之间，并未真正发生过战争。这从仇恨周进行到第六天，有人递给核心党员一个字条后，他就立刻宣称是东亚国而不是欧亚国才是大洋国进行的国外战争对象上得知。实际上，三大口号只是英社党用来组织生产以维持内部秩序和权力关系，长久管治人民、稳固国内统治的一种政治技术。"老大哥"用捏造永恒战争（恐吓或担心）的想象性虚构牵制被统治者的注意力以达到转嫁视线、维持某种状况的目的，尽管是以和平之名，但也在某种程度上发挥了组织群体生命进行生产的间接调控功能，这就是福柯所说的一种积极的生命治理策略。

三、权力的语法与生存美学

积极性的权力关系与否定性的权力关系共属一体，标志着权力进入生命政治范畴并被彻底生命政治化。奈格里认为这时"整个社会机体都由权力及其所构成，并已发展为虚拟状态。……权力已伸展到社会结构的每个神经末梢……权力已表现为一种控制，它伸展到民众的意识和肉

---

① David Brenner, *The State of Peace: An Exercise in Double Think*, 13 January 2015, Paper.

体的最深处，同时也跨越社会关系的全部”[①]。这就提出了一个在生命政治理论框架内如何生存的关键问题。为了解答《一九八四》极权主义与积极治理维度下，温斯顿的生存美学难题，我们必须再次求助于福柯在这一方面的理论探讨。众所周知，福柯将生命政治的治理范式追溯到基督教早期的牧羊政治。在他的牧羊政治分析中，羊群始终是牧羊人关怀照料的纯粹对象，它们是一群被治理和被部署装置引导与捕获的不会言说的动物。羊群与牧羊人之间由于存在种属的天然差别而缺乏任何沟通的可能，而在羊群内部个体之间同样不存在真言关系（比如，大洋国中同事之间、夫妻之间、父子之间都可相互告发），“也并无互动的能力”，“由于没有任何形式的主体，没有任何语言的渠道，没有任何发展反抗管理的能力出现在‘羊群’这一边，所以人们乃形同动物一般被统治”。[②]羊群完全没有言说的生存活动，也无主体性可言。但福柯又并未在这种单边的权力关系中，使羊群处于绝望的生存环境，而是在“一种完全的生命政治”中赋予牧羊者“照料”“引导”“供给食物”的责任，特别是牧羊人对羊群有“协助再生产并让它们得到消遣休闲”的权利[③]，这显然给羊群以生存美学的可能。反过来说，《一九八四》中大洋国管治术的核心显然不在于死亡权力的残酷，而在于关于生命的信息搜集（电幕）、知识体系建构（新话和双重思想）和情感分裂上。群体（即人口）被纳入由权力谱写的知识以及权力算计的技术考量之后，其中一个是作为个体的身体技术被赋予能力的，然而另一个则是身体被生物过程取代的身体技术。[④]小说中，温斯顿最后才知道，他七年来就一直生活在英社党的监控（中），他的思想、意识、思考以及情感的逻辑是以英社党的政治权力为准绳的。真相、事物、存在都是英社党权力语法的直接体现。而这恰恰是福柯因为突然病逝所未能给出的解答。

我们发现为了调节与管制群体，生命权力意在努力引导群体，比如基督教的牧羊管理或进而联系到基督教教义，基督教忏悔的专属空间等。“在当代生命政治的空间里，忏悔部署也将以同样的方式，使这个捉摸不

① ［美］麦克尔·哈特、［意］安东尼奥·奈格里：《帝国——全球化的政治秩序》，杨建国、范一亭译，江苏人民出版社 2008 年版，第 30—31 页。

② Alain Brossat：《危险哲学家》，罗惠珍译，台湾麦田出版社、城邦文化事业股份有限公司 2013 年版，第 64 页。

③ Alain Brossat：《危险哲学家》，罗惠珍译，台湾麦田出版社、城邦文化事业股份有限公司 2013 年版，第 68 页。

④ Foucault, Michel. *Society Must Be Defended: Lectures at the Collège de France 1975–1976*, New York: Picador, 2003, p.249.

定的循环成型：总体牧民越是扩展器支配版图，改善支配技术并使其多样化，就越是减少'客体化'（objectivation）群体的过程，同时，也降低了对群体的管理。……正如当代的生命政治之中的纪律规范化已经不够了：以扩充的方式进行，良好的生命政治'治理'（gouvernance）会提醒辨识被管理的主体，呼唤他们的责任感，召唤他们规划未来的能力。"[①]英社党通过仇恨周、帝国战争的权力叙述来提升或制造群体的主体性想象与责任意识，以遮蔽其作为被治理者的尖锐处境与生存困境。然而，在这个过程中也客观地召唤了潜藏在群体那里的内在的主体实践观念和自我意识，促使其不再满足于"顺从"与"理解者"角色，从而可能衍化为反抗的主体：作为权力形式的生命（form of life）与作为生物种类的生命处于交互运动过程中。例如，小说在叙述人们对叛徒的仇恨时，说他们也会把仇恨"反过来转向了老大哥、党、思想警察"。从上述分析中可以看出，现代生命政治的一个重要典型特征就在于权力与生存均处于异常模糊的交叉状态之中。

从身体惩戒的解剖政治学向人口调节的生命政治学过渡，的确带来了在个体权力治理上的松动，使作为群体的民众（鄙民）具有了更大的主体实践空间。温斯顿可以在电幕监控下写日记、自我思考，也可以在党要求人工授精与无爱婚姻政策下秘密约会。裘丽娅竟然知晓政党实施政治权力的内在原因，知道如何规避政治权力和按照个体意愿构筑自己的生活，懂得如何坚守人性。与温斯顿内在的反抗不同，裘丽娅则巧妙地保持与政治权力的适度距离而能较自主地过自己的生活。她对党的理论没有任何兴趣，对政治治理也知之甚少，还能躲避新话，她懂得在不打破权力装置的情况下如何过好自己的生活。裘丽娅还明白党在禁欲方面的权力目的，可她仍能肆无忌惮地约会。她约会的行为及化妆和穿丝袜的举止便是有意识地以性爱和"具身化"（embodiment）的方式对抗权力治理的生存美学。与温斯顿懂得反抗，却不知如何反抗的痛苦人生相比，裘丽娅的斗争对象似乎要明确得多，她的行为是有意识的，生命也更具美感与张力。

生命政治的模糊性既使政治权力之下的民众（以分子式的个体方式存在）找不到反抗的具体对象而常滑入以身体（性）和爱作为生存的选择支点，也使民众作为一个集合性的无名者，即无主体的主体具有了

---

① Alain Brossat：《危险哲学家》，罗惠珍译，台湾麦田出版社、城邦文化事业股份有限公司2013年版，第73页。

反抗性。德勒兹说："当权力以生命为对象时生命就会成为对权力之反抗。……当权力成为生命权力（bio–pouvior）时，反抗就成为生命之权（pouvior de la vie），亦即不被任何图式之种属、环境或途径所终止的生机权力（alpouvior–vit）。"[①] 德勒兹认为福柯的生命政治理论中，生命作为权力的对象后，权力放弃死亡权力却以优化人口或生存环境为名造成了更多的屠杀与灭种行为，但同时，对权力的反抗也开始以援引生命为依据，逆转为"对抗控制生命的系统"[②]。在谋求生存真理的过程中，奥威尔认识到温斯顿与裘丽娅的关系说明快感的自我关系的呵护是不可行的；温斯顿在经历严刑拷打后宣布理性的反抗也失败了；在知识形式方面，个人性的以日记的文字记录方式同样不可取；借助敌国的战争达到被解放的目的，在大洋国从来就是政党内部管治的借口。这四种方式与后来德勒兹对福柯的"自我关系"的解读，即四种主体化实践方式几无差别。奥威尔借温斯顿的失败结局表明自我实践的美学必须导向对权力美学的肯定（像裘丽娅那样）才有继续存活进而获得未来的可能，因为，只有承认权力才能被赋予一种真理和语法。这也是《一九八四》在今天全球资本主义语境中历久弥新的独特价值所在。

生命政治及其生存美学的上述机制，用齐泽克的观点来概括或许更为准确，他说："我们生活在一个一切都有可能，一切又都没有可能的世界，这就是生命政治吊诡情境最为恰切的观察。"[③] 奥威尔在小说的后半部分，比较明确地传达了人可以内在性地享有自由和具有自律主体性。这多少带有乌托邦色彩，或者，这本身就是生命政治悖论性的体现。让"既负载着对最高权力的屈从，又负载着个体的自由"[④] 的生命（常以身体为显现）活出一种幸福状态，或许只有当人失去自我成为一种无器官的机器或者返回动物生命状态（zoē）时，才有幸福可言。当然，这时的幸福又是很荒谬的。也就是说，"生命政治已经发展为伦理政治"[⑤]。这样，它就"不再是道德的（对于残酷行为的限制），而是本体论的（是谁摆脱

---

① ［法］吉尔·德勒兹：《德勒兹论福柯》，杨凯麟译，台湾麦田出版社 2012 年版，第 166 页。

② ［法］吉尔·德勒兹：《德勒兹论福柯》，杨凯麟译，台湾麦田出版社 2012 年版，第 165—166 页。

③ Žižek, Slavoj, *A Permanent Economic Emergency*, New Left Review 64（July-August 2010）, p.93.

④ ［意］吉奥乔·阿甘本：《生命的政治化》，严泽胜译，载汪民安主编《生产·第二辑》，广西师范大学出版社 2005 年版，第 222 页。

⑤ Rose, N, *The Politics of Life Itself*, London: Theory Culture Society, 2001, p.18.

动物性状态而成为人）”。[①] 尽管如此，不管是福柯，还是阿甘本，他们“都对未来政治的可能性持有一种乐观主义态度”[②]。奥威尔的《一九八四》却比他们更早地预见了未来社会中即使权力布满社会整体、渗透进人类的身体和神经末梢，而他却坚信在权力的内部依然存有“美德和真理”[③]的曙光。

奥威尔虚构的极权主义并未以直接行使杀戮作为政治权力的第一要务，而是保留权力的死亡特权，为了威慑以积极的生产性为名捕获的生命进而组织生命和管理生命的目的；奥威尔也并不认为大洋国的可怕之处是实施残忍的政治权力，而是否认人民与知识的关联，根除人民的记忆以凸显权力的语法；奥威尔更不赞成大洋国对人民而言是绝望的政治未来。而是相反，基于反纳粹的人生经历，奥威尔深信在劳苦大众和无产阶级那里存在拯救的力量。奥威尔以尼采似的口吻评论温斯顿的屈服，并说“他是最后一个人”（本书的最初题目就为《欧洲的最后一个人》）。它的深刻寓言性既在于集体性的无名“诸众”彻底取代了具有自由思想的单个主体，更在于从身体惩戒社会向集体的生命政治社会过渡中新的生存美学和反抗哲学的诞生。生命政治，这样一个“包含了许多国家与个人间的关联性暗示”[④]的新概念，相信一定会在当代文学批评与文学理论的政治学转向和政治哲学理论的文学转向中获得更大的阐释效力与实践空间。

---

① ［美］科斯塔斯·杜兹纳：《人权与帝国：世界主义的政治哲学》，辛亨复译，江苏人民出版社 2010 年版，第 138 页。

② Giorgio Agamben, “I am Sure that You are More Pessimistic than I am: an Interview with Giorgio Agamben”, *Rethinking Marxism* ,Vol. 16, No. 2, 2004, pp.115–124.

③ ［英］雷蒙德·威廉斯：《文化与社会》，吴松江、张文定译，北京大学出版社 1991 年版，第 362 页。

④ Ame´lie Perron, Carol Fluet, Dave Holmes, “Agents of care and agents of the state: bio-power and nursing practice”, Blackwell Publishing Ltd, *Journal of Advanced Nursing*, Vol. 50, No. 5, 2005, pp.536–544.

第三章　政治与伦理的理论建构

生命政治对于艺术理论的影响表现在其建构过程中，自然会衍生出一个问题，即艺术元素或者说艺术活动中的某种行为，只是起到纯粹的媒介意义或者勾连艺术环节的作用，而并不承载实际的艺术意义和功能，这样的话，就溢出传统艺术理论范畴而进入政治和伦理的视野。如此，再反思生命政治将会给艺术理论敞开一个怎样的场域和空间时，自然会面对审美权力问题。

第一节　审美权力

审美长期驻足于艺术论与抽象论而定格在美学的历史长河中。然而，如果将审美置于更大范围的社会、政治、伦理以及欧洲思想运动的广阔现实背景下，就会发现审美与权力是一个被严重“浅描”的精神文化景观。这种被“悬置”的意识，尤其是在人性解放、启蒙现代性、国家观念与意识形态以及审美文化的维度上异常凸显。或许正因如此，伊格尔顿才宣称：美学范畴在现代欧洲思想中占有重要地位，美学在谈论艺术时也谈到了其他问题——中产阶级争夺领导权的斗争中的中心问题。于是试图通过美学这个中介范畴把肉体的观念与国家、阶级矛盾和生产方式这样一些更为传统的政治主题重新联系起来。[①] 毫无疑问，美学并不纯粹是“美的”，它具有复杂性。历史地审视美学“对主流意识形态提出了异常强有力的挑战，并提供了新的选择”[②]，比美学作为一种学科与知识范式的观念，或许更为符合它本身。

美学与权力忽明忽暗的牵扯，在思想史上一向表现得小心翼翼。一方面，它易沦为政治的猎物以及历史情境的权柄而让人退避三舍。另一

---

① 参见［英］特里·伊格尔顿《审美意识形态》，王杰等译，广西师范大学出版社 2001 年版，第 3 页。

② ［英］特里·伊格尔顿：《审美意识形态》“导言”，王杰等译，广西师范大学出版社 2001 年版，第 3 页。

方面，它又易导致“非美学”的异化与陷入“理论霸权”的泥淖而让人避而不谈。然而，将审美的权力观视为审美表达来揭示审美的历史形态以及审美在“人性解放”和“人的自由”的终极目的达成之途中的作用，对审美理解无疑是极有裨益的。虽然权力[①]如同文化等概念一样是西方社会中为数不多的几个模糊概念之一，但是早在公元前4世纪的古印度时代，考底利耶就把“权力解释为掌握实力（表征），实力来自于三个要素：知识、军事力量和勇气。在两三个世纪以后，汉斯·摩根索把权力定义为两个政治行为者之间的关系，其中一个行为者有能力控制另外一个行为者的意志和行为”[②]。后来，这对福柯、阿伦特、韦伯、马克思等人的权力观影响甚巨，他们都或多或少地受益于此。

福柯认为权力在于行动，阿伦特则重视社会交往的权力，韦伯认为权力是将自己的意志强加在别人的行为之上的能力，[③]马克思的权力观则特别强调与社会联系在一起，强调一方支配或者凌驾于另一方。由此看来，“力量”（能力）、“行动”、“支配”、“交往”四个维度应为审美权力论所考量的要素。而这四个维度深置并彰显于审美解放和审美自由对于全面而自由的人的达成；审美作为政治蓝图的中介；审美权力范畴以及日常生活审美和共产主义社会的美好畅想的两个范例之中。

与一贯的否定性、限制性和具有等级意识、消极特征的权力观相比，福柯的权力观具有革命性意义。他主张一种积极的，具有生产性、创造性和普遍性的权力观。安东尼·吉登斯在最近一次访谈中当被问及他对权力的认识时，他也清楚地表达了“权力是一种网络”的思想。人类文明史在一定意义上可以看作意义表达和叙事的历史。在这一过程中，以审美的方式对时空和物象的权力把握显然是一个重要的精神景观。

一、审美权力的人性论

从受压迫的、不自由的人通过审美可以最终达成“自由自在”的人，达到审美化的人生和审美的自由表达是审美权力的根本所在。审美可以开

① 权力（Macht）在译为英语时，是使用power、authority（帕森斯），还是domination（本迪克斯、罗斯），一直以来颇受争议。Power侧重力量的中性色彩，authority则强调正当性，domination更有一种支配力意味。但不管怎样，三者都没有远离“力量”的内涵。

② ［美］西奥多·A.哥伦比斯、杰姆斯·H.沃尔夫：《权力与正义》，白希译，华夏出版社1990年版，第78页。

③ 参见［挪威］托马斯·许兰德·埃里克森《小地方，大论题——社会文化人类学导论》，董薇译，商务印书馆2008年版，第208页。

启人类的心智，具有使人完善的功能和力量。如康德所言：“美的力量是要显示认知可能。”[①] 同时，“没有这自由就没有美的艺术，甚至于不可能有对于它做正确的评判的鉴赏”[②]。自由而完善的人的形成又可以丰富审美。

在鲍姆加登对美学所做的最初的系统阐释中，它首先指的并非艺术，而是如古希腊的感性（aisthesis）所指的那样，是指人类的全部知觉和感觉领域。审美是朴素唯物主义的首次冲动——这种冲动是肉体对理论专职的长期而无言的反叛的结果。可见，美学是在人种和人类学意义上被看待的，它“标志着向感性肉体的创造性转移，也标志着以细腻的强制性法则来雕凿肉体”[③]。

马克思在《1844年经济学哲学手稿》中对人与审美的关系有深刻论述。他认为人区别于动物的地方在于人“懂得按照任何物种的尺度来进行生产，并且随时随地都能用内在固有的尺度来衡量对象；所以，人也按照美的规律来塑造物体”，美的规律显然是人性自觉及发展到一定程度达到的认识度。在马克思看来，审美活动是人的一种本质力量对象化活动，审美是人对抗自身异化和劳动的异化的一种方式，而带来异化的根源在于资本主义制度，在于私有制。因为它使我们的“一切肉体的和精神的感觉都被这一切感觉的单纯异化即拥有感觉所代替”[④]。作为管治的制度导致了人的“存在感”的“分裂”。

生命的丰富性和情感性以及对世界的感知不断丧失，包括丧失资本和拥有资本的人，“忧心忡忡的穷人甚至对最美丽的景色都无动于衷”；而商人同样失去感觉，“看不到矿物的美和特性”[⑤]，人在这一制度下自然地沦为“单向度的人”。要达成《共产党宣言》所畅想的“每个人的自由而全面的发展”的美好社会与幸福生活，需要“通过人并且为了人而对人的本质的真正占有”，“人向自身、向社会的（即人的）人的复归”，人必须在实现“人的自己的本质”，“人同世界的人和一种人的关系”，人的全部感觉和感官得到“现实的实现”并以“人的方式来理解”以及人是“一种自我享受”成为“具有丰富的、全面而深刻的感觉的人”[⑥]时才能达

① ［美］安东尼·J. 卡斯卡迪：《启蒙的结果》，严忠志译，商务印书馆2006年版，第75页。

② ［德］康德：《判断力批判》上卷，邓晓芒译，商务印书馆1985年版，第203页。

③ ［英］特里·伊格尔顿：《审美意识形态》“导言”，王杰等译，广西师范大学出版社2001年版，第10页。

④ ［德］马克思：《1844年经济学哲学手稿》，人民出版社1985年版，第81页。

⑤ ［德］马克思：《1844年经济学哲学手稿》，人民出版社1985年版，第81页。

⑥ ［德］马克思：《1844年经济学哲学手稿》，人民出版社1985年版，第80页。

到。因此，审美在人的历史时刻具有重要权力意义。

众所周知，实践观和革命性是马克思哲学的重要内核，审美在马克思的思想图景中是作为摧毁资本主义意识形态所构筑的堡垒的一个利器，马克思也是在作为资本主义私有制掘墓人的前提下培育审美的人的。他关于人性的美好畅想对于在资本主义制度下异化的人也具有革命性的吸引力。他说，在共产主义社会，“没有单纯的画家，只有把绘画作为自己多种活动的一次活动的人们”①。艺术创造和审美活动不是一种独特技能，而是众人都能实践的普通活动。所以，整体性地看，在资本主义制度中，审美乃是一种权力活动。

席勒自觉探讨了审美与人的自由之间的关系。歌德敏锐地看到了这一点，并鲜明地指出：“贯穿席勒全部作品的是自由这个理想。”②他在《审美教育书简》中说：“近代人是片面的，每个人身上只发展一部分能力。”③人只有在“游戏”中才是自由的人。黑格尔认为人的自由是美的本质体现，在美的东西里发现他自己、实现他自己、欣赏他自己。④他说：“我们一般可以把美的领域中的活动看作一种灵魂的解放，而摆脱一切压抑和限制的过程。”⑤于是，“审美带有令人解放的性质”。伊格尔顿认为马克思继承了关于人的全面的、多方面发展的席勒式审美理想，即认为美是人的自我完善与全面发展的方向，人类本质力量的实现就是自由的必然性的达成。美的本质就是人的自由的本质。人的活动以美的尺度和按照美的规律来塑造⑥的历史，就是以审美为手段的权力实现过程。要实现“人的本质”的丰富性就需要以审美的方式将“本质力量对象化”解放人本身。而美则成为人的自我完善和全面发展的方向。

审美思维和审美感觉力是人类的一种需要。现实存在的美是激起审美的一个原动力。感知和欣赏美的能力则是在社会性的历史进程中形成和发展起来的，这个过程就是人的发展和对自己本质的认识以及占有的过程。对于权力之于普通人而言的模糊性，沃尔夫曾有较好的解释。他认为普通人多依赖感官，而很少能够运用自己的理智，是因为他们不能

---

① 中共中央马克思恩格斯列宁斯大林著作编译局编：《马克思恩格斯选集》（第一卷），人民出版社 1995 年版，第 460 页。

② ［德］歌德：《歌德谈话录》，人民文学出版社 1980 年版，第 108 页。

③ 蒋孔阳、朱立元：《西方美学通史》，上海文艺出版社 1999 年版，第 395 页。

④ 参见［德］黑格尔《美学》第一卷，朱光潜译，商务印书馆 1979 年版，第 39 页。

⑤ ［德］黑格尔：《美学》第三卷上册，朱光潜译，商务印书馆 1979 年版，第 337 页。

⑥ 参见方珏著，俞吾金主编《伊格尔顿意识形态理论探要》，重庆出版社 2008 年版，第 134 页。

够理解王权是什么。但是，通过他们经由自己的双眼捕捉到的事物，以及影响他们的其他感官的事物，他们以一种虽不确定但明白的概念认识了王权、强权和力量。[①] 也就是说，审美也是实现权力与政治的中介之一。

二、审美权力的政治论

审美感知与审美能力伴随人类而生，鲍姆加登对感性的强调与启蒙现代性的欧洲思想大背景密切相关，其本身也有一种获取解放的意义。康德著名的“无目的的合目的性”观，显然“代表了一种获得自由的机会”。[②] 海德格尔就认为艺术的知识曾经是“一个牵连到我们整个历史的事件。它是近代的开端”[③]。美学是控制绝对情感的权力，以实现感受的平衡与和谐以及获得情感的张力和高峰体验。社会权力渗透到文化、审美、意识形态的各个方面，审美也参与权力的维持与争夺。以凯吉尔的立场，鲍姆加登在他的《美学》中使得关于美的感知判断与理性之间的关系是为统治者与被统治者之间的新关系的可能性敞开大门。[④] 而这却被一贯占据统治地位的美学自律观所忽视。

美学在西方的历史涉及政治斗争与夺权问题。可以说，“美学通过审美建构一种具有理性与感性、自由与必然以及自我约束力的自律性科学，这就把政治意识形态与理性统治法则通过审美内化为一种带来愉悦感的‘软’策略”。资产阶级不以暴力而以美的意识将权力置入人们的生活，从而实现自己的阶级统治，即审美的背后掩藏着一种权力关系，通过审美话语建构的美学，折射出资产阶级对政治领导权的构想。另外，美学又对占统治地位的意识形态形成一种挑战，并为其提供新的选择。因为美学张扬和互换一种自由与解放，为现成制度培养掘墓人。[⑤]

伊格尔顿强调：“审美从一开始就是个矛盾而且意义双关的概念。一方面，它扮演着真正的解放力量的角色……另一方面，审美预示……‘内

① 参见［英］托尼·本尼特《审美·治理·自由》，姚建彬译，《南京大学学报（哲学·人文科学·社会科学）》2009 年第 5 期。

② ［美］安东尼·J. 卡斯卡迪：《启蒙的结果》，严忠志译，商务印书馆 2006 年版，第 222 页。

③ ［德］海德格尔：《海德格尔论尼采——作为艺术的强力意志》，秦伟、余虹译，河北人民出版社 1990 年版，第 83 页。

④ 参见［英］托尼·本尼特《审美·治理·自由》，姚建彬译，《南京大学学报（哲学·人文科学·社会科学）》2009 年第 5 期。

⑤ 参见方珏著，俞吾金主编《伊格尔顿意识形态理论探要》，重庆出版社 2008 年版，第 120 页。

化的压抑’，把社会统治更深地置于被征服者的肉体中，并因此作为一种最有效的政治领导权模式而发挥作用。”[①] 新的制度都是在旧体制人们的审美幻象中实践的，去实现一种类似葛兰西在《狱中札记》中所论述的市民社会：个体可以不用自我压抑就能约束自己，这样审美成为革命的驱动力。因为，“每一审美特性在决定自身的行动中都规定着其他自我决定的特性”[②]。美学的诞生标志着潜在的解放思潮，美学成了政治反抗的工具。“审美保证了主体之间自发的、直接的、非强制性的一致，提供了防止社会生活异化的情感纽带。”[③]

美学的情感特征不能仅仅框定在艺术的范围内做封闭性阐释。美学学科的创立既与启蒙主义思潮有关，也与现代性相联系。启蒙思潮基本承接了文艺复兴以来对神学的颠覆而张扬一种理性思想。启蒙针对各种对知识的蒙蔽而用理性祛除，但在美学领域内理性主义的贯彻还不够完善。启蒙是对理性主义的弥补。美学第一次给人的感性及感觉以合法地位，它是在现代性过程中形成的新学科。在启蒙主义运动伊始，对于新兴资产阶级来说，美学对于封建专制制度的摧毁以及新的资产阶级政治领地的夺取与维护起了很大作用，但审美的、自由的人的培育又对其构成了威胁，自反性体现了复合型权力。

“政治支撑着一种与美学的元语言学的关系”[④]，而能像伊格尔顿将美学意识作为领导权的一部分[⑤] 的理论家可谓寥寥，更别说有什么理论及范式贡献了。美学与政治权力的关涉是一个被“浅描”的精神文化景观，因为人们忽视了“以审美结构转化为情感结构，也就造就了新形式的主体性，促成了新的人类主体的产生”[⑥] 的美学与人性塑造的相关度。

伊格尔顿认为：美学（可见作为萌芽并诞生于启蒙运动时期的“美学”这一资产阶级概念）从一开始就是个矛盾而且意义双关的概念。它

① ［英］特里·伊格尔顿：《审美意识形态》，王杰等译，广西师范大学出版社 2001 年版，第 16—17 页。

② ［英］特里·伊格尔顿：《审美意识形态》，王杰等译，广西师范大学出版社 2001 年版，第 14 页。

③ ［英］特里·伊格尔顿：《审美意识形态》，王杰等译，广西师范大学出版社 2001 年版，第 90 页。

④ 方珏著，俞吾金主编：《伊格尔顿意识形态理论探要》，重庆出版社 2008 年版，第 140 页。

⑤ 参见方珏著，俞吾金主编《伊格尔顿意识形态理论探要》，重庆出版社 2008 年版，第 143 页。

⑥ 方珏著，俞吾金主编：《伊格尔顿意识形态理论探要》，重庆出版社 2008 年版，第 44 页。

扮演着真正的解放力量和角色——扮演着主体的统一的角色，这些主体通过感觉冲动和同情而不是通过外在的法律联系在一起，每一主体在达成社会和谐的同时又保持独立个性。美学为中产阶级提供了其政治理想的通用模式，例证了自律和自我决定的新形式，改善了法律和欲望、道德和知识之间的关系，重建了个体和总体之间的联系，在风俗、情感及同情的基础上调整了各种社会关系。另外，美学亦指麦克斯·霍克海默尔所称的“内化的压抑”，把社会统治更深地置于被征服者的肉体中，并因此作为一种最有效的政治领导权模式而发挥作用。[①] 美学是一个明显涉及资产阶级统治因素和权力关系的问题。美学话语的建构与现代阶级社会占统治地位意识形态的各种形式的建构密不可分，它是作为资产阶级的一种政治和意识形态话语而兴起的。因此，伊格尔顿说，“审美等于意识形态”[②]。国内也有学者指出：“与其说美学是门学科，倒不如说是个重大的现代性问题。”[③]

柏拉图的贵族艺术立场，康德的审美判断和物自体的高高在上，黑格尔关于美的概念的统摄性，席勒的审美救世观，尤其是鲍德里亚的仿像和乌托邦理论直接掀翻了前代审美权力。而法兰克福学派的理论家们大多具有一种乌托邦情结，认为艺术具有解放功能。例如，马尔库塞就认为艺术能够致力于改变男人和女人的意识和冲动，而这些男人和女人是能够改变世界的。[④] 作为权力表达的贵族（有权）阶层的观念表达与审美的政治功能一样不可忽视。“在真正的道德和政治自由的位置上，出现了‘审美国度’的教化。”[⑤]

只不过，伽达默尔认为这种审美的情感自由是“即逝的薄暮微光”和“非实在中的自由”。韦伯更为实际一点，他认为：“艺术承担了一种世俗救赎功能。”[⑥] 审美在社会政治结构的交往运作中体现出观念支配的强制性渗透，以另一种方式实现交互性合力。当然，此种审美权力观是被

① 参见方珏著，俞吾金主编《伊格尔顿意识形态理论探要》，重庆出版社 2008 年版，第 121 页。

② ［英］特里·伊格尔顿：《审美意识形态》，王杰等译，广西师范大学出版社 2001 年版，第 91 页。

③ 刘小枫选编：《德语美学文选》下卷，华东师范大学出版社 2006 年版，第 4 页。

④ 参见［美］赫伯特·马尔库塞《审美之维》，李小兵译，广西师范大学出版社 2001 年版，第 212 页。

⑤ ［德］汉斯－格奥尔格·加达默尔：《真理与方法》上，洪汉鼎译，上海译文出版社 2004 年版，第 108 页。

⑥ 周宪：《审美现代性批判》，商务印书馆 2005 年版，第 157 页。

作为一种“社会交往”的内在“支配力量”的软驾驭来看待的。如果无视美学在启蒙运动以及资产阶级政治统治中的权力中介特性，那么既不能真正地理解西方美学，也很难说这是一种真正的唯物史观的态度。

三、审美权力的范畴论

模仿是为了艺术地掌握世界，审美地呈现世界，再现与表现则是艺术家对自己审美能力的确证，也是审美权力的委婉表达。审美判断是一种隐秘的情感表达方式和“述行语”。对于康德来说，确实有一种“法则”作用于审美判断。理性的利益是必须得到确保的，而主体也都被置于世界的治理之中。法兰克福学派则把审美的社会批判作用推到了极致。

尼采认为“艺术是强力意志的最高形态”①，陶醉状态的艺术家才是具有生命权力意志的。尼采展示了审美如何过度地扩张而统治一切，马克思以审美抵制异化，弗洛伊德揭示了审美与人的欲望的关系，审美在他们看来都具有一种权力属性并与权力意识一起构成概念范畴。

“审美的等级正表达着权力的等级”②，对审美的占有与享用如马克思所言，忧心忡忡的穷人没有审美的权力。古希腊贵族、中国古代王权与贵族对审美的享用，有权阶级审美观念的流传，民间审美的遮蔽，认为日常生活审美是审美权力的体现的观点都是审美权力。也就是说，审美是分阶级的，是有特权的，是一种生产资料的形式和某些人的特权。同时，美学向来都是有性别的（男性），“艺术问题是作为生产者、创造者的艺术家的问题”。海德格尔认为尼采在《强力意志》中对艺术的两个最为本质的陈述：“一是，艺术是强力意志最了然、最熟悉不过的形式。二是，艺术应当通过艺术家来加以把握。”显然“艺术意味着各种生产的能力”③，尤其是把艺术的本质把握为强力意志的一种形式。尼采认为“艺术是对抗所有否定生命之意志的唯一优越的力量”④。“作为一种对理性的审美批判，这样的批判将‘艺术’作为一种救赎表象世界的方式。”⑤

“权力是透过细微的渠道渗透到社会和个人存在当中发挥其作用

---

① ［德］马丁·海德格尔：《尼采》，孙周兴译，商务印书馆 2012 年版，第 125 页。

② 骆冬青：《论政治美学》，《南京师大学报（社会科学版）》2003 年第 3 期。

③ ［德］海德格尔：《海德格尔论尼采——作为艺术的强力意志》，秦伟、余虹译，河北人民出版社 1990 年版，第 70 页。

④ ［德］海德格尔：《海德格尔论尼采——作为艺术的强力意志》，秦伟、余虹译，河北人民出版社 1990 年版，第 72 页。

⑤ ［美］安东尼·J. 卡斯卡迪：《启蒙的结果》，严忠志译，商务印书馆 2006 年版，第 9 页。

的”[①]“郁郁乎文哉，吾从周!”以及孔子“兴于诗，立于礼，成于乐”的感慨都是美的召唤。“卡里斯马”是领导权的修辞幻象，是将政治人物幻想为超自然的具有天赋观的体现者，而且在他身上存在着一般人无法企及的神圣力量或某种神圣精神的“感性显现”，因此，不同的意象在不同场域中的差异则体现了审美制度中审美权力观的不同。基于审美权力的观点，才会有东方“龙”的观念，以及出现某种意象、幻象、意念时的恐惧与喜悦等的审美范畴分野。皇权的肃穆高贵、典雅威严；民间的喜庆诙谐、朴素自然；精英阶层的高雅精致；大众群体的务实日常，无不是基于审美权力的划分。审美差异的存在则意味着审美权力在起作用。

正如有的学者所言：“越是身份高贵者，则享有越高的审美价值。或者说，权力在各种感性形式中的审美表现就越充分。”[②]器物上的图像蕴含着审美与权力的同构融合。皇家建筑、宗教寺院、民间瓦舍等也都是权力观契入审美的实例。中国美学范畴较多地体现了士大夫的审美权力，西方则更多的是贵族审美观的体现。如果说巫术仪式尚且是某种不可见神圣权力的彰显的话，那么礼仪、规范、秩序哪一样能离开权力的渗透？如果人们对唐代的丰腴之美尚且缺乏直感的话，那么对于当下因为对骨感美的迷恋而导致厌食症进而致死的事实还需要怀疑吗？

影视中无孔不入的性感女性对未成年人造成的审美暴力近来已为人们所重视。现代社会中景观美学、图像美学、数字化美学以及网络美学渗透到日常生活的角角落落。都市中森然林立的高楼、随处可见的灯光影像，尤其是对动漫、游戏而言，其所带来的审美权力的支配和结构性渗透力恐怕已不容怀疑。相反，人的主体性被挤占，人的创造性被泯灭。人沦为技术或技术美学的奴隶，那双发现美的眼睛不再是“发现者”而被迫变成了接受者，或者是影像技术的捕获者。如同本雅明所说的灵韵艺术的消失取而代之的是复制艺术，这种取代更多地体现于权力的霸占与感官的奴役。

审美性情、审美情感也是审美权力的体现。甜美优雅的物象所产生的愉悦的审美感受是一种审美权力的蔓延、一种“润物细无声”的浸染，而悲剧与崇高感的生成则是另外一种审美权力的呈现：“作为一种恐怖，崇高逼使我们去欣赏顺从；它更像一种强制性的而非自愿的力量，它使

---

① ［美］道格拉斯·凯尔纳、斯蒂文·贝斯特：《后现代理论：批判性的质疑》，张志斌译，中央编译出版社 2001 年版，第 30 页。

② 骆冬青：《论政治美学》，《南京师大学报（社会科学版）》2003 年第 3 期。

我们胸存敬仰之心，而不是像美一样使我们产生爱。”① 审美权力的现实表现还应该体现在“美的概念是难的”，以及话语权掌握等方面，按照福柯的知识权力论这也是一种以话语权力为表征的审美权力。美存在于现象界和大众世界，但是它们却没有审美发言权。审美风尚以及被制造的审美误区就是审美权力作用的结果。在后现代状况下，美学不再局限于传统理论所设定的艺术领域，它渗透并蔓延到经济、政治、文化、日常生活的方方面面，体现出前所未有的“殖民化”。可以说，“每一个身体话语的美学乃是有关感性身体的政治学”②。

四、审美权力的两个范例

早期君主专制以镇压身体作为权力的象征，现代则是身体美学、身份政治、性别学的彰显和苏醒。作为对这一现象的呼应，下面将以日常生活审美化和共产主义社会的审美景观作为两个范例对审美权力做尝试性阐释。

日常生活审美化是审美权力蔓延滋生的现代表征，审美因素渗透到人的整个生活中，人不仅按照物质必然性并且也按照美的规律进行创造。③“审美思维方式的前提条件和原初模型，是内在于日常思维的异质复合体之中……审美体验也总是以某种形式出现于这一复合体之中。”④ 审美苏醒的大众时代，以审美体验和审美消费来表征某种价值与身份认同。事实上，就日常生活而言，并非什么新命题，我们可以开列出：胡塞尔、维特根斯坦、海德格尔、列斐伏尔、科西克、赫勒、德赛而托等一大批理论家的名字。而日常生活审美化，同样不是一个当下命题。⑤ 就陶渊明的田园诗学而论，其审美意识远不逊于今日，更不用说庄子的旷达与逍遥、孔子的温柔敦厚或墨子的非乐思想了。

日常生活审美化是一个在后现代思潮下被激活的命题。作为其理论来源之一的迈克·费瑟斯通的《消费文化与后现代主义》中，作者就将日常生活审美化界定为艺术向日常生活泛化、日常生活向艺术逆化、符号与图像深刻而广泛地渗透到当代社会日常生活结构的三个向度。其实，

① ［英］特里·伊格尔顿：《审美意识形态》，王杰等译，广西师范大学出版社 2001 年版，第 45 页。

② 傅其林：《美学与政治意识形态》，《文艺理论与研究》2002 年第 5 期。

③ 参见［苏］阿·布罗夫《美学：问题和争议》，凌继尧译，上海译文出版社 1987 年版，第 151 页。

④ ［匈］阿格妮丝·赫勒：《日常生活》，衣俊卿译，重庆出版社 1990 年版，第 115 页。

⑤ 参见陆扬《费瑟斯通论日常生活审美化》，《文艺研究》2009 年第 11 期。

英国唯美主义理论家佩特在其代表性著作《文艺复兴：艺术与诗的研究》中也传达了审美在日常生活中的权力特性。他说："美如同作用于人类经验的其他品质一样，是相对的，其定义越抽象，越无意义。尽可能用最具体而不是最抽象的术语来界定美，不是发现美的普遍公式，而是找到最充分地表现美的这种或那种特殊显现的公式，这是美学研究者的真正目标。……审美批评家把他所必须涉及的对象，即一切艺术品以及自然和人类生活中较优美的形式，看作产生快感的动力和力量，每一种都或多或少有其特殊的、独一无二的性质。对他来说，绘画、风景、生活或书本中的讨人喜欢的人物，就像我们说一种香草、一种葡萄酒、一块宝石时那样，都因为它们各自具有诗人产生特殊的、独一无二的快乐印象的特质而打动我们显得弥足珍贵。"① 日常生活审美化作为审美对象以及审美话语理论地带则具有革命性意义。

日常生活在现象学中同样受到重视，它与"生活世界"牵扯颇深。如现象学大师胡塞尔曾指出："最重要的事情……唯一现实的世界，现实地由感性给予的世界——我们的日常生活世界。"② 胡塞尔对日常生活批判的理论受益于马克思的异化说，他是要通过主观革命的方式变革现在的生活方式以及日常生活中的礼俗观念和思想意识，拯救出异化的、分裂的人性，进而实现人的解放，使人成为"全面的人"。日常生活中人之交往、社会之结构、国家之意识形态甚至权力表演中的审美性运用都难以提出审美思维。当我们联系康德在《判断力批判》中所认为的审美"有助于社会交往的内心能力的培养"③ 时，审美与权力的交织性就弥合难辨了。

日常生活审美是审美权力的体现，其从哲学走向了生活，从理性走向了现实。王元骧在《审美自由与人的解放——兼论马克思对德国古典美学的继承与革新》一文中认为德国古典美学的一个十分重要的思想是把审美看作达到个体与类的同一、实现人的自由解放的一条途径，并举康德、席勒作为例子，尤其是席勒，认为人通过审美既可从感性束缚又可从理性束缚中解放出来，达到人的两种本性的协调一致，从而使人获

① ［英］沃尔特·佩特：《文艺复兴：艺术与诗的研究》，张岩冰译，广西师范大学出版社 2000 年版，第 2 页。

② ［德］胡塞尔著，［德］毕迈尔编：《欧洲科学的危机与超越论的现象学》，王炳文译，商务印书馆 2001 年版，第 64 页。

③ ［美］安东尼·J. 卡斯卡迪：《启蒙的结果》，严忠志译，商务印书馆 2006 年版，第 48 页。

得真正的自由和解放。席勒认为审美是使感性的人成为理性的人的必要而唯一的途径，从而将审美与改造社会、改造人类的革命性目标联系了起来。[①]美“不仅关系到时代的鉴赏力，而且更关系到这个时代的需求。我们为了在经验中解决政治问题，就必须通过审美教育的途径。因为正是通过美，人们才可以达到自由”(《审美书简》第 2 封信)。而在审美与自由的相互关系中，自由的最终实现取决于审美。[②]

众所周知，“马克思许多重要的经济学范畴都蕴含着美学”[③]。社会的终极目标——共产主义更是一种审美化的社会形态。而“共产主义作为美学概念，只有通过政治变革和社会解放，美学才能繁荣”[④]。马恩权力的基调在《共产党宣言》中对资产阶级做了审美式批判：“资产阶级在它已经取得了统治的地方把一切封建的、宗法的和田园诗般的关系都破坏了。它无情地斩断了把人们束缚于天然尊长的形形色色的封建羁绊，它使人和人之间除了赤裸裸的利害关系，除了冷酷无情的‘现金交易’，就再也没有任何别的联系了。它把宗教虔诚、骑士热忱、小市民伤感这些情感的神圣发作，淹没在利己主义打算的冰水之中。它把人的尊严变成了交换价值，用一种没有良心的贸易自由代替了无数特权的和自力挣得的自由。总而言之，它用公开的、无耻的、直接的、露骨的剥削代替了由宗教幻想和政治幻想掩盖着的剥削。”[⑤]黑格尔连同整个德国古典美学都把实现人的自由与解放作为审美的目标，探求审美实现人的自由与解放成为德国古典美学的时代主题和历史使命。自由而解放的“个人全面发展”则是马克思的一个终极追求，也是他的人学的终极追求。在马克思看来，人的本质是“一切社会关系的总和”，人要获得与达到自由解放，就要克服现实关系中的种种异化，从而获得人的精神、感觉和审美能力的解放。就是在这个意义上，马克思把“审美境界的最终实现与消灭私有制、实

---

① 参见王元骧《审美自由与人的解放——兼论马克思对德国古典美学的继承与革新》，载刘纲纪主编《马克思主义美学研究》(第 1 辑)，广西师范大学出版社 1998 年版，第 96 页。

② 参见申扶民《康德批判哲学视野中的审美与自由》，《哲学研究》2008 年第 1 期。

③ Terry Eagleton, *The Ideology fo the Aesthetic*, Blackwell Publishers Ltd.,1990, p.208.

④ 方珏著，俞吾金主编：《伊格尔顿意识形态理论探要》，重庆出版社 2008 年版，第 140 页。

⑤ ［德］马克思、恩格斯：《共产党宣言》，中共中央马克思恩格斯列宁斯大林著作编译局译，人民出版社 1997 年版，第 30 页。

现共产主义联系起来”[①]。

在伊格尔顿看来，美学意识形态作为领导权的一部分，根本任务是“同意之组织”通过教会、学校、家庭、报刊等公共机构以作为手段塑造社会的伦理和行为习惯，塑造社会成员的顺从意识。审美是塑造制度所需要的成员的媒介。通过审美，权力结构转化为情感结构，也就造就了新形式的主体性，促成了新的人类主体的产生。[②]为了新的主体的内化功能，马尔库塞在《审美之维》中试图通过美的形式达到对现实的疏离和否定，进而实现自由解放。“人的审美解放成为人的历史使命，本能革命是审美解放的必由之路，本能结构的审美变革是把冥想、意象、诗意、激情重新引入人的感觉，发展出一个新的‘需要系统’，即从剥削的统治下解放出来的新感性”，同时，“审美造就了新感性，艺术是新感性的集中体现。新感性是在审美和艺术中实现的一种新的世界秩序，是对新世界的重建”。[③]马尔库塞改造了弗洛伊德的学说，认为只有通过审美彻底改造人性结构的深层中攻击性的本能，新的社会变革才会有深厚的人性基础。

《礼记·礼运》言：“故圣王修义之柄、礼之序，以治人情。”事实上，先秦道家思想是一种政治学说，为“内圣外王”的“君人南面之术”[④]，郭店楚简《性自命出》亦言：“道始于情。”礼仪之邦的政治蓝图是先哲们的审美追求。联系保罗·利科所言：“国家就是意味着导致共同意志和主体自由会合的东西。”[⑤]那么，“美的理想表达了对一个更幸福的生活，对在日常生活中被束缚着的人性、友善和互助的渴望，并以此超越于现存事物之上”[⑥]。

审美权力概念在于反驳人们对美的软绵绵的观念与和风细雨似的印象，强化审美作为“力”的特性，彰显审美的生活色彩和现实味道。审美权力的范畴性意义，以审美作为权力在意识形态、人的交往与行动、

---

① 王元骧：《审美自由与人的解放——兼论马克思对德国古典美学的继承与革新》，载刘纲纪主编《马克思主义美学研究》(第1辑)，广西师范大学出版社1998年版，第107页。

② 参见方珏著，俞吾金主编《伊格尔顿意识形态理论探要》，重庆出版社2008年版，第144页。

③ 王岳川：《当代西方最新文论教程》，复旦大学出版社2008年版，第262页。

④ 支运波：《秦汉道家：君人南面之术》，《民办教育研究》2009年第6期。

⑤ [法]保罗·利科主编：《哲学主要趋向》，李幼蒸、徐奕春译，商务印书馆1988年版，第94页。

⑥ 哈贝马斯：《启发性的批判还是拯救性的批判》，邓晓芒译，载刘小枫选编《德语美学文选》下卷，华东师范大学出版社2006年版，第364页。

支配与强制性力量几个层面反驳审美的玄思与抽象，给审美一些具体感。当然，审美权力既不是将审美与政治进行牵扯，也不是主张审美的功利观意图，它仅仅在于唤醒人们对于力量的审美以及审美中的力的地位，给审美一个更异质性的本质还原，同时试图激起具有锋芒的美学观念。审美的权力论既不是否定审美非功利性的地位与功能，也不是无视审美的其他维度，这里仅仅是强调审美的权力以揭开曾经被遮蔽的景观。“美学并非艺术的垄断者，因为具有风格的真实作品穿透了生活的全部。”[①]福柯认为“权力来自任何地方”，倘若如此，那么就不能忽视审美中内具的权力观。

第二节　电影的生命政治批评

作为20世纪最有影响的思想家之一，福柯在广泛的人文社科与艺术领域都产生了非凡的影响。然而却存在着一个比较吊诡的现象，那就是，福柯对人文社科与艺术领域的影响远远超过他在这些领域所阐发的理论观点。例如，虽然福柯就文学、音乐、绘画、电影等诸多艺术门类都做过阐发，但都没有就此形成一套独立的、专门的理论。福柯的电影批评尤其如此。一方面，福柯论电影稀少且被动；另一方面，他的电影评述又备受关注。而且，“福柯的著作都与他看的电影有关”[②]，并与电影批评之间形成了紧密的互文关系，不少概念为反思电影问题提供了富有洞察的见解（比如福柯的作者理论），他的告诫也在电影实践中多有体现。[③]可以说，福柯以多样的面孔在电影研究中存在着。

一、独异性的历史分析

和许多当代法国哲学家一样，福柯也爱电影、爱看电影。据说，曾经在巴黎高等师范学院时，他就经常去法国电影资料馆看电影。1975年，福柯还曾主持拍摄过一部根据《我，里维耶，杀害了我的母亲、妹妹和弟弟》改编的电影。但福柯关于电影的评论并不多，直接与电影相

---

① ［美］罗伯特·F.墨菲：《文化与社会人类学引论》，王卓君译，商务印书馆2009年版，第38页。

② ［法］帕特里斯·马尼利耶、道尔·扎班扬：《福柯看电影》“译序”，谢强译，华东师范大学出版社2017年版，第2页。

③ 参见［英］丽莎·唐宁、莉比·萨克斯顿《电影与伦理：被取消的冲突》，刘宇清译，重庆大学出版社2019年版，第187页。

关的访谈共九篇，都与《电影手册》(*Cahiers du Cinema*)有关。这些访谈大致可以从三个方面来看待。其一，福柯的电影评论与其著作之间存在潜在的紧密关系。比如，《皮埃尔·里维耶的归来》与知识考古学之间，《关于保罗的故事》与权力学说之间等。其二，福柯对电影哲学和电影评论有着深远影响。比如，福柯在 1974 年谈到的大众记忆，即电影在表现历史和质疑现实主义方面是电影理论中最常被引用的术语；[①]特别是，他的《什么是作者》所提出的作者论对电影拍摄产生了深远的影响；他和法国导演勒内·阿里奥合拍过的电影也间接启发了美国史学家怀特的"视听史学"概念的提出。其三，福柯的权力、圆形监狱、精神病学、装置、话语等许多概念长久以来始终规约着电影理论和电影批评。此外，福柯甚至还罕见地谈到了导演的问题。总之，就当时法国电影评论界而言，福柯被认为是一个事件，也"是一个经常性的、不可替代的重要参照"[②]。

福柯如何谈论电影呢？他首先是以历史分析切入电影评论。他的第一篇谈论电影的《反追溯》，开篇伊始就旗帜鲜明地强调了作为"视听历史"的电影与官方历史之间，以及福柯本人与其他历史学家之间历史分析观的差异，即"真实与虚假的生产"机制问题，这也是福柯历史分析和政治批评的核心观点。[③]作为《皮埃尔·里维耶的归来》的编导之一，福柯重在如何让历史发生，让日常生活的历史无意识重现。福柯认为电影不仅像文学和学校教育一样是政治装置的一部分，而且是一种"更有效的"装置方式和"大众记忆再编码的方式"，是一种包含了经验与知识的抵抗官方历史书写的更鲜活的"大众记忆"(mémoirepopulaire)。电影书写的大众记忆究竟是什么呢？福柯认为它"是那些没有权力书写、做出自己的书的人、那些没有权力编纂自己历史的人，这些人同样有一种方法可以记录历史、展开回忆、依靠它生活并使用它"[④]。再通过对《拉孔布·吕西安》《午夜守门人》《悲哀与怜悯》的分析以及编导电影的经验，福柯重申了电影具有重现历史的存在模式上的价值与意义，在质疑官方

---

① Shekhar A. Deshpande, *Historical Representations in the Cinematic Apparatus and the Narratives of Popular Memory*, Ph.D., Southern Illinois University, 1991, p.22.

② [法]帕特里斯·马尼利耶、道尔·扎班扬：《福柯看电影》，谢强译，华东师范大学出版社 2017 年版，第 59 页。

③ Graham Burchell, Colin Gordon and Peter Miller, *The Foucault Effect: Studies in Governmentality*, Chicago: The University of Chicago Press, 1991, p.79.

④ [法]米歇尔·福柯著，汪民安编：《声名狼藉者的生活：福柯文选 I》，北京大学出版社 2016 年版，第 246 页。

历史自明性的基础上凸显了电影在历史分析、政治批评上体现的独异性（singularity）价值，以此获得自身书写历史的特殊美学。

事件（event）是福柯明确承认的研究兴趣。就电影与事件而言，福柯不仅认为电影是由一系列事件构成的，而且事件问题还居于他电影研究的核心位置。[①] 九篇关于电影的论述，涉及民众记忆、情色、权力与爱、精神病院、农民的悲剧、激情以及纳粹，涉及电影实践与书写的哲学，福柯是在寻找另外一种书写历史的方式，是一种在线性叙事策略之外的"事件化"历史书写。这至少传递出电影与历史的政治关系、与存在的影像美学关系和作为艺术的表现策略这三重批判的形而上学。

福柯一开始对事件的初步见解就来自其批判话语理论，只是到了1970年在日本做的演讲中，开始将事件与变化相提并论。在1978年的《方法问题》（*Questions of method*）访谈录中，才最终予以详细阐释。何谓事件化（eventalization）呢？福柯指出："我说这个词是要表达什么意思呢？首先是对自明性的反抗。……其次，事件化意味着重新发现连接、遭遇、支持、阻塞、力量与策略等在某个特定时刻建立了随后被视作自明、普遍与必要之物的情形。"[②] 也就是说，事件化是抵抗现有的自明性，以及再自明化的美学。

再者，事件还有一个重要属性，即"事件是一种独异性"[③]。对于事件化的第一功能，福柯认为其中一个显著特征是"使独异性变得可见"[④]。在这里，福柯是在"突出"（salients）的意义上理解独异性的。这也是福柯审视电影这门艺术的一个基本纲领，以及与其他电影批评家所不同的地方。不管是赋予电影优于文学的大众记忆编码效度，还是摄影机完成的对身体不可见性的发现与开发（《萨德，性的教官》）；不管是重申电影对于精神病院的完美呈现（《关于保罗的故事》），还是导演阿里奥对电影的高超驾驭；也不管是电影对于"二战"前后政治历史的复杂关系，抑或是电影如何参与了现实历史的再自明化，福柯都是在作为事件化的独异性上审视电影的真假生产机制和作为批判美学的。这是看待福柯电影批评理论一个不可忽视的、非常关键的要点。

---

① 参见［法］帕特里斯·马尼利耶、道尔·扎班扬《福柯看电影》，谢强译，华东师范大学出版社2017年版，第100页。

② 转引自刘阳《事件思想史》，华东师范大学出版社2021年版，第81页。

③ Clayton Crockett, *Derrida After the End of Writing: Political Theology and New Materialism*, New York: Fordham University Press, 2018, p.100.

④ Graham Burchell, Colin Gordon and Peter Miller, *The Foucault Effect: Studies in Governmentality*, Chicago: The University of Chicago Press, 1991, p.76.

二、生命政治的批评范式

在《方法问题》中，福柯特别重申了事件思想的“理论—政治功能”。而在电影中，福柯则发现了电影的生命政治属性，从而贡献了当代电影批评的新范式。

在《反追溯》中，福柯畅谈了该如何理解电影。对此，他指出了电影在记录和展现生命上所具有的特权：权力装置管制下的“声名狼藉者”（没有权力的大众）利用了电影这种记忆再编码的方式去“记录历史、展开回忆、依靠它生活并使用它”，[①] 去抵抗生命政治的部署，而这些“微不足道的生命”也有着“诗样的生活”[②]；电影具有“教导民众”的社会历史目标，主张“应该占有这个记忆，规训它，支配它，告诉人们必须回忆什么”[③]，以重塑大众感知，从而实现历史的再自明化。

对于大众记忆，福柯暗示电影作为一种装置对压制性功能的挽救，即它与大众记忆构成了同一性。在面对制度权力和文化机构的表征时，那些表达制度内大众记忆的电影不仅不再是被压制的档案，相反还是制度性话语的一部分，从而失去了它在大众记忆中的地位，特别是对于那些处于权力管治下的无名者、声名狼藉者而言，电影不再主要是为权力者服务的，而是成为被压制者的代表，并赋予了一种话语能力和文化合法性。这样，福柯使大众记忆复杂化的处理方式与他对于事件独异性的看法形成了一致。

福柯对于绘画（《词与物》中委拉斯凯兹、玛格丽特和马奈等人的作用）可见性与不可见性之间的变革性分析，也自然被其运用到电影批评中。比如，福柯反对只是在人物呈现的可见性上理解电影的可见性（《关于玛格丽特·杜拉斯》）；又如，福柯从摄影机视角出发所看到的身体的政治与美学新机制（《萨德，性的教官》）；再如，对精神病院中隐秘精神和导演视角的别致论述（《关于保罗的故事》《皮埃尔·里维耶的归来》）；等等。我们认为福柯在为数不多的几篇电影访谈中，多方面地呈现了电影在记录生命、书写记忆、呈现隐秘经验、塑造感知和抵抗美学，

① ［法］米歇尔·福柯著，汪民安编：《声名狼藉者的生活·福柯文选Ⅰ》，北京大学出版社 2016 年版，第 246 页。

② ［法］米歇尔·福柯著，汪民安编：《声名狼藉者的生活·福柯文选Ⅰ》，北京大学出版社 2016 年版，第 294 页。

③ ［法］米歇尔·福柯著，汪民安编：《声名狼藉者的生活·福柯文选Ⅰ》，北京大学出版社 2016 年版，第 248 页。

以及电影本身作为一种治理装置的生命政治学。

根据福柯的看法，生命政治是资本主义社会最重要的东西。一般而言，生命政治作为一种管治和正常化的权力技艺作用于我们的行动，并在身体和人口两个维度上发挥着不同的作用。就身体而言，生命政治感兴趣的是利用、增强和分配、能量的调节功能；就人口而言，它强调的是关于出生率、死亡率、健康水平和预期寿命的调节与生产，以及影响这些变化的条件因素。总之，它是一种生命被纳入计算之后的管治技术。而电影的生命政治框架支持了这样一种认识，即电影既是国家管治的工具，又是抵抗的载体，并在整体上遵循着类似于生命政治的运作机制与政治美学的逻辑。

其实在电影诞生之前的摄影术就与创造关于生命知识的需求紧密交织在一起了。一开始，为了在胶片上记录影像，摄影术依赖于将人的运动分解成有固定间隔的静态图像从而形成了电影帧（film frams）。后来，在 19 世纪 90 年代形成了可以随着运动物体的轨迹进行图像拍摄的技术。最早电影摄像机（1895）的名字——vitascope（美国）、biopgraph（德国）和 animatograph（英国）——都追随了西方原始电影光学设备的脚步，同时做出了一个强有力的声明：电影将捕捉或制造生命本身，这指出了电影反映和创造生活（life）方面的特殊作用。[①]

显然，这种图像技术一开始是为了分析生物运动而设计的，后来又被运用到内窥镜、超声波以及诸多当代科学成像技术中。所以，正如人们现在所看到的那样：科技与影像始终是生命政治所关注的核心领域。由此可见，电影诞生伊始就与生命相关。或者说，它是一种观看与书写生命的机械装置。当然，早期对电影的描述大多倾向于将技术与生、死和哀悼问题联系起来。而电影理论、电影哲学也倾向于一种对生命的反思和抵抗美学。[②] 可是吸引人的地方还在于：我们不禁要问，生命政治批评与事件的独异性之间究竟存在怎样的关联呢？

当代西方曾有些学者指出了电影生命政治学的内涵。他们认为，“电影可以被理解为生命政治。因为，在这个意义上，它通过一种技术设备直接将生命过程记录下来，然后再将它们放映出来。被理解为生命权力的电影将强调这些电影过程是作为捕捉的过程，通过这种方式，表演者、

① Deborah Levitt, *Zoetropes: Cinema, Literature, And The Modernity Of The Living Picture*, Ph.D., University of Southern California, 2004, p.17.

② Louis-Georges Schwartz, “Cinema and the Meaning of ‘Life’ ”, *Discourse*, Vol.28, No.2, 2006, pp.7–27.

技术人员和观众的活的身体直接被捕获在一种特定的技术装置中，甚至在生产和消费快乐的过程中（也可视为一种生活政治）。然而，对电影做全面的生命政治分析，则必须把它视为一个冲突的场所：一方面是身体的欲望和创造力，另一方面是它们被技术捕获”[①]。但是，现代政治作为一种生命政治，其管治逻辑是消除差异而制造统一性的主体。对此，如同福柯把死亡政治与生命政治视为一枚硬币的两面一样，从而杜绝了独异性主体，或者以自我关怀的修养方式回避了主体的权力遭际；而意大利著名思想家阿甘本则发挥了生命政治中死亡的极端时刻，用赤裸生命（bare life）杜绝了生命中独异性存在的可能。包括，吕克·南希对独异性三个“区别性特征”——独特、好奇和显露[②]的概括都共同支持了“独异性抵抗生命政治”[③]的立场。这种主体独异性的缺失进一步彰显了以生命政治进行电影批评的理论突围与思想张力。

三、作为异托邦的差异政治

电影的生命政治批评直接由福柯开启。尽管，电影的生命政治研究作为电影理论中新近出现的前沿研究至今还没有被充分展开[④]，但这一批评范式所开启的空间是巨大的。可以说，“绝大多数以叙事为驱动的政治电影都是生命政治电影”[⑤]。然而，从生命政治角度看待电影究竟意味着什么呢？福柯对异托邦（Heterotopia）的阐述，以及对权力作为视听媒介的强调或许在某种程度上可以解答这一疑惑。

福柯在三个场合概述了异托邦概念，之后再未论及。第一次是在1966年《词与物：人文科学考古学》的“前言”中提到异托邦，这时候是用来指涉扰乱句法规则和人心的独异性安排，并且在语言学上与虚幻的乌托邦做了区分；第二次是在同一年的关于乌托邦与文学系列主题的

---

① Michael Goddard and Benjamin Halligan, “Cinema, the Post-Fordist Worker, and Immaterial Labor: From Post-Hollywood to the European Art Film”, *Framework: The Journal of Cinema and Media*, Vol.53, No.1, 2012, p.173.

② Jean-Luc Nancy, *The Sense of the World*, Trans. Jeffrey S. Librett Foreword by Jeffrey S. Librett, Minnesota: University of Minnesota Press, 1997, p.71.

③ IllanRua Wall, *Human Rights and Constituent Power: Without Model or Warranty*, New York: Routledge, 2012, p.127.

④ Michael Goddard and Benjamin Halligan, “Cinema, the Post-Fordist Worker, and Immaterial Labor: From Post-Hollywood to the European Art Film”, *Framework: The Journal of Cinema and Media*, Vol.53, No.1, 2012, p.175.

⑤ Matthew Holtmeier, “The Modern Political Cinema: From Third Cinema to Contemporary Networked Biopolitics”, *Film-Philosophy*, No.20, 2016, pp.303–323.

电台广播中，他以比较有趣的方式谈论了异托邦；第三次是在 1967 年 3 月 14 日建筑研究会上发表的演讲《另类空间》(*Des Espaces Autres*) 上，英译为《另类空间》(*Of Other Spaces*) 或《差异空间》(*Different Spaces*)。这三次论述，第一次主要针对的是文本空间，还没有论及异托邦的空间性；第二次是在一个大约 12 分钟的简短广播中，但与第三次的演讲直接相关；第三次就是针对社会空间所论述的异托邦生产的差异空间政治。

异托邦（heterotopia）这个词来自希腊语 heteros（另一个），以及 topos（地方），它是在一个宽泛的类型学中被用来从“乌托邦”中区分出位置化（emplacemnet）。异托邦最初是一个医学术语，是关于解剖学研究的，指身体（器官或组织）部分的错位、缺失、突出，或者像肿瘤那样。[①] 通常，异托邦指的是一种特殊的组织，在不同寻常的地方发育。这些组织并没有病变或存在特别危险，只是被放置在了其他地方，形成了脱位。[②] 显然，福柯在《另类空间》[③] 中对这一概念做了创造性阐发。

在该文中，福柯首先考察了空间转向，认为在 19 世纪，时间是人们感知世界的原则，因而也是哲学家们关注的焦点。到了 20 世纪，空间则成了人们的存在方式。在揭示空间取代时间的转换中，福柯也指出了空间概念从中世纪等级化的定位空间到伽利略开启的广延性空间，再到当前定位（emplacement）空间的伴随着时间的空间史。接着，福柯从巴什拉的《空间诗学》出发，强调当代的空间诗学不是同质的、虚空的空间，而是关系的空间；强调他所关注的并非巴什拉的内部空间，而是域外空间、异质的空间和空间的政治。在描述他称之为异托邦学的六个特征时，一口气列举了度假岛、墓地、咖啡馆、走婚旅馆、精神病诊所、剧场、电影院、花园、集市、博物馆、图书馆、浴室、美国汽车旅馆等许多互不相干的空间形式，福柯似乎是在用这种方式强调异托邦的暧昧、吊诡、独异与生产性的域外空间差异政治学。

福柯认为异托邦是一些特殊空间，在其中社会所促成的一系列关系被暂时中止，以确保社会自身的运转和稳定。它们是使社会成为可能的内在差异。异托邦暂时建立了一个不同的世界和不同的时间性，它们最

---

① Trevor J. Barnes, “Placing Ideas: Genius Loci, Heterotopia And Geography’s Quantitative Revolution” , *Progress in Human Geography*, Vol.28, No.5, 2004, pp.565–595.

② Peter Johnson, “Unravelling Foucault’s ‘Different Spaces’” , *History Of The Human Sciences*, Vol.19, No. 4, pp.75–90.

③ 参见［法］福柯《另类空间》，王喆译，《世界哲学》2006 年第 6 期。

终稳定了现实世界的时空安排。福柯提到的所有异质空间都具有这种再次位置化和再次正常化的政治逻辑。无论是度假村、监狱、收容所，还是寄宿学校，如果说，异托邦是指那种以截然不同的方式重新排列、指向新的可能性的地方的话，那么重新排列的又是什么呢？毫无疑问，福柯研究空间的安排形式及其历史是为了理解生活在空间中的生命形式和"生命的本质"[①]。福柯认为如果空间是任何形式的公共生活的基础，那么空间也必须是所有权力行使的基础。他似乎时刻在提醒人们这些异托邦对于社会的政治功能，抑或是一种思维方式。

在这些异托邦中，福柯自然也提到了电影。他认为电影在二维屏幕上看到了三维世界的投影。电影类似于镜子，人们在镜子中看到了自己，意识到自身的空间—社会地位，以及自身的世俗存在。[②] 福柯用镜子的譬喻来阐述异托邦的特性，同时论述了再现和真实之间的映射、反馈关系，以及主体通过异托邦的空间化往返凝视而重塑的政治效果。观看电影的人会暂时忘却自我及其日常生活，迷失在屏幕中，只是为了重新发现自我和自我的真实世界。无论在社会秩序之内还是之外，电影既是满足愿望的地方，也提供了颠覆、异质和过渡的可能，它既受制于现实，又与正常化相干，作为正常化的工具与抵抗的可能形式。

福柯在《另类空间》中一直贯彻了某种意识形态观念。或许与此相关，即大卫·哈维才指责福柯说："福柯的异托邦空间假定了它是以某种方式在主流社会秩序之外的，或者，它们在这种秩序的定位可以被分割、削弱，或者像监狱里那样，从内部反转。它们被理解为绝对空间。因此，异托邦内部不管发生了什么事，都被认为具有颠覆性的，具有激进的政治意义。"[③]

作为一种异托邦形式，电影在使某种社会空间变得可见的同时，它自身又是某种特殊的空间，以保证社会的运作和稳固，并促使社会的一系列关系被暂时搁置，从而最终稳定了现实世界的空间安排。福柯提到的所有异托邦也都有一种恢复性的、正常的逻辑，它们在空间、时间上孤立地终止正常秩序的同时对于强化秩序也有着至关重要的作用。也就

---

① Trevor J. Barnes, "Placing Ideas: Genius Loci, Heterotopia And Geography's Quantitative Revolution" , *Progress in Human Geography*, Vol.28, No,5, 2004, pp.565–595.

② Lorenzo Fabbri, *Beyond Neorealism: Cinema, Biopolitics, And, Fascism*, Ph. D., Cornell University, 2014, p.54.

③ David Harvey, *Cosmopolitanism and the Geographies of Freedom,* Columbia: Columbia University Press, 2009, p.160.

是说，福柯关注的是异托邦的政治性。在《反追溯》中对龙达勒这个人物的第三维度的解读，在与卡内关于阿里奥的访谈中所谈到的里维埃事件，在《萨德，性的教官》中对弗洛伊德主义与萨德主义的区分，在《关于保罗的故事》中对精神病院的阐释，如此等等，福柯在电影中所关注的无不是异托邦的差异政治。显然，电影在再现历史、重构大众记忆方面对福柯而言具有重大潜力。可以说，电影是由各种各样的意识形态、政治话语所构成的历史组成的。因此，电影是历史再现的必要工具，它挑战主流意识形态规范和权力，而且电影也在另一方面塑造了大众感知。

如同用玛格丽特的绘画阐释了艺术何以是异托邦而非乌托邦一样，福柯也用异托邦解释了电影艺术的本质属性之一，他对电影的关注与他对一些微不足道的生命、边缘地带和隐秘经验的兴趣相一致，在将其纳入知识与权力的装置中的政治诉求一脉相承。按照德波的看法，景观是现代社会国家管治的最重要的工具，而电影则是一种最明显的景观影像。福柯的生命政治框架支持了这样一种认识，即电影既是国家意识形态的工具，又是抵抗的载体；既作为国家管治图谱中的文化记忆，又形塑大众感知；既是一种乌托邦，又是一种真实的空间，在现实与虚幻之间充当异托邦的绝对差异政治。而异托邦不仅是物体存在和事件发生的地方，还是权力、管治和惩戒发生的一个要素。

生命政治的逻辑是以算法逻辑生产出顺从的、无个性的统一体，个体性的行为接受一整套与正常化相关的知识体系、科学技术与价值观进行实践，因此，生命政治可以说是关于生命的一系列规范化权力与技术。而独异性（singularity）是指“主体的唯一性，这种唯一性是通过‘我们’（普遍性）而产生的，但无法在‘我们’中被捕获、被包含或被理解”[①]。它解答了生命政治中主体性与普遍性（我与我们）对立的矛盾问题。按照吕克·南希的观点，独异性是一种差异唯一性，每个独异性都各不相同，同时又共享一般性，每个个体都处于普遍化的逻辑中。[②]福柯用电影对此做了很好的注脚，传达了他对于电影这一艺术特质与美学的当代理解。

---

① Sarah Sorial, *Heidegger and the Problem of Individuation: Mitsein (Being-with), Ethics and Responsibility*, Ph.D., UNSW, Australia , 2005, p.89.

② IllanRua Wall, *Human Rights and Constituent Power: Without Model or Warranty*, New York: Routledge, pp.124–125.

第三节 影像的政治与伦理

一、政治对影像的介入

这里想要阐明的是电影的阿甘本与姿态（gesture）论[①]的阿甘本之间存在一种怎样的关系。因为，如果从阿甘本的潜能（profanations）观来看，并不存在像大多数学者所认识的那样：在阿甘本的思想中发生了从美学向政治哲学的转变。也就是说，阿甘本从来都不曾离开过美学、艺术领域，他始终都致力并驻足于“生命诗学”的沉思。其实，从他儿时居于罗马，他的父亲就经营一家电影院，到他早期对诸如德波等一些马克思主义者的评论，特别是在《诗节》（1993）、《散文的观念》（1995）、《诗的终结》（1999）、《潜能》（1999）和《亵渎》（2007）等一系列文本中，都较清晰地浮现出阿甘本对于电影理论有着一以贯之的浓厚兴趣。不仅如此，阿甘本还直接写过一些关于电影的文章。比如，《关于姿态的笔记》（1992）、《区别与重复：居伊·德波的电影》（1995）、《电影史上最美的六分钟》（2007），以及《宁芙》（2007）等。尽管这些文章大多比较简短，但却“在电影研究和视觉文化研究领域也已经获得了罕见的注意”[②]。

另外，作为“姿态”论的集大成者，倘若从他思想中的这个核心词来看，阿甘本又处于由多条思想路径构成的交汇之处。这些路径分为四条：第一条路径存在于从意大利舞蹈学家的多梅尼科的“魅像”到本雅明的“辩证影像”中，第二条路径存在于布莱希特、本雅明到德勒兹以姿态论的戏剧和电影中，第三条路径存在于亚里士多德的实践与行为、瓦罗的“做”（facere）与“作”（agree）的区分中，第四条路径可以看作存在于亚里士多德到福柯的生命政治脉络中。毫无例外地，阿甘本的姿态论恰好体现了他思想的“马赛克”特征。而他从姿态观出发，阐述电影的思想在电影领域一度被奉为“现代理论的一次重大事件”[③]。

这让我们想起了本雅明对布莱希特戏剧理论价值与思想贡献的经典

---

① 该词或译为“姿势”。本书在引文时遵从引文处的翻译，非引文处一律采用“姿态”译法。

② Henrik Gustafsson, AsbjørnGrønstad, *Cinema and Agamben: Ethics, Biopolitics and the Moving Image*, London: Bloomsbury Academic, 2014, p.2.

③ Henrik Gustafsson, AsbjørnGrønstad, *Cinema and Agamben: Ethics, Biopolitics and the Moving Image*, London: Bloomsbury Academic, 2014, p.121.

定位。本雅明将布莱希特的戏剧理论比肩于亚里士多德。本雅明说，布莱希特“引入的戏剧学是非亚氏的，这正如黎曼引领的数学理论是非欧几里得式的那般”[①]。显然，本雅明在这里绝不是指布莱希特的陌生化理论，而是指由他在亚里士多德所开创的情节与主题范式之外，贡献的第三个原创范式——姿态——一种有别于美学的政治诗学范式。众所周知，本雅明自己也毫无争议地置身于这一特异领域之中。继而，在戏剧之外，延展至电影领域，德勒兹以及阿甘本接过了他们的理论遗产，并拓展了属于自己的理论领地。那么，一个紧要的学术问题就不可避免地摆在了我们面前，即阿甘本的姿态论电影究竟言说了什么，它的革命性意义又在哪里？

二、影像何以是生命政治的？

表面上看，从阿甘本主要论述电影的文本中去提炼和概括他的电影理论似乎并非难事。因为，如同上文中我们所提到的那样，阿甘本直接论述电影的文本简短而稀少。简言之，《关于姿态的笔记》可以说是基于近代资产阶级姿态丧失与现代影像作为拯救方案的一个系谱学研究，《区别与重复：居伊·德波的电影》可以说是把居伊·德波的电影实践作为一种新的伦理—政治的实例，《电影史上最美的六分钟》极尽简练地提出了如何对待影像的空无问题，而《宁芙》则通过设喻影像为某种介于人类与动物之间的存在以此激活影像的生命属性。显然，这远远没有解答对于阿甘本杰出电影理论的追问，也没有呈现阿甘本电影理论的基本面貌，或者说阿甘本的电影理论绝非如此简单。

众所周知，阿甘本思想有两个重要来源：一个是海德格尔，另一个是本雅明。但学界对本雅明的思想是让阿甘本“从海德格尔思想中存活下来的解毒剂”的看法存在严重误读。这并不是说本雅明稀释海德格尔的影响，反而是更进一步强调了阿甘本的海德格尔浸润之深。可以说，阿甘本在《语言与死亡》中对自己的哲学目的——“解决人的无根基状态”的概括，也正是海德格尔存在本体论哲学之旨趣的直接延续，而他对海德格尔思想之伟大创新之处的界定“完全以事实性（facticity）为根基”[②]，用在他身上也再恰当不过了。阿甘本也是与人的事实性生命相联系

① ［德］瓦尔特·本雅明：《无法扼杀的愉悦：文学与美学漫笔》，陈敏译，北京师范大学出版社 2016 年版，第 180 页。

② ［意］吉奥乔·阿甘本：《神圣人：至高权力与赤裸生命》，吴冠军译，中央编译出版社 2016 年版，第 202 页。

去看待电影的。他认为在所有的生物中，唯独人类明知电影是虚假与空无的影像却依然乐此不疲，而且，“影像还是人类的最终成分”①。以此出发，阿甘本提出了自己对于电影的总看法，即电影是姿态的。这也是他所绘制的新的电影理论的总纲领，其内容包括电影的元素是姿态而非影像、电影诞生于姿态领域以及电影的本质是姿态这三个方面。

电影的元素是姿态而非影像，是《关于姿态的笔记》主要阐述的一个观点。阿甘本首先在现代性背景中考察影像，而现代性被认为“是一个运动影像的时代”②，延续了德勒兹的电影理论遗产。但阿甘本更加强调了影像的辩证法：“一方面，影像是对姿态的具体化和消除；另一方面，影像又使动能得到完好的保存。前者相应于意愿记忆所捕获的回忆，而后者则相应于非意愿记忆显像当中闪现的影像。”③也就是说，静态化影像与动态性姿态保存于相互作用的力学场域中，既蕴含了真正的现代生命范式——时间，这个“有待于我们去理解的影像的生命”④，也蕴含了现代政治范式——姿态，这个“纯粹手段的领域”⑤，并且在两者行止的张力中传达生命之中“我们无法道出的很多东西”⑥，而“电影及其装置的权力就是将影像从它的僵化状态中解放出来并将其转换到姿态中去”⑦。

电影诞生于姿态领域是阿甘本在收录于《宁芙》之中的《为了电影的伦理》一文所提出的。在此文中，阿甘本认为在具有个性经验的个体与抽离了多样性的类型之间的区域是被由面具填充的剧场填充的。在这个混杂的存在空间，具有鲜活身体的日常生活中的人，即所谓的演员，与艺术家塑造的角色相遇时，就不得不悬置自我而就范于角色的诸多规范。因此，演员也就“戴上了一个面具（人格面具），这个面具标志着他上升到一个更高阶的生命，从而摆脱了个体实存的兴衰荣辱”，进入一个

① ［意］吉奥乔·阿甘本：《宁芙》，蓝江译，重庆大学出版社 2016 年版，第 78 页。

② Pasi Väliaho, “Simulation, Automata, Cinema: A Critique of Gestures”, *Theory & Even*, Vol.8, No.2, 2005, pp.38–53.

③ ［意］吉奥乔·阿甘本：《无目的的手段：政治学笔记》，赵文译，河南大学出版社 2015 年版，第 73 页。

④ ［意］吉奥乔·阿甘本：《宁芙》，蓝江译，重庆大学出版社 2016 年版，第 6 页。

⑤ ［意］吉奥乔·阿甘本：《无目的的手段：政治学笔记》，赵文译，河南大学出版社 2015 年版，第 81 页。

⑥ ［意］吉奥乔·阿甘本：《宁芙》，蓝江译，重庆大学出版社 2016 年版，第 10 页。

⑦ Benjamin Noys, “Gestural Cinema? Notes On Two Texts by Giorgio Agamben”, *Film Philosophy*, Vol.8, No.22, 2004 (see: www. film-philosophy.com/vol8-2004/n22noys. html).

由“个体意识和角色被捏合在一起”的“无区分区域之中”。[①] 这时，它便超越了美学领域而进入伦理—政治领域，即电影也就降临了。

电影的本质必须关涉阿甘本学术研究的方法论，即一种考古学的方法，方能得以阐明。因为，阿甘本一贯坚持并始终相信：只有通过追溯思想观念的谱系，阐述出那些隐而不显的未言（non-detto）部分并进而将其主题化时，才能实现人文学科的真正原创性。姿态论，不仅没有例外，而且还贯穿了他的双重考古学。具体而言，就是他在姿态的原始起源处——语言中去探寻那些被遮蔽的意涵，又将电影置于姿态之所去探求电影未曾言明的东西。站在电影的角度，我们可以说：“阿甘本联系于语言谈论姿态——这里更显著的——是联系于电影。”[②]《关于姿态的笔记》也同时被认为是阿甘本关于“电影的生命政治学谱系”的宣言，在姿态以及生命政治等多个方面都显示出它是通向电影的考古学方法。

阿甘本将姿态置于一种“前语言”的地位去谈论姿态，而在姿态中被谈论的其实是一种语言，即“语言的另一面，是内在于人类语言能力的喑哑，是它（语言）寓居在语言中的无言”[③]。或者说，它是语言的空无与塞口。但即使是无言，它也和语言一样是人类身体活动的一部分，和语言一样是人的交流性的一部分，只不过它又从语言的交流延伸到身体的行为交流而已。由此，阿甘本借用瓦罗和亚里士多德关于做（facere）与作（agree）、生产（produce）与实践（action）的区分，认为姿态并非上述之行为，而是承受（endure）或维持（support），即一个“持续和维持着”的特殊领域。从目的与手段的关系上看，姿态既不是无目的有目的的手段，也不是无手段的目的，它是手段本身，是手段的可见性。这样，姿态便敞开了我们“在—媒介—中—存在”（being-in-a-medium）的事实性生命。如此，姿态将我们置于媒介的王国。在电影中，什么都没做，什么也都没被表现，姿态只是一个媒介，在其中，与其说为了展示一个包含内容的作品，倒不如说是展示它的可交流性、它的媒介性。

电影的姿态语言并不区别于言说语言，而是作为同样交流性的一部分。语言从口而出，它是身体的一部分，它有说和做，或什么也不做的潜能。这样，语言就将我们限定在潜能内。以此推论，电影便框定了身

---

① ［意］吉奥乔・阿甘本：《宁芙》，蓝江译，重庆大学出版社 2016 年版，第 90—95 页。

② Elizabeth Cowie, “The Time Of Gesture In Cinema And Its Ethics” , *Journal for Cultural Research*, Vol.19, No.1, 2015, pp.82–95.

③ ［意］乔吉奥・阿甘本：《潜能》，王立秋、严和来等译，漓江出版社 2014 年版，第 253 页。

体的交流性（communicability）。阿甘本借用海德格尔的说法，认为“电影是姿态集置（Ge–Stell）的装置（apparatus）”[①]，像语言的物质外壳一样，其姿态身体展示了存在的物质形式。“电影姿态在其纯粹形式上，既非演员的内在生命（inner life）的表达，也不是导向目的的行为（封闭的叙述），而是联系于以身体的限度和可能为媒介的存在的展示。”[②]

三、如何阐释影像的生命政治

阿甘本以姿态谈论电影的观点，不可否认，多多少少有些“反直觉”[③]。那么，阿甘本论述的作为姿态的电影究竟如何来理解？在《作为姿态的作者》中，阿甘本说：“如果我们把在每一个表达行动中保持不被表达状态的东西称作‘姿势’的话，那么，我们就可以说，确切地说，和污名一样，作者在文本中仅作为姿势而在场，而这个姿势，恰恰是通过在这个表达内部建立表达的空无来使表达成为可能的。”[④]也就是说，电影挪用了影像，但它本身既不生产什么，也不表演什么，更没有在影像那里建立某种东西，而是在影像的挪用过程中隐退了自身，或者说其根本作用只是维持了影像的重复与中断而已，这是其一。

其二，阿甘本认为电影存在于蒙太奇的两个先验条件——重复与停止中。重复是借助激活携带了记忆与事实性内容的回归而带来了潜能，同时使现实与可能之间既能够实现相互转化，又“开启了一个不可判定的性的区域”，而这“其实就是电影的定义”[⑤]；停止，即本雅明所称的“革命性的中断”，它是电影区别于其他叙事艺术的特征，也是电影从叙事艺术中抽离并展示自身的手段，以实现“影像与意义之间被延长的停顿”[⑥]。电影以这两个先验条件完成了拯救任务，可它却并没有在影像表达中消失自身，反而是作为“纯手段”，即一种媒介更加变得可见了，也就是说电影完全是一种姿态。

---

① Henrik Gustafsson, AsbjørnGrønstad, *Cinema and Agamben: Ethics, Biopolitics and the Moving Image*, London: Bloomsbury Academic, 2014, p.90.

② Janet Harbord, *Ex-centric Cinema: Giorgio Agamben and Film Archaeology*, New York: Bloomsbury Academic, 2016, p.86.

③ Henrik Gustafsson, AsbjørnGrønstad, *Cinema and Agamben: Ethics, Biopolitics and the Moving Image*, London: Bloomsbury Academic, 2014, p.103.

④ ［意］吉奥乔·阿甘本：《渎神》，王立秋译，北京大学出版社 2017 年版，第 110 页。

⑤ ［意］吉奥乔·阿甘本：《区别与重复：居伊·德波的电影》，载张一兵主编《社会批判理论纪事》（第 7 辑），南京大学出版社 2014 年版，第 278 页。

⑥ ［意］吉奥乔·阿甘本：《区别与重复：居伊·德波的电影》，载张一兵主编《社会批判理论纪事》（第 7 辑），南京大学出版社 2014 年版，第 279 页。

其三，为了更好地理解电影的姿态性，阿甘本常常举色情明星的例子来说明。比如，在《亵渎》中，阿甘本举了一个努力将自己装扮成艺术表演者的色情明星的例子，他阐述道："但与模仿肉体的享乐……相反，她假装和显露的……却是最绝对最完全的冷漠，是最恬淡寡欲的镇静自若。……对她的搭档……也对他的观看者……尽管她意识到自己暴露在（观看者的）目光之下，却没有（表现出）与他们（观看者）的一丝一毫的合谋。她无表情的脸打破了生活经验和表达领域之间的一切关联；它不再表达任何事物而只是把自身展示为一种没有表达迹象的场所，展示为一种纯粹的手段。"[①] 这样的例子，在本雅明那里也并不鲜见。在《纪念弗兰茨·卡夫卡十周年忌日》之第一部分"波将金"和第四部分"桑丘·潘萨"中讲述的两则故事，同样出人意料地呈现了姿态的符码。

其四，姿态联系于身体并与历史形成契约关系，但却不沉迷于身体，而是打碎与瓦解了经验的身体走向处于动态性的公共空间中。阿甘本说电影是姿态而不是影像，透露出姿态领域是"从与某个目的的相对性中解放了自身而又仍保持为手段的那些手段所构成的领域"[②]，是从私人领域进入公共领域，从主体的感性经验带向符号景观的生命"不断处于成为的过程"[③]。因此，姿态便允诺了"人类在媒介中存在"，同时向人类敞开了一个政治—伦理空间，进而召唤我们去解蔽部署在身体及其生命上的生命政治机制。换句话说，另外一个重要问题——阿甘本姿态的价值与贡献是什么便自然地被提出来了。

德勒兹在他的电影学重要理论著作《电影 2：时间—影像》中认为："姿态这个概念是由布莱希特创立的，并把它变成一个不受情节或者'主题'限制的戏剧灵魂。"[④] 布莱希特原创性地贡献了姿态的戏剧理论范式，并且赋予它社会和政治内涵。本雅明直接受惠于布莱希特，同时提出"叙事戏剧是一种姿势性的戏剧"的观点，并认为"我们越是频繁地打断一个人的行为，我们所截获的姿势也就越多"。为何要"截获越多的姿势"？那是因为姿势是"社会性的"，包含了诸多潜能，以此可以检

① ［意］吉奥乔·阿甘本：《渎神》，王立秋译，北京大学出版社 2017 年版，第 158—159 页。

② Justin Clemens, Nicholas Heron, Alex Murray, *The Work of Giorgio Agamben: Law, Literature, Life*, Edinburgh: Edinburgh University Press, 2008, p.54.

③ Brian Dillon, "Introduction: In the Interim", *Paragraph*, Vol.25, Is. 2, 2002, pp.1–15.

④ ［法］吉尔·德勒兹：《电影 2：时间—影像》，谢强、蔡若明、马月译，湖南美术出版社 2004 年版，第 304 页。

验“人所身处的各种状态”，[①] 即可以获得人的生命存在的哲学。德勒兹则首次在电影中引入姿态并强调姿态的情感因素，认为姿态是独立于角色、故事、情节和运动—影像的“态度本身的延伸”，是“态度之间的关联或核心”，[②] 以此实现身体隐蔽的戏剧化过程。阿甘本则认为西方资产阶级姿态丧失与现代电影的诞生——以影像记录与挽救姿态——处于同一时期，在其中姿态既受到权力的渗透，也渐次成为现代人类的“命数”。然而，阿甘本提醒人们，“姿态在不可见的权力的运作下越多地丧失其自然随意性，生命就变得越不可辨认”[③]，亦即生命变得神圣，从而为大屠杀做好了准备。简言之，姿态就自然地获得了生命政治的合法性。

四、伦理的影像

如果说，布莱希特开创了戏剧中的姿态范式，本雅明拓展了姿态的日常生活诗学，德勒兹补充了姿态的情感属性的话，那么阿甘本姿态论的意义则在于将其引入伦理与生命政治维度。尽管，国外阿甘本电影理论研究大多集中于此，像《吉奥乔·阿甘本的著作：法律、文学与生命》(*The Work of Giorgio Agamben: Law, Literature, Life*, 2008)，《电影与阿甘本：伦理、生命政治以及运动影像》(*Cinema and Agamben: Ethics, Biopolitics and the Moving Image*, 2013)，以及《非主流电影：吉奥乔·阿甘本和电影考古学》(*Ex-centric Cinema: Giorgio Agamben and Film Archaeology*, 2016) 这些论文所集中呈现的那样，但依然显得“不太充分”和相对滞后，[④] 为何说姿态的电影是生命政治的，仍晦暗不明。

阿甘本赋予姿态的第一个意义关涉语言优先性，认为其属于语言，但并非语言本身，而是语言的另一面，以此赋予其链接语言与语言，即填补语言间隙的作用，从而使语言的交流性得以正常进行。但阿甘本所关心的，肯定不是姿态的语言功能，而是在它嵌入语言之中的纯粹用来交流的媒介性功能，也就是说，在语言之中，其实姿态已经走向了远离语言的道路。所以，哑剧——嘴巴被塞住，但身体是自由的——可以通

---

① ［德］瓦尔特·本雅明：《无法扼杀的愉悦：文学与美学漫笔》，陈敏译，北京师范大学出版社 2016 年版，第 183、172 页。

② ［法］吉尔·德勒兹：《电影 2：时间—影像》，谢强、蔡若明、马月译，湖南美术出版社 2004 年版，第 305、304 页。

③ ［意］吉奥乔·阿甘本：《无目的的手段：政治学笔记》，赵文译，河南大学出版社 2015 年版，第 68 页。

④ Janet Harbord, “Agamben’s Cinema: Psychology Versus an Ethical Form of Life”, *European Journal of Media Studies*, Vol.4, No.2, 2015, pp.13–30.

达姿态；而演员——身体被角色和舞台固定，但嘴巴是自由的——却不能通达姿态。阿甘本将姿态内置于语言又使其作为一种身体行为的方式分离于语言，也为后来电影的影像埋下了伏笔。姿态的第二个意义关涉身体经验，即《关于姿态的笔记》里的立论基础——“现代资产阶级不断丧失了他的姿态”。当姿态作为身体的自然状态下的行为时，它可以作为意义表达的一部分。但在现代性时期，由于姿态溢出了自身的自然范畴而外异于身体时，它便成为景观。正常的姿态是意义身体和日常生活的一部分，而“外异的姿态坐落于一个门槛，一个‘阈限’(limen)，在那里，政治与生命本身的区隔与链接变得延展和再生”①。这种情景中的姿态能起到在政治视野内保护身体（生命的最后一道防线），即身体的保护壳的作用，而其自身也成为一种外观（即媒介性）。阿甘本强调的是后一种情况。或者，我们可以将前者视为身体本身的姿态，后者被视为外异于正常身体姿态的姿态，即这样的姿态是正常姿态的“例外状态”，阿甘本称之为“纯粹姿态”。“纯粹姿态完全和加诸自身上的现实无关，而被证实来自另一个世界，或终结世界（over-world）的碎片。”②在阿甘本的《关于姿态的笔记》中，从拉图雷特、迈布里奇以及马雷，从无声电影到现代美学里的特殊趋势，一直到德波的创新性情境，归纳这些复杂性趋势会发现：姿态被生命权力征用之后的外异状态——指令系统和痉挛病态——都在早期的电影中被记录和被揭露。

这时候的姿态便起到了衔接“生命（zoē）与生活（bios）之间、活着（zēn）与政治上有质量的生活（euzēn）之间的对立”③的作用。也就是阿甘本经常强调的姿态的居间性：“姿态是生活与艺术、行动与权力、普遍与特殊、剧本与演绎之间交叉点的名字。它是被剥除了个人生活史语境的生命瞬间，也是被剥除了审美无利害性的艺术瞬间：它是纯粹实践。姿态既非实用价值亦非交换价值，既非生活史经历亦非无人称事件：它是商品的反面，它能使‘这个共有的社会实体构成的结晶’没入情境之中。”④姿态就发生并出现于当所有决定性位置悬置之时，在解蔽了居间

① Henrik Gustafsson, AsbjørnGrønstad, *Cinema and Agamben: Ethics, Biopolitics and the Moving Image*, London: Bloomsbury Academic, 2014, p.111.

② Janet Harbord, *Ex-centric Cinema: Giorgio Agamben and Film Archaeology*, New York: Bloomsbury Academic, 2016, p.85.

③ ［意］吉奥乔·阿甘本：《神圣人：至高权力与赤裸生命》，吴冠军译，中央编译出版社 2016 年版，第 97 页。

④ ［意］吉奥乔·阿甘本：《无目的的手段：政治学笔记》，赵文译，河南大学出版社 2015 年版，第 108—109 页。

性潜能之遮蔽的当口。影像既最擅长于捕捉那些充满了整个生命重量的和存在意义的“最普通平常的姿势……至高的瞬间”，也最擅长于捕捉姿态极端时刻和“末世本质，同时又不从被摄事件的历史性或独特性中取走什么”，[①] 这是姿态与影像之间存在的一种隐秘联系。

根据阿甘本的观念，诸种现代政治意识形态都被赤裸生命与政治之间的关联支配。姿态“只有在通过主权权力与赤裸生命（nuda vita）之间关系的视角对我们政治传统中全部范畴的重思之中，才能获得它们的真正意义”[②]。当然，姿态论电影观业已将“电影的运动影像指向了阿甘本的赤裸生命”[③]。因为，赤裸生命乃是一种被剥夺了自然生命属性之后裸露于无庇护状态的临界状态，“没有意义、没有语言、没有声音，一切附着在其上的东西都被悬置了”[④]，成为空无的存在，就如同姿态的属性一般。然而，例外状态是赤裸生命的沃土与温床，两种状态都遵循某种“纳入性排除”的属性。阿甘本论姿态与他论“例外状态”同样具有一致性。我们知道，本雅明从被压迫者的历史中，读到了其日常生命中存在的“例外状态”的惯例、常规属性，而阿甘本则对这一生命与秩序之间的无区分地带做了杰出阐释。阿甘本认为例外状态既是将生命纳入与排除在法律（或秩序）之中的准备条件，又是一种处于法律（或秩序）之中，但却无法用法律语言来言说的法律形式。这一吊诡情境是填补正常情境与极端情况断裂时刻的手段，这意味着“透过创造出一个区域，在其中适用被悬置，但法律本身却仍然有效”[⑤]。或者说，“例外状态代表着一个既不在内，亦不在外的空间的吸纳与捕捉（而这个空间正对应于规范的取消与悬置）”[⑥]，例外状态提供一个剥夺正常生命的具体生活方式以后所残留的裸露生命的门槛状态，借助对在正常秩序中建立一系列的中断与区分以完成秩序的结合与对立，进而实现秩序或生命的继续运作。这样一来，作为“法的空缺与停顿”状态的“例外状态”与作为语言或

---

① ［意］吉奥乔·阿甘本：《渎神》，王立秋译，北京大学出版社 2017 年版，第 33—35 页。

② ［意］吉奥乔·阿甘本：《无目的的手段：政治学笔记》，赵文译，河南大学出版社 2015 年版，第 2 页。

③ Pasi Väliaho, “Simulation, Automata, Cinema: A Critique of Gestures”, *Theory & Even*, Vol.8, No.2, 2005, pp.38–53.

④ 蓝江：《穷竭与潜能：阿甘本与德勒兹论内在性》，《安徽大学学报（哲学社会科学版）》2017 年第 2 期。

⑤ 阿冈本：《例外状态》，薛熙平译，台湾麦田出版社 2010 年版，第 110 页。

⑥ 阿冈本：《例外状态》，薛熙平译，台湾麦田出版社 2010 年版，第 118 页。

者交流的“空无”“哑口”的姿态具有同样的拓扑结构，并且，“造物穹苍与法秩序都被一个单一的剧变卷入其中”[①]，即生命政治机制的诞生。于是，讨论姿态也就如对待“例外状态”一样，其“根本任务也就不单是厘定它是否具有正常交流性的本质，而是去界定它与秩序之关系的意义、场所和样态”[②]。结合阿甘本对于本雅明“纯粹暴力”之“纯粹”概念的解读可知，阿甘本所说的姿态的“纯粹媒介”之“纯粹”概念，也并非“实质性的”，而是“关系性的”，“是在它与某个外在之物的关系之上”[③]，在手段自身领域内的区分中，而非在达到目的的手段的意义上寻求其判断标准。

电影也用来在真实世界和隔离空间的分离概念上构建自身，比如电影院、剧院的场合，观众仰起头以隆重的方式观看银幕。有学者在这个意义上指出电影的生命政治，认为过去电影是把观众放置到一个暗黑、隔壁和排他的黑屋子里去观看他者的世界。这种机制好像指明了关于政治的例外轨迹，允许观众处于一个被排除的世界。[④]或者认为，“可以通过追溯装置的演变以及在内部精神和情感状态分裂的语法中获得”[⑤]电影与生命政治的关联性意涵。抑或从“生产与维持这种人类被分解的影像”[⑥]角度出发来探讨电影中的姿态的生命政治功能。以上都是将电影视为一个整体性的装置来研究的。

阿甘本的姿态论集中体现在《关于姿态的笔记》中，此文收在《无目的的手段：政治学笔记》一书中。该书的副标题已经明白无误地表达了其主题，即以自己的方式思考特定的政治难题。不仅如此，阿甘本还特别三番五次地重申姿态是“政治的真正领域”“绝对而完全的政治领域”[⑦]。然而，《关于姿态的笔记》也被认为是“关于影像的生命政治笔记”。这一思考承接了布莱希特与本雅明的探索，也回应了德勒兹的电影

---

① 阿冈本：《例外状态》，薛熙平译，台湾麦田出版社 2010 年版，第 168 页。

② 阿冈本：《例外状态》，薛熙平译，台湾麦田出版社 2010 年版，第 155 页。注：引文有所改动。

③ 阿冈本：《例外状态》，薛熙平译，台湾麦田出版社 2010 年版，第 176 页。

④ Carlos Natalio, “Cinema, Biopolitics And ‘Cinematic Operative Model’ ”, *La Deleuziana - Online Journal Of Philosophy*, No.1, pp.107–120.

⑤ Janet Harbord, *Ex-centric Cinema: Giorgio Agamben and Film Archaeology*, New York: Bloomsbury Academic, 2016, p.82.

⑥ Henrik Gustafsson, AsbjørnGrønstad, *Cinema and Agamben: Ethics, Biopolitics and the Moving Image*, London: Bloomsbury Academic, 2014, p.118.

⑦ ［意］吉奥乔·阿甘本：《无目的的手段：政治学笔记》，赵文译，河南大学出版社 2015 年版，第 2、81 页。

理论、德波的景观社会理论，并将其推进到现代影像世界的生命政治新维度。电影对于阿甘本的突出意义之一，或许在于它提供了一条清晰理解阿甘本从美学向生命政治的现代性运动的可贵视点。而姿态的影像及其生命政治范式，也毫无疑问地成为阿甘本电影思想的“诗意时刻”。

第四节 舞蹈的政治与伦理

美国阐释人类学大师格尔茨曾经宣称艺术具有抗阐释性。其实，在艺术中最具抗阐释性的恐怕非舞蹈莫属，这通过在当今国际上的舞蹈理论研究与其他艺术门类相比较就已经得到证明。但是，舞蹈作为一门借助肢体展示和表达世界媒介的艺术，从某种意义上说，恐怕是最具政治性的，这在中国古代的舞蹈理论中已得以验证。那么，我们不禁要问，如何审视舞蹈的生命政治，以及其中的核心范畴又是什么？这里，我们尝试对此做些论述。

一、舞蹈的政治性

阿甘本对舞蹈这门艺术的界定，迥然有别于其他美学家、艺术理论家的流俗见解和大众的普遍认知——那种将舞蹈理解为“审美之维”的观点——而在当代舞蹈理论中独树一帜。阿甘本认为将舞蹈作为审美对象来对待是现代人对舞蹈的一个误解。[①] 可是，阿甘本以政治哲学著作蜚声学界却是没多久的事情，而在这之前的很长一段时间他所从事的都是有关于艺术与文学的美学理论研究。从他于20世纪70年代中期开始发表一些学术著作算起，一直到1995年左右，在这长达20余年的哲学研究中，阿甘本的学术研究基本都是围绕文学、艺术与美学方面进行的。这就涉及他如何认识和理解美学的关键问题了。那么，他是在何种意义上反对舞蹈隶属于美学领域的？

阿甘本对美学的理解，不仅没有延续由康德所奠定的现代主流美学观，反而是在批判康德的无利害关系美学基础上建立起来的。我们知道，阿甘本受海德格尔与本雅明的思想影响非常深刻，后来得益于福柯思想的滋养，又与克罗索夫斯基（Pierre Klossowski）、居伊・德波、吕克・南希、德里达、奈格里、利奥塔等著名思想家多有往来。而这些思

① 参见［意］吉奥乔・阿甘本《无目的的手段：政治学笔记》，赵文译，河南大学出版社2015年版，第78页。

想家基本上都保持着一种与康德美学的拒斥与疏离。

或许，可以将这些人划归到尼采以降“反—美学”（anti–aesthetics）的理论阵营中去。在《没有内容的人》（*The Man Without Content*）中，他批判了由康德所开创的那种基于欣赏者的体验而非创作者的经验所构筑的感性论美学，认为“这一错误就像一只硕大的蛆虫一般，始终盘踞在审美的概念里”。他站在尼采的一边，主张在美学的概念中剔除观赏者的感性经验的流毒从而实现从审美无利害转向艺术家（美学家）对于现实与生命幸福的承诺[①]；他也反对形而上学的思辨美学和无经验的艺术理论的“博物馆化”，认为现代美学理论“脱离了活生生的社会机理组织”和活生生的丰富多样的生命现实，滑向了分离的、无趣味的“不毛之地”[②]。他倡导一种有现实关怀和情感温度基础的审美判断理论，知行合一、情理兼备的美学理论。他还从康德关于审美判断的“四个否定性界定”——无利害关系的愉快性、无概念的普遍性、无目的的合目的性、无规范的规范性——出发认为现代美学是从“无”界定艺术性质的，并认为这种观念已深植于人们对于艺术判断的感觉器官中。因此，在阿甘本看来，为了拯救美学理论的衰亡趋势，就必须下决心提出有效的问题，破碎现有艺术理论的痼疾，“继而找寻到一种更加本源的沉思艺术的方式”[③]，才能走向美学的正途。

阿甘本批判康德所奠定的现代艺术和美学理论，但并不意味着他是坚持艺术与美学“灭亡论”的。艺术如要试图超越自身寿命以达到永生的话，则须从美学理论中解脱出来。然而，美学理论摆脱困境的出路却不在于自身的事物，而在于与“本源的接近”[④]中重构具有现实性的新理论。于此，阿甘本自觉贯彻了两种鲜明的方法论原则：考古学方法和事实性根基原则，希望以此重铸当代思想的原创性。因为，首先他坚持认为“必须追溯其自身的轨迹，直至一个依旧隐晦的、未被主题化的点”，通过后人“不断地重述且发展此（前）未言的思想”以再使其主题化时，

① Giorgio Agambent, *The Man Without Content*, Trans. by Georgia Albert, Stanford: Stanford University Press, 1996, p.3.

② Giorgio Agambent, *The Man Without Content*, Trans. by Georgia Albert, Stanford: Stanford University Press, 1996, p.11.

③ Giorgio Agambent, *The Man Without Content*, Trans. by Georgia Albert, Stanford: Stanford University Press, 1996, p.32.

④ Giorgio Agambent, *The Man Without Content*, Trans. by Georgia Albert, Stanford: Stanford University Press, 1996, p.38.

我们“才能够最终声称拥有原创性”①；其次，还需要从西方社会的现实，即“生命在事实性中直接就是政治性的”②出发阐释有关于生命实际存在的境况，才能拥有生命栖居的诗学。

正是在这一思想的指导下，阿甘本提出了“舞蹈是姿态”③的总观点，他希望借助姿态这一范式“让那些其亲缘关系已然或能够逃避历史学家注视的现象系列”得以再现并变得可以理解④，并在阐释学和政治哲学的双重高度对此做了极具创造性的当代阐述。

二、什么是舞蹈的本质

舞蹈的本质并不隶属于审美领域，而是姿态，这是阿甘本对舞蹈的一个总看法和本质性界定。围绕这一认识，同时结合他的美学、艺术学理论以及政治哲学思想，阿甘本较为系统地阐释了他的舞蹈学理论。比如，阿甘本提出舞蹈诞生的场域之一是庆典时刻的观点，他说：“一个打破并暂时颠覆社会秩序的失序时期”⑤，舞蹈便是从身体的功利性中解放出来，并被赋予了面具特征的“例外状态”（State of Exception）；提出舞蹈的作用之一在于记录人类的姿态以及“恢复那些已然失去的姿态”，从而“试着唤回从指间永远滑落的东西”。⑥而在近年出版的《瑞典舞蹈史》（*The Swedish Dance History*）中却收录了阿甘本有关讨论运动的论文。在该文中，阿甘本特别地将运动（movement）置于阿伦特和施密特的政治学范畴，认为“运动是真正的政治要素”和“作为权力的权力体制”。⑦这让我们很容易联想起了特纳关于舞蹈是“社会秩序的表现”和“政治的传达方式”的社会学观点。⑧而要理解阿甘本的舞蹈何以是姿态的这一

---

① ［意］吉奥乔·阿甘本：《万物的签名：论方法》，尉光吉译，中央编译出版社 2017 年版，第 2 页。

② ［意］吉奥乔·阿甘本：《神圣人：至高权力与赤裸生命》，吴冠军译，中央编译出版社 2016 年版，第 206 页。

③ ［意］吉奥乔·阿甘本：《无目的的手段：政治学笔记》，赵文译，河南大学出版社 2015 年版，第 78 页。

④ 参见［意］吉奥乔·阿甘本《万物的签名：论方法》，尉光吉译，中央编译出版社 2017 年版，第 32 页。

⑤ 阿冈本：《例外状态》，薛熙平译，台湾麦田出版社 2010 年版，第 200 页。

⑥ ［意］吉奥乔·阿甘本：《无目的的手段：政治学笔记》，赵文译，河南大学出版社 2015 年版，第 69—70 页。

⑦ Lepecki, A., *Dance: Documents of Contemporary Art*, London and Cambridge, Massachusetts: White Chapel Gallery and MIT Press, 2012, pp.143–144.

⑧ 参见 Bryan S. Turner《身体与社会理论》（第三版），谢明珊译，台湾编译馆与韦伯文化国际出版有限公司 2010 年版，第 329—330 页。

理论问题，则首先必须阐明何为姿态，它又如何与政治相关。

阿甘本借助考古学的方法考察姿态后认为，姿态是内置于语言之中且比语言更为古老的存在。姿态属于语言，是语言所无法穷竭的在场。所有身体的姿态都源于语言，语言也是原始的姿态。因此，谈论姿态其实也就是在谈论人类的语言存在方式与交流手段。比如，古代城邦社会中进行政治演说的演说家，在因为声音的局限而未能被所有人听到时便自然运用的姿态表达。但姿态显然不是语言本身，而是“语言的另一面，是内在于人类语言能力的喑哑，是它（语言）寓居在语言中的无言”[①]。即是说，姿态既在语言中又溢出语言，它是语言无法穷竭（或不可言说）之处的存在，是无言与喑哑。用阿甘本的话来说，就是“不得不在语言自身之中表达存在，严格说来无物可表达也无话可说，除了在语言中被说出”[②]，或者说，乃是语言的“空无”，是实际存在的语言，又不是语言；是无言，可却又并非绝对的无。显然，这种情况的姿态与舞蹈之间具有天然的关系。

但这种语言中的无言在以身体行为展现出来时却是一个特殊而异常突出的在场，是一个表达时刻的言说的“塞口”（gag）——在某人说话时，置入其口舌中以阻止其说话的东西。继而，“塞口”也指演员为弥补语塞而进行的即兴表演，如舞蹈、哑剧等。哑剧不同于一般表演，前者身体自由、嘴巴却被塞住，后者可自由说话，但身体却不能自由发挥。哑剧能因无言而通达姿态。当然，塞住其口也同时制造了空无与巨大的神秘感，而这也恰恰成了姿态的家园与沃土。或许，也就是在这个意义上，才使得舞蹈成为人类历史上最为拒绝语言阐释和机械复制的艺术。

阿甘本对语言中姿态在场的解释已经透露出他对姿态的第三个重要认识，那就是它属于行动（或实践）领域中的一种特殊领域。比如，语言无法穷尽之处的行为和言说中哑口的行为，即一种不是言说的身体在场：一种维持言说行为的行为。在这一方面，阿甘本追随了瓦罗（Warro）在作（agere）与做（facere）所区分出的第三个领域“行”（gerere）或“执”（gerit）领域。他引述了瓦罗的经典论述：诗人写作但不表演他自己的作品；演员表演但不写作作品；而皇帝既不“做”（如生产、制定政策等），也不“作”（如执行政策等），而只是“执”，即维持。

① ［意］吉奥乔·阿甘本：《潜能》，王立秋、严和来等译，漓江出版社 2014 年版，第 253 页。

② ［意］吉奥乔·阿甘本：《潜能》，王立秋、严和来等译，漓江出版社 2014 年版，第 254 页。

当然，阿甘本也注意到了瓦罗这种观点来自更早的亚里士多德有关于“制造”(poiesis)和“行动”(praxis)的区分。由此，阿甘本提出：“姿态的特性即在于在其中既无东西被产出，也无东西被演作，而毋宁说，是某种东西在其中持续和维持着。”①这便突破了亚里士多德在这一问题上的手段与目的二抉一的困境，从而使手段可见，且不受限于中介性。

这样来看，舞蹈既联系着日常现实和日常的身体行为，作为它们的延伸又履行着记录它们的作用，这也是阿甘本一贯赞美文学艺术、诗歌电影，包括舞蹈的姿态记录性的原因之一。但同时，舞蹈既是对这种实际性的超越、悬置与消除，又是一种实际性的空无。或者说，舞蹈既是对日常行走的消解，又是对该机制的某种展示。因为，不管是庆典对于权力、法律、制度以及引起现实禁忌的悬置的自由空间也好，还是舞台上既没有从A点到B点的方向，也没有一个终点的行走也好，舞蹈只是纯粹的运动，它什么也没有产生，仅仅以身体为媒介特质来支撑与展现着一种行为，即姿态产生于当所有的确定性领域——生命与艺术、文本与行动、现实与偶然、权力与实践——被悬置之时。

在这种敞开中，出现或运作的是姿态。它是清除了任何先在决定论(像生活与艺术)、脱离了任何目的包括任何美学(比如为艺术而艺术)的纯粹实践。②所以，阿甘本才说姿态是确定性事物“之间交叉点的名字。它是被剥除了个人生活史语境的生命瞬间，也是被剥除了审美无利害性的艺术瞬间：它是纯粹实践”③。

纯粹实践是与上述自然姿态(或者说日常姿态)完全不同的一种外异的姿态。而这种姿态才真正是阿甘本更加重视的。他说：“一个失去其姿势的时代，也执迷于它们；对被夺走了一切本真性的人来说，姿势变成了命运。而在未知力量的压力下失却其安逸的姿势越多，生活也就越是不可解读。而一旦最简单最日常的姿势变得和牵线木偶的动作一样外异，人——他的身体的存在已经变得神圣，就它使自己变得不可穿透而言——就为大屠杀做好了准备。”④或许是受到了本雅明的辩证法的影响，

① [意]吉奥乔·阿甘本：《无目的的手段：政治学笔记》，赵文译，河南大学出版社2015年版，第76页。

② Alex Murray, Jessica Whyte, *The Agamben Dictionary*, Edinburgh: Edinburgh University Press, 2011, p.79.

③ [意]吉奥乔·阿甘本：《无目的的手段：政治学笔记》，赵文译，河南大学出版社2015年版，第108—109页。

④ [意]乔吉奥·阿甘本：《潜能》，王立秋、严和来等译，漓江出版社2014年版，第262页。

阿甘本的姿态说也体现出一种可贵的辩证性。在姿态论舞蹈上，阿甘本区分了自然状态的舞蹈姿态观（记录姿态）和现代文化中的舞蹈姿态观（拯救业已丧失的姿态）。就前者而言，舞蹈既是人的最为本己的存在寓所，也是人的交流手段；就后者而言，舞蹈却是生命的一种屏障，以及“在—媒介—中—存在”的例外状态，或者作为恢复现代人类失却自身姿态的一种符码，同样是本己性的存在。但不管是哪一种形式，舞蹈都是那些不断沦为“不可解读”“不可穿透”“不可区分”的现代生命的手段、符号与姿态，从而自然具有了伦理与现代政治意涵。

三、政治与伦理面向

就语言中的姿态和行动中的姿态而言，它都是交流与交流之间、实践与实践之间得以顺利进行的方式，也是为这两种生命行为涂抹的保护色。而就现代社会中丧失姿态产生外异姿态以后而言，则是一种纯粹姿态——一种生命存在的最后屏障。但这两种形式都毫无疑问地道出了“舞蹈不过就是身体运动的中介特性的持续和展示”，亦即舞蹈成为这种中介性展示的过程变得前所未有地可见，“进而使得伦理之维向他们开放”。[①] 对此，我们可以从本雅明《卡夫卡》一文中对于犹太人笑话“一件黄衬衫”“波将金”及阿甘本在《作为姿态的作者》中援引的陀思妥耶夫斯基的小说《白痴》中菲利波芙娜的故事深切地感触到，包括他的《电影史上最美的六分钟》重置的堂吉诃德与桑丘的现代场景。

自然状态的姿态与现代社会中的姿态，在阿甘本看来都是“人的本己性领域”，即“在—媒介—中—存在”的实存生命状态。然而，对阿甘本而言，姿态的领域是伦理的领域，即“它是第三种行为展现的领域——作为无目的的手段”[②]。在《即将来临的共同体》（*The Coming Community*）中，阿甘本进一步论述道，必须建立一个有关于伦理的基点，那就是人们不得不认识到那是一个没有实质、没有历史或精神事业，也没有生物天命。[③] 姿态恰恰完全是纯粹手段领域的展示、敞开、维持的元素或过程，阿甘本称之为人类的绝对姿态。

---

① ［意］吉奥乔·阿甘本：《无目的的手段：政治学笔记》，赵文译，河南大学出版社 2015 年版，第 78 页。

② Alex Murray, Jessica Whyte, *The Agamben Dictionary*, Edinburgh: Edinburgh University Press, 2011, p.80.

③ Giorgio Agambent, *The Man Without Content*, Translated by Georgia Albert, Stanford: Stanford University Press, 1996, p.43.

在三篇专论姿态的文章中，阿甘本始终在表达姿态是政治的真正领域和绝对而完全的姿态性领域的观点。其实，姿态在古代作为语言之不在场的在场（如古希腊城邦中政治演说家对姿态的利用），或者在现代社会中姿态行为本身的政治诉求（如静坐、绝食等），抑或是人们面对电视屏幕观看到的政治家竞选活动时的头像等，无不透露出姿态的政治性。而“外异的姿态”，即将非自然状态的姿态联系于“丧失姿态与姿态变容为命运”[①]，其中“丧失姿态”指的是人类自然天性感受丧失殆尽，“姿态变容为命运”指的是人类受制于姿态装置的逻各斯。

这种“命数”体现为在遭遇不可见的权力渗透之后，姿态所折射出的生命的不可辨认性和内在性成为空无，并沦为知识分析的客体。而一旦最平常自然的姿态“变得和牵线木偶的动作一样外异，人——他的身体的存在已经变得神圣，就它使自己变得不可穿透而言——就为大屠杀做好了准备”[②]。这一情境意味着姿态成为生命的最后一道脆弱的屏障，而姿态本身亦没有任何保护而完全裸露。于是，姿态便处于了“赤裸生命”（bare life）与政治权力之间微妙关系的门槛和临界时刻。“抽象地编码为社会法律身份的多样性生命形式（投票者、工人、记者、大学生，还有HIV阳性者、异装癖者、色情影星、老年人、双亲、妇女）”与赤裸生命之间的实际区分也成了姿态的舞蹈。

此外，阿甘本还同时赋予舞蹈与诸众或人民这个共同体相连，认为它是某种具有不确定性、不可能和政治上的不完美的运动[③]，并彰显出国家权力、身体运作和生活管治之间存在必然的联系与空无的非生产性。舞蹈的每一个停顿，都是一种历史性契约，充满了“记忆与动态能量”，最终通过时间塑造成“历史记忆的结晶体”[④]，而非来自美学上的感性学。如果说，福柯更加注重权力对身体的渗透和铭刻的话，阿甘本则更加关注的是身体（或者生命）遭遇权力时的感性问题，特别是身体如何在权力书写下生存的问题，以及思考如何抵抗这种装置。而姿态论舞蹈正是这样一个典型形态。

当前，人们对于舞蹈的认识与理解，基本仍停留在其作为一种身体

---

① ［意］吉奥乔·阿甘本：《无目的的手段：政治学笔记》，赵文译，河南大学出版社2015年版，第69页。

② ［意］乔吉奥·阿甘本：《潜能》，王立秋、严和来等译，漓江出版社2014年版，第262页。

③ Lepecki, A., *Dance: Documents of Contemporary Art*, London and Cambridge, Massachusetts: White Chapel Gallery and MIT Press, 2012, p.144.

④ ［意］吉奥乔·阿甘本：《宁芙》，蓝江译，重庆大学出版社2016年版，第20页。

运动形式，即古典主义时代的自然姿态的意义上，仍乐此不疲地做各种强制性阐释，试图得出来自现代美学观念与心理学分析上的意义。意大利思想家阿甘本显然与此不同，他提出舞蹈的姿态理论，强调舞蹈的空无性、中介性，以此将人们对于舞蹈的理解带入政治哲学与伦理学领域，尤其是将之与人民的共同体关联起来，从而阐释它的生命政治体制的做法，可以说，这必将会在舞蹈理论上成为具有革命性意义的重大事件。

第五节　后理论与艺术批评

当今世界迅速发展所引发的社会组织、经济结构、文化模式，以及科学技术在思想领域的巨大变革，促使人们重新面对和思索在“理论潮汐”中的存在、价值与身份等一些重要的关乎人类思想格局与走向的重大问题。就艺术理论，特别是文学理论而言，这突出地表现为从“宏大叙事”（“大理论”）向“无名叙事”（“小理论”）转向的“后理论”（after theory/post theory）运动。随着这股重新审视何为理论思潮运动的持续发酵和纵深发展，姿态批评逐渐在其中凸显出自身的理论价值，并开始慢慢走向前台。

一、理论之后的批评理论

“后理论”或者说“理论之后”在文学理论界产生以及被热议，有着双重的原因。其中，一方面可以看作德里达的解构主义思想、美国文学批评家米勒的解构主义思想以及后现代文学批评思想的持续波及所致。当然，其中不得不提的是伊格尔顿。他的《理论之后》一书几乎堪称国内“后理论”批评研究的“圣经”。另一方面恐怕与中国文学理论自“五四”以来就愈演愈烈的“民族建构主义”情结不无关系。两方面力量的叠加使得“后理论”话题迅速成为当前文学理论的热点问题。

就第一个方面而言，它的直接引爆点要数伊格尔顿提出的“理论的黄金时代已经终结”①。在《理论之后》中，伊格尔顿以略带沉重、忧伤而又不可回转的语气，一口气罗列出拉康、列维－斯特劳斯、阿尔都塞、罗兰·巴特、福柯、伊利格瑞、布尔迪厄、哈贝马斯、詹姆逊和萨义德等十几位思想巨擘，说其要么死于非命，要么无疾而终，要么“离我们已经很多年了”。伊格尔顿是在告诫我们，必须接受并面对一个大师及其

① ［英］特里·伊格尔顿：《理论之后》，商正译，商务印书馆 2009 年版，第 3 页。

理论远去、“不复返”的新时代。这不能说是伊格尔顿没有提出“新见”，或者是故意耸人听闻，因为，人们早已熟知并接受了这么一个现实。那就是，自黑格尔提出“艺术终结论”命题，尼采发出“上帝已死”的“讣告”以后，“死亡的幽灵”就再也没有离开过人文社会界，人们热衷于对外宣称名目繁多的学科“终结论”、思想“死亡说”。单就文学而言，至少在20世纪的二三十年代，西方文学理论界，尤其是德法理论界也早已开始了对文学“可靠性”的普遍质疑了。这样一来，如何正确理解伊格尔顿的“理论之后”议题，就显得十分必要。

而就第二个方面而言，中国近现代文学批评在寻求民族批评的“根性”，构建本土批评范式的过程中显得过于迫切而又缺乏将理论置入现实的基本耐性。所以，当我们回顾百余年的中国文学理论建设历程时会很明显地感受到一种强烈的“潮汐现象”。简言之，理论的潮水来临时，人们蜂拥而至；潮水退去时，只留下茫茫的平整沙滩，几乎无物存在，这也体现在目前文学理论界的“后理论”研究上。比如，谈论“后理论主义”的多，关注“后理论问题”的少；对有没有进入“后理论时代”，或当下批评是不是“后理论”批评关注得多，对“后理论”所涵盖的批评范式关注得少；对“后理论”的理论起源研究得多，对“后理论”的现实本质研究得少。但当我们追问“后理论”研究的成果时，又难掩落寞之情。当然，这或许有着文学理论界以外的更大的、更深层次的原因。可是如果不是保持着来自现实与实践的理论品格的话，“后理论”也势必会像那些个昙花一现的“某某转向/转换”研究、“某某化”研究以及五花八门的“思潮”一样成为过眼云烟。这样，文学理论界的“集体焦虑”不仅没有得到缓解，恐怕势必会越积越深。

这就有必要折返回来再次讨论关于“后理论”时代到来的认识问题。首先，“理论终结”或“理论之后”论域中的“理论”有其特定的指涉，即指20世纪七八十年代以来盛行于欧美并播撒于世界各地的后现代理论。也就是说，这个议题实质上表达了一些理论家对后结构主义以及文化研究等后现代性理论话语的质疑和不满，并以此宣告其进入终结阶段。这意味着，“理论之后”乃是“结构/后结构主义理论和文化理论之后”。其次，“理论之后”所标定的乃是一种“大理论”向“小理论”的让渡，是理论大举向生活进发并努力将自身塑造为阐释人类行为合法理由的根据，是理论决计要冲破那令人窒息的宏大体系、贵族式品位和冷峻面孔，并义无反顾地去探索新空间、新话题的政治运动。倘以此观之，后理论研究者们所念念不忘的20世纪70年代左右法国结构主义大师们的陨落相较于他们生前对文学本质所做的种种探讨对文学“后理论”的影响恐怕要小得多。简言之，至少在 20 世纪 30 年代，众多的法国理论家就早已在今天学界所热议的“后理论”的意义上讨论文学了。

对此，只要略微翻阅《文字即垃圾：危机之后的文学》[①]，看看现代法国理论家们对文学本质的认识图景即可明了，就无须赘述了。最后，伊格尔顿所说的“理论的黄金时期”的产生具有着广泛而深刻的社会现实背景。比如，“西方社会语境中出现的民权运动、学生运动、民族解放、反战和反核运动、女权运动、嬉皮士运动、环保主义等激进思潮此起彼伏、风起云涌，它们不可能不对处于这些语境中的理论家们产生深刻的影响”[②]；而后理论时代同样有着广泛且复杂的社会现实，生态恶化、基因突变、医学伦理、权力渗透、殖民离散、动物伦理以及恐怖主义袭击等，无不凸显出比 20 世纪更为严峻而尖锐的人类生存现实。因此，我们有充分的理由相信在“后理论时代”将会诞生出更多、更复杂的理论新形态和新范式。这样，“后理论时代”其实所迈进的是一个理论更加繁荣的新时代。但是，鉴于中国文论走过的坎坷历程，我们坚信“后理论”研究的出路一定是在基于现实的基础理论研究那里。

“后理论”应是理论的某种转型和对理论本身的再认识，而不是理论的消失。在某种程度上，它再一次开启了人们对于理论的“启蒙认识”。“后理论”时代的理论景观是跨界性和“小理论”的泛化、大理论的让渡。所谓“小理论”，是相对于“宏大叙事”和理论本质主义观念而言的，它是指具有反思性且面向文化与文学实践的理论。这些理论更应该被理解为一种行动，而不是文本，立场观点或者统摄众多学科的律令，它不与其他范式相抵抗，它“提供的不是一套解决方案，而是进一步思索的前景”。这种理论或许会重新奠定文学性的根基，回归一种新诗学，甚至将重新恢复文学与政治关系的生机，重建文学文化的公共领域。

姿态批评就是这样一种具有“后理论”地带的“小理论”。随着福柯所开启的生命政治理论对于当前西方资本主义治理范式的创造性批判研究，使其迅疾引起了人们广泛而持久的浓厚兴趣。而“近来在激增的生命政治批评兴趣中，理论家们常常依据文学作用去论证他们的观点。同样地，文学批评家们也在利用生命政治理论阐释他们的文学文本。至于

① 参见米歇尔·福柯等著，白轻编《文字即垃圾：危机之后的文学》，重庆大学出版社 2016 年版。

② 阎嘉：《“理论之后”的理论与文学理论》，《厦门大学学报（哲学社会科学版）》2009 年第 1 期。

后者，有相当多的小说类型适合生命政治理论批评。尽管这种趋势明显，但是很少有人正式地将小说与福柯所声称的生命政治的现代统治尝试建立关联”[①]。姿态批评因而显示出巨大的阐释空间和探索可能。

二、姿态批评的主要内容

阿甘本并非批评理论史上首个提出姿态论的理论家，但绝对是批评理论史上姿态论的集大成者。在文学批评上，阿甘本特以姿态论文学。他认为任何文学批评都必然涵盖语言、外观和姿态三个层面，任何一位真正的批评家都必然会涉足并往返于这三个层面，但只有最为杰出的、第一流的批评家才会全然属于第三个层次，即姿态层。我们不禁要问，何以至此？究竟阿甘本的姿态批评意指什么，才使得他如此偏爱姿态对于文学书写的意义呢？

阿甘本像他所中了的思想之“毒”——海德格尔一样，喜欢首先从词源学上去阐发概念的新意义。阿甘本通过考察亚里士多德对于制作有个有别于自身的结果，如文学创作和行动——好的行动就是它自身的结果，比如行善之间的区别，并结合后来古罗马作家瓦罗的对“做”与“行动”的理解，认为他们二人都忽略了另外一个重要领域，那就是既不“做”或“生产”，也不“行动”或“实践”的“姿态”领域。该领域，乃是一种只是“维持着”“承受着”或“支撑着”的“纯粹领域”。这里一方面意味着该“行为”无任何目的，中介着某种态势、情状；另一方面意味着它作为中介而连接着行为的因与果。进而论之，即姿态敞开并命名了一个“当所有确定的界定——生命与艺术、文本与实践、现实与虚幻、权力与行动、个人事迹与客观事件——都被悬置时所发生的东西”[②]。抑或说，姿态勘定了普遍与特殊、偶然与必然、身体与世界、静止与运动、自我与他者……二元元素/世界之间的那个模糊、动荡区域。我们可以用海德格尔式的阐释口吻解读：它言说着“无”，同时又“有”。从“无”的方面而言，阿甘本援引福柯《什么是作者》的观点认为，作者的姿态“恰恰是通过在这个表达内部建立表达的空无来使表达成为可能的”[③]；从“有”的方面而言，姿态不是书写或塑造某种事件与状况，而

---

① Michelle R. Martin, “Toward an Aesthetics of Existence in the Contemporary Novel”, *Journal of Modern Literature*, Vol. 38, No. 1, 2014, pp.190–193.

② Alex Murray, Jessica Whyte, *The Agamben Dictionary*, Edinburgh: Edinburgh University Press, 2011, p.79.

③ Giorgio Agamben, *Profanations*, Trans. Jeff Fort, New York: Zone Books, 2007, p.66.

在于现实地维持着该事件与状况的揭示性。从这个意义上说，姿态可以说是在批评理论上具有革命性的开拓。那么，书写了这个领域的作家自然就具有了比肩那些书写确定性领域的伟大作家的最为可靠性的资格与合法性了。

像海德格尔一样，阿甘本也“完全以事实性为根基”①，但这并不是阿甘本思想的伟大创新之处。阿甘本思想的伟大创新之处在于他立足于由众多事实和思想构成的边缘地带和交叉界面所进行的激进性思考。他的姿态论便是建立于西方资产阶级在19世纪末已经确乎丧失其姿态——一种自然生命的天性感受——而沦为礼仪、模式和类型的生命诸表象形式这一种现实基础之上。在这个姿态的现实命运之中，阿甘本认为，语言“将自然本性改造成面孔”，原本经验的身体沦为仅可供交流，或仅仅承受着交流性的纯粹姿态，一切政治、伦理，乃至我们生存的世界都本质上沦为“景观”，动物性存在的人也随之沦为一种景观的生物。文学自然就是对这种晚近的人类姿态的记录、描绘与揭示，并尝试将那些因遭受现代权力运作而丧失掉姿态的实际存在的生命救赎回自然生命姿态状态中。就是在这个意义上，阿甘本说文学本质上是姿态的。

南希也认为“文学的本质只是一个姿态”②。南希追随了政治共同性在形成的过程中，作为一个叙述承担者最后衍变为共同体政治领袖角色的生命历程及其对文学的挪用事件。在其中，南希认为文学既非文学性所意指的事情，也非叙述者在公共场合中施与“召唤”所意指的东西，更未意指叙述者自身的“庄严性”。文学只是在其所处场景中的一个姿态而已。其实，南希也道出了阿甘本对姿态理解的两方面内容。其一，文学是作为事件中的媒介出现的；其二，在有关政治行为的公共场合中，姿态乃是作为语言之不足而发挥作用的。因此，阿甘本说姿态是“寓居在语言中的无言”③。

在阿甘本看来，语言是属于姿态的，是一种始源的姿态；而姿态则内置于语言之中，且是比概念更为始源的在场。也就是说，姿态包括现实言说的语言和具有言说可能性的无言（哑口）两方面的内容。

---

① [意]吉奥乔·阿甘本：《神圣人：至高权力与赤裸生命》，吴冠军译，中央编译出版社2016年版，第202页。

② [法]让-吕克·南希：《无用的共通体》，郭建玲等译，河南大学出版社2016年版，第166页。

③ [意]乔吉奥·阿甘本：《潜能》，王立秋、严和来等译，漓江出版社2014年版，第253页。

而人们在姿态中谈论的则是语言的另一面——无言，它不能靠语言完成表达而只能借助姿态敞开自身。我们可以理解为阿甘本把语言描述为："'一种向体内（endosomatic）和体外（esosomatic）领域分裂的源头'……体内的指的是被动物用作自己身体的一部分设备 / 生理特征（device/function）。……体外的，指的则是一种对动物身体来说外来的（extraneous，来自于外部的）生理特征或工具。"① 因此，从根本上说，"所有这些姿态的展示都返回到语言"②。这样，我们也就明白了阿甘本何以将姿态置于语言、外观之上居于由三者所构筑的"同心圆"的最高层了。而且，阿甘本认为文学"批评就是把作品化约到纯粹姿势的领域。这个领域在心理学之外，并且，在某种特定的意义上，也超越了所有的阐释"③。"纯粹姿势的领域"是借用了科雷莫尔的界定，指现实在言说本身之外的纯粹可能性，一种意义自然生成的场所。由此，阿甘本对姿态批评高扬的理由也就容易理解了。

三、姿态批评与中国艺术理论

姿态批评提供了一个通往伦理与政治领域的通道，阿甘本坚称姿态在"本质上属于伦理与政治领域（而非简单地属于审美领域）"④。姿态如何联系于伦理领域呢？对此，阿甘本阐释道，"姿态是中介性的展示：它是使手段变得可见的过程。它将使人类的在中间物之中（l'essere-in-un-medio）得以呈现出来，并进而使得伦理之维向他们开放"⑤。阿甘本在这里说的伦理领域是就"纯粹中介性"而言的，是一种无目的的手段范畴，它既不是指实际领域，也不是指审美领域，而是类似于"空无"和德波的"景观"概念所意味的东西。目前国内方兴未艾的文学伦理批评主张"文学的产生源于人类伦理表达的需要，它从人类伦理观念的文本转换而来，其动力来源于人类共享道德经验的渴望"⑥。

---

① Alex Murray, *Giorgio Agamben*, London: Routledge, 2011, p.25.

② Alex Murray, Jessica Whyte, *The Agamben Dictionary*, Edinburgh: Edinburgh University Press, 2011, p.81.

③ [意] 乔吉奥·阿甘本：《潜能》，王立秋、严和来等译，漓江出版社 2014 年版，第 257 页。

④ [意] 吉奥乔·阿甘本：《无目的的手段：政治学笔记》，赵文译，河南大学出版社 2015 年版，第 75 页。

⑤ [意] 吉奥乔·阿甘本：《无目的的手段：政治学笔记》，赵文译，河南大学出版社 2015 年版，第 78 页。

⑥ 聂珍钊：《文学伦理学批评：基本理论与术语》，《外国文学研究》2010 年第 1 期。

以此观照，阿甘本姿态论的伦理维度或许是一个非常重要的理论补充。对姿态何以属于政治领域的问题，阿甘本认为政治既不属于目的范畴，也不属于从属于目的的手段范畴，而是属于那些作为人类行为与人类思想领域的无目的的纯粹中介范畴。所以，在《关于姿态的笔记》的最后一个部分，阿甘本突兀地以“政治是纯粹后端的领域，亦即，人类之绝对而完全的姿态性领域”[①]结尾而拒绝给出任何解释。阿甘本在引用瓦罗对姿态的界定时也清晰地呈现了姿态的政治含义。他引述道：“另一方面，罗马皇帝，被认为‘行’(gerere)其政务，而在这种场合，他既不‘做’(facit)也不‘作’(agit)，而是‘执’(gerit)，也就是说，是维持。”[②]皇帝的政治行为就是姿态之一种。再比如，在古罗马帝国时期，政治总是关于姿势的。在议政厅或圆形露天场所的政治演讲并不能使声音有效地传递到听众那里，因此，杰出的演说家都知道他们并不能为众人所理解。但当你知道不能完全依靠声音的力量时，姿态便成了你政治表演的最好方式了。[③]阿甘本姿态论的政治维度对于近年来文学批评理论界出现的文学与政治的双向互渗所掀起的政治批评“转向”同样具有可资借鉴的现实意义。

阿甘本的姿态还有一个非常重要的思想来源，那就是本雅明的姿态观。本雅明的姿态观则直接受惠于布莱希特的戏剧思想。在《什么是史诗剧?》中，本雅明一开始就说史诗剧是姿态性的，史诗剧的特别之处就在于它是“援引的动作”。姿势既是史诗剧的原材料，也是史诗剧的本质，为了在史诗剧中获得更多的姿态，就需要采用“情节中断”的方式。一旦情节暂时中断，就迫使观众和演员必须在批判的立场上去审视剧情与其所扮演的角色。此外，本雅明还强调姿态越是日常化，就越是真实和难以被篡改；剧情越是被频繁地打断，我们获得的姿态就越多。对传统的中断和对接收者的“疏离”是本雅明对姿态所做的两个本质规定。本雅明在他的《机械复制时代的艺术作品》中较为详细地呈现了演员与观众在电影这门艺术中的姿态地位。他的这一思想也被阿甘本很好地继承了下来，同时结合了福柯“作者的缺席”——福柯甚至把此视为当代

---

① [意]吉奥乔·阿甘本:《无目的的手段：政治学笔记》，赵文译，河南大学出版社2015年版，第81页。

② [意]吉奥乔·阿甘本:《无目的的手段：政治学笔记》，赵文译，河南大学出版社2015年版，第75—76页。

③ Renéten Bos, “On The Possibility Of Formless Life: Agamben’s Politics Of The Gesture”, *Theory and Politics in Organization*, Vol.5, No.1, 2005, pp.26–44.

写作的一个根本伦理原则——提出了文学姿态批评的“空无”观。

我们再来看看国内文学伦理学批评的理论主张：它“强调回到历史的伦理现场，站在当时的伦理立场上解读和阐释文学作品，寻找文学产生的客观伦理原因并解释其何以成立，分析作品中导致社会事件和影响人物命运的伦理因素，用伦理的观点对事件、人物、文学问题等给以解释，并从历史的角度作出道德评价”[①]。辩证的批评观应该竭力避免封闭性的单一论，这或许也是姿态论对文学伦理学批评的一种丰富和拓展。

从本雅明的姿态论来看，姿态既不是模仿论，也不是为了献媚观众，而是姿态要疏离观众，通过这种特殊的中介性的中断去迫使观众思考、批评表演（或文本）提供所发现的状况，并要求观众给出自己的态度。姿态论并不要求观众带着崇敬的心情去观赏它、把玩它或膜拜它。也就是说，艺术是人的艺术，而不是一个供奉的神物或玩物，不单纯是创作者的事。艺术所起的意义，如本雅明所言：它将一种“方法变回成一项人的活动”[②]。这项任务的完成是在他的后继者阿甘本那里实现的。此外，艺术的变革还在于将以往文学理论、美学理论奉为圭臬的，诸如情节、人物、修辞、风格，以及美德和崇高之类的东西丢到一边，而真正地将文学还原为生活，带回到不少文学理论家苦口婆心却常常停留在嘴皮子上的日常生活实践与日常行为上去。

不过，自亚里士多德以来所奠定的陶冶性情的文学观念本来不是让人们参与和提供批评的。但这并不是说，既往的文学理论、美学理论就一无是处了。它还是要以人们所喜闻乐见的美学方式使人们“通过思考疏离他们生活于其中的状况”[③]。文学不再仅仅是一个美学对象，而是生活本身，一个真正意义上的实践内容，朝向美好生活的人类共同事件。这样，文学才真正面对和可能会解决为谁的重大问题。可以说，姿态论重构了批评者、作品、读者、世界和作家等文学主要要素之间的现代关系，而不是将它们相互隔开。

姿态批评给文学批评理论贡献了一个新范式，拓展了一个新领域，同时敞开了有别于传统文学理论——诸如心理学的、美学的——政治、伦理批评空间。它既让那些尝试通过语言 / 话语去捕捉意义的做法失效，

---

① 聂珍钊：《文学伦理学批评：基本理论与术语》，《外国文学研究》2010 年第 1 期。

② ［德］瓦尔特 · 本雅明：《作为生产者的作者》，王炳钧等译，河南大学出版社 2014 年版，第 29 页。

③ ［德］瓦尔特 · 本雅明：《作为生产者的作者》，王炳钧等译，河南大学出版社 2014 年版，第 30 页。

也使得那些企图靠社会历史批评以及美学批评就奢望一劳永逸的做法失效，即使是那些实践与行动论者也会倍感失望。作为一种具有抵抗策略的批评范式，姿态可以归结为“后理论”范式。但一提到“后理论”，或许就有不少人心生恐惧，想当然地等同于终结论，至少也是一种悲观主义论调。其实，如果真的认同自从进入现代社会以后人们的日常姿态在越来越急剧丢失，文学及其理论也越来越与生活无关，一切都沦为整体性景观的话，那就不必太过忧虑，至少文学理论界不必那么杞人忧天。因为，按照本雅明的看法，我们的本性姿态越是频繁地被打断，那么我们就获得了越多的姿态，自然也就获得了越来越繁荣的文学批评事业。当然，姿态批评在中国语境中，还有一段很长的路要走。

结语

当前，人类正遭受着严峻的政治权力渗透、科学技术改写、生命安全威胁以及伦理知识的重塑。许许多多知名与不知名的力量聚焦于人类的生命与肉体，并且迅疾地掏空其与外界自然所建立的亲在关系。因此，文学及其批评都需要被置入一个新的历史命运中重新考量。姿态批评便在这种悬置历史传统，重新协商各种对立二元元素以及揭示历史性趋势上不断彰显出其独特的批评魅力。当然，我们也需要警惕姿态中的非文学性在当代批评中的泛滥问题。

第四章　艺术中的死亡与情感政治

生命政治因为强调自身的生命提升和生产功能而使得其以积极的面向被接受，可事实上，即使在福柯那里，生命政治都是和死亡政治共属一体的。而且到了阿甘本那里，生命政治的死亡性又被推向了临界点。再者，为什么当代权力能如此有效地延伸到社会的各个角落？可以说，情感提供了一个很好的方式。情感也解释了为什么抵抗已经嵌入我们对于权力的顺从之中——我们已经习惯于权力。但是，我们的观念（认知）还并没有完完全全被权力结晶到具体模式，因为，我们都还有不同的具身经验。

第一节　本雅明论艺术的公共政治

当代红极一时的生命政治理论家吉奥乔·阿甘本在他所服膺的思想家本雅明那里有诸多重要理论发现。对于现代性过程中本雅明有关经验丢失所造成的贫乏问题，阿甘本就敏锐地看到了其中所隐含的身体问题。对此，阿甘本阐释道："人们归来……变得沉默了——可交流的直接经验不那么丰富反而更贫乏了……10 年后出版的战争书籍中应有尽有，但却没有人们口头流传的经验。这也没什么奇怪的。经验从未遭遇到如此彻底的抵触：战术战争对战略经验的抵触，通货膨胀对经济经验的抵触，机械战争对身体经验的抵触，权势经验对道德经验的抵触。曾经坐着马拉临街车上学的一代人如今面对空旷天空下的乡村，除了天空的云彩一切都变了，在毁灭和爆炸的洪流般的力场中，是那微小、脆弱的人类身体。"①

或许，在阿甘本看来，这也是一种姿态的丧失。无疑，这都可追踪到本雅明那里。然而，《机械复制时代的艺术作品》作为一篇有关身体经验、艺术转型与社会变革之间辩证关系的世纪经典文献，探究该文所阐

---

① ［意］吉奥乔·阿甘本：《幼年与历史：经验的毁灭》，尹星译，河南大学出版社 2011 年版，第 1—2 页。

释的身体在由技术引发的艺术重大变革过程中所彰显出的美学机制对于理解本雅明著作中的身体理论，定然不无意义。

一、经验身体及其灵光美学

就艺术方面而言，《机械复制时代的艺术作品》至少存在三重辩证主题。第一重是众所周知的由技术革新所引发的社会变革与艺术政治主题，第二重是时代变革引发的经验丢失与“灵韵”消退主题，第三重则是伴随艺术变革过程中的身体“感受与接收方式”的逆向运动主题。特别是第三重主题，不仅是这三重主题的内在主线，而且贯穿了本雅明所着重论述的艺术发展的全过程。不论是“灵韵”艺术阶段，还是复制艺术阶段，或者是电影艺术阶段，可以说，身体及其感知模式在空间距离中的变迁以及所造成的美学机制问题始终是他关注的焦点。

“灵韵”是本雅明用来定义在早期人文主义机制时期，或者说“第一自然”时期艺术的美学属性的。至于何为“灵韵”，本雅明并未在其著作中给出明确的概念界定，而是在不同时期都一如既往地采用了散文化的细描手法营造了一个富有古典意蕴的闲适氛围。“灵韵”首次出现在 1930 年的《毒品尝试记录》中，本雅明认为它是笼罩在一切事物上的“映衬意象”。在 1931 年的《摄影小史》中，“灵韵”被描述为“是一种标明时空点的奇特灵气，是遥远的东西绝无仅有地做出的无法再近的显现”[①]。在 1935 年的《机械复制时代的艺术作品》中，本雅明更加强调了“灵韵”的时空感知特征和人的普遍日常体验，他说：“我们可以把它定义为遥远之物的独一显现，虽远，犹如近在眼前。静歇在夏日正午，沿着地平线那方山的弧线，或顺着投影在观者身上的一截树枝——这就是在呼吸那远山、那树枝的灵光。”[②]在《发达资本主义时代的抒情诗人》里，本雅明颇带几分忧郁地将“灵韵”“指定为非意愿回忆之中自然地围绕起感知对象的联想”和一种“回望能力”。[③]

从这些本雅明对“灵韵”描述性的界定上，我们发现它是一个对“遥远”事物的感知概念、伴随着记忆的一种生命体验。这里的“‘远’

① ［德］瓦尔特・本雅明：《摄影小史、机械复制时代的艺术作品》，王才勇译，江苏人民出版社 2006 年版，第 29 页。

② ［德］瓦尔特・本雅明：《迎向灵光消逝的年代：本雅明论艺术》，许绮玲、林志明译，广西师范大学出版社 2008 年版，第 65 页。

③ ［德］瓦尔特・本雅明：《发达资本主义时代的抒情诗人》，张旭东、魏文生译，生活・读书・新知三联书店 2007 年版，第 168、165 页。

不是空间距离，而是神性的象征，是对一种无法克服之距离的体验。显然，这里说的是对远的感受亦即距离感，是心理上的距离，是认识到观察对象的不可企及”[①]。这看上去似乎是说“灵韵”乃像一种虚无缥缈的感觉一般，就像有些学者所说的它“只出现在沉浸于全景中的人，他忘记了活动，陶醉于对自然的冥想”[②]。但事实上，“灵韵”在本雅明那里是“一个艺术品的可靠性和权威性”的保证，它“由人类的双手所制造”。[③]本雅明说“它在一个实用对象里……留下富于实践的手的痕迹的经验”，那些古代艺术向人们展示的也都是“他们对自己身体的意识”。[④]这明白无误地宣布了“灵韵”其实完全是一种来自身体的内在体验感觉，一种具有神圣仪式性的身体感。

《机械复制时代的艺术作品》是置身于现代性中论述古今艺术之变的文本，可在本雅明看来，古今艺术的区别之一则在于其是否具有自然意识的身体美学。[⑤]因为，艺术活动中的复制技术自古有之，并非非艺术的、后来才进入的东西。而它所起到的最大历史作用则在于促使身体及其与艺术的关系不断获得解放，而这种自由、间离关系在另一方面也带来了“非艺术性”的滋生，即艺术独特时空属性的丢失，这恰好是身体的亲在性所在。就如同伊格尔顿一针见血指出的，灵韵手法“揭开的时空距离只是更为有效地暗示了某种（身体）亲昵行为”[⑥]。这种变化在“灵韵”艺术之后的机械复制时代显得尤其突出，艺术品独特的时空属性即由经验奠定的“灵光”美学首当其冲地遭到破坏。艺术品“独一无二”的历史性反而被碎片化的现实性取代，并使一切复制品都可以成为身体感知的平等对象。这也表明人们的身体感受与接收方式由“灵韵”艺术的整体性感知朝向了新的碎片化感知的历史变迁。后来，本雅明在布莱希特的戏剧中看到了史诗剧的本质——姿态，并以此作为他批评的核心概念。从“灵韵”向“姿态”的转向，也标志着本雅明迈向了现代主义批评理论阶段。

这种变迁受制于自然物质过程和历史条件两种因素，或者按照本雅

---

① 方维规：《本雅明“光晕”概念考释》，《社会科学论坛》2008 年第 9 期。
② ［英］伊斯特·莱斯利：《本雅明》，陈永国译，北京大学出版社 2013 年版，第 123 页。
③ Gillian Harkins, “Virtual Predators: Neoliberal Loss and Human Futures in the Cinema of Pedophilia”, *Social Text*, Vol.31, No.2, 2013, pp.123–144.
④ ［德］瓦尔特·本雅明：《单行道》，王才勇译，江苏人民出版社 2006 年版，第 99 页。
⑤ 参见［德］瓦尔特·本雅明《单行道》，王才勇译，江苏人民出版社 2006 年版，第 99 页。
⑥ ［英］伊格尔顿：《沃尔特·本雅明》，郭国良、陆汉臻译，译林出版社 2005 年版，第 58 页。

明的看法，它受制于“社会更迭”。大众希望以走近事物和技术实现事物的方式实现在社会空间中“解魅”充满神秘感的事物。这两种揭秘事物“灵光”的方式都是直接和身体相关或者是直接着眼于身体的，一种是拉近身体的距离，一种是直接进入身体的内部。它们都是在共时性的维度去解剖空间神秘，在感知方式上表现为等级关系向平等关系的转变。等级关系是物质对象阶段的灵光美学，因为艺术品的独特性是联系于传统的、具有等级制和权力分割特征的、活生生的社会现实和社会关系的，具有某种仪式性或膜拜精神在其中。人们感知的往往不是作为艺术品直接现身的对象本身，而是透过现实艺术品的物质载体背后的“遥远之物”，“远”的是物质载体，“犹如近在眼前”的是对它的感受与认知。身体以姿态形象所呈现的则完全是一种无声的交流方式，它无言却不断打断日常生活经验的连续性以造成“震惊”的美学效果，从而透露出现代资本主义时期被规训身体的生命政治机制。

二、感知身体及其震惊美学

进入现代社会以后，机械复制技术对艺术活动的变革比以往任何时期都要更加深刻和更加全方位。它不仅打破了人的整体性生存环境，“重构人类的新的身体”①，使得人的行为必须被纳入机械装置系统中“通过接受机械训练而变得合乎规范”②，而且，它还深刻地左右着技术去强制“人类感觉中枢的发展”③。这样一来，艺术的自治性被彻底打破了，灵韵失去了产生的基础，它所依附的人对自然来自身体的“迷狂”崇拜关系突然转化成以展示为主的、疏离的“视看关系”④，艺术也“不再直接以美为特征”⑤，而更多的是在消遣、评论，甚至于漫无目的闲逛之后偶然的意义上才或许与审美相关。这样，机械复制技术便“把新艺术与集体接受的大众身体的物质在场联系起来”⑥。此时，“一切可能的手段都被视为具有同

---

① ［英］特里·伊格尔顿：《审美意识形态》，王杰等译，广西师范大学出版社 2001 年版，第 341 页。

② ［德］瓦尔特·本雅明：《发达资本主义时代的抒情诗人·序》，张旭东、魏文生译，生活·读书·新知三联书店 2007 年版，第 19 页。

③ ［英］伊斯特·莱斯利：《本雅明》，陈永国译，北京大学出版社 2013 年版，第 188 页。

④ ［德］瓦尔特·本雅明：《单行道》，王才勇译，江苏人民出版社 2006 年版，第 148 页。

⑤ 王才勇：《灵韵，人群与现代性批判——本雅明的现代性经验》，《社会科学》2012 年第 8 期。

⑥ ［英］伊斯特·莱斯利：《本雅明》，陈永国译，北京大学出版社 2013 年版，第 187 页。

等价值——无论是人、机器还是自然”[①]。

平等身体经验是大众文化时期复制品艺术的基本特征。我们知道，本雅明在《机械复制时代的艺术作品》中讨论的复制技术，在很大程度上是指复制对象的影像，即它有着图像与宗教祭祀的社会必然关联。在其中，影像复制竭尽所能地把遥远的东西带到近前，可人们在无限接近它的物质现实的同时却更加难以企及它的遥远之物，物之灵光悄然消失得无影无踪了。简言之，艺术的复制技术迎合了大众的社会历史与政治需求，使得艺术不再奠基于具有等级关系的仪式功能之上，而是更多地奠基于人们共同的日常经验，这同时也引发了感知模式的革命性变革。

本雅明对摄像机前面演员的感知模式有着明显的兴趣和杰出的阐释。本雅明认为机械工具发挥了演员身体的部分功能，或者说机械作为演员身体的延伸部分，却不能被演员的知觉系统统摄。而且，摄影机聚集的是演员的身体姿态而非统一的身体本身，观众的眼睛凝视的也只是镜头放送的演出本身。演员忧虑于无感觉的身体可能带来的糟糕美学后果，但无济于事；摄像机并不关注演员的身体却在演员及其身体缺场的地方仅凭无灵光的姿态就单方面地制造出富有灵光的身体。即是说，演员不能根据接收者的反应去调整自己的表演，摄像机也不能根据演员的感受与接收者的感知去尽可能地满足他们的需求，这时，一切都是分割的、碎片化的、影像的和中断的，人的感知在艺术生产的过程中也是匿名状态的。对此，本雅明引用了皮蓝德娄的一段话，很好地说明了这个现象：“电影的演员……感觉像被放逐了一般。不只从舞台上被放逐，也从其自身被放逐疏离了自身。他们带着一股愤恨，无可名状的空虚，甚至挫折感，含含糊糊地表示，他们的身体几乎已被剥夺消除了他们的真实性，他们的生活，他们的嗓音，甚至连走动时发出的声音，都变得琐碎单薄，只为了幻化成无声的影像，在银幕前闪过，随即又在寂静中消逝。[……]小小的放映机在观众面前玩弄演员的影子游戏，而演员也只能满足于摄影机前的表演。”[②]演员的表演或者被肢解成分离的片段，或者根本不关心时空关联而可以在任意选择不同的时空环境中被多次重组。借用马克思主义的观点，人既不将自己的本质力量对象化，也不凭借工具将本质力量对象化，而是以自己活生生的身体来行动，可吊诡的是“却不再有

① ［美］林赛·沃特斯：《美学权威主义批判：保尔·德曼、瓦尔特·本雅明、萨义德新论》，昂智慧译，北京大学出版社 2000 年版，第 316 页。

② ［德］瓦尔特·本雅明：《迎向灵光消逝的年代：本雅明论艺术》，许绮玲、林志明译，广西师范大学出版社 2008 年版，第 75 页。

'灵光'了"[①]。对此，本雅明坚持身体感知优先于身体行动的观点，认为灵光美学与复制行为是相敌对的。这时，美已经无关乎事物的完整性与美的表象的统一了，技术制造了美本身与美感知的分离。

这种美的创造与感知的分离意味着并不需要艺术生产者的权威性作为艺术真实性的可靠保证，这就为大众作为生产者提供了可能，"于是又（有）愈来愈多的读者……转而成为作者"[②]。况且，艺术也不再像以往那样需要基于身体的长期技艺磨炼才能艰难地达成，或者说创造者的经验变得可有可无，而是成了综合技术的共同空间。所以，我们看到艺术成了大众所共同拥有的文化事业。于是，在其中，一般民众的日常行为、社会责任与角色扮演的界限异常模糊，而他们的感知模式也随之混沌一体了。在这种情况下，便需要"以幻影奇景及模棱暧昧"的方式来刺激大众的兴趣，从而产生本雅明所谓的"震惊"效果。本雅明的"震惊"基本包含两层含义："一是外部突发、强大能量对心灵的刺激，及意识保护层防御机制对此刺激抑制、缓冲时所获得的瞬间体验；二是人们过去经验无法对外部世界巨量材料适应与同化，二者产生断裂时的心理体验。"[③]震惊显然不是一种来自身体的和谐情感体验，可以说"它触动和带出的不光是基尔克果著名的主题恐惧和战惊，还有的是谢林描述上主宰创造和成为肉身的过程中所承受的苦痛"[④]。但不管如何，本雅明并没有将关注的焦点挪移开身体感知范畴。

从灵韵美学到震惊美学的转变来自身体及其感知方式的变化。因为，本雅明认为美感来自身体感。对此，本雅明列举了外科医生与巫师对身体的不同处理方式及其所造成的差异性后果的例子来说明这个问题。他分析说，医生直接进入病人的身体使两者的空间距离消失，或者借助手术刀直接进入病人的身体，甚至要放弃人与人直接的普通关系；而巫师保持了人与人的自然距离，可却以自身的权威性拉开了两者间的距离。此时身体间的空间距离并没有实质性的差异，可身体的感知却迥然不同。画家与摄影师的关系就如同巫师与外科医生的关系，画家保持着与对象的自然关系却得到了整体性感知，摄影师深入景物内部切割了对象并使

---

① ［德］瓦尔特·本雅明：《迎向灵光消逝的年代：本雅明论艺术》，许绮玲、林志明译，广西师范大学出版社 2008 年版，第 75 页。

② ［德］瓦尔特·本雅明：《迎向灵光消逝的年代：本雅明论艺术》，许绮玲、林志明译，广西师范大学出版社 2008 年版，第 79 页。

③ 朱立元主编：《法兰克福学派美学思想论稿》，复旦大学出版社 1997 年版，第 151 页。

④ 朱大成：《文化的宗教性：本雅明、伽达默尔、勒维纳斯的文化理论》，香港道风书社 2010 年版，第 80 页。

其变得一览无余。表面上看，似乎是技术成为解剖身体的装置系统，而实际上，本雅明更为重视的可能是其中的革命性权力关系的转变。

艺术品的价值，如它的祭祀性联系于身体（手），而复制品则解放了手，但却抓住了视觉。身体的解放，使得手不再需要经过直接与物体接触并对之做长久的打磨和缓慢制作以将那个神秘的“遥远者”带到近前。可眼睛（视觉）大大快于手的劳动，也就是复制技术以加速度将大众裹挟到一个全新的艺术景观中。而人们对加速文化的接收与体验显然又会引发另一种公共空间的大众政治的诞生。

三、政治身体及其暴力美学

众所周知，《机械复制时代的艺术作品》还需要在两个背景中加以认识，一个是布莱希特，另一个是马克思主义。前者导致了本雅明与阿多诺之间产生了著名的争论；后者则直接引发了本雅明将艺术奠基于公共领域中的政治化认识。对政治与艺术关系的观察与批判，可以说，“构成了本雅明 30 年代整个作品的主旨”①。在文章的结尾，本雅明清晰地提出法西斯主义所带来的“将美学引入政治生活里”的“必然结果”②，而消除这种人类悲剧的出路在于共产主义的“艺术政治化”。本雅明提出的这种以美学政治化取代政治美学化的拯救策略，“实际上归根结底还是一种建立于身体中心的实践方式”③。根据本雅明的认识，我们将此概括为从身体行动的艺术转向身体行为的艺术，或者说是身体维持、承受的活动取代身体做和实践的活动。因为，在本雅明的视域中，技术不仅是形塑身体的关键推动力，而且还使得一切“自然生命或非自然的生命都成为人类身体的一部分”④。这样一来，人的身体在社会空间中被上演，并使战争地带、私人空间、艺术世界和它的公共空间展示都清晰地呈现出来。⑤另外，本雅明也发现了在公共空间中有另外一种情况悄然而生。本雅明说道：“我们在观众身上看到批判精神与享受行为之间出现了愈来愈大的分

---

① 于闽梅：《灵韵与救赎——本雅明思想研究》，文化艺术出版社 2008 年版，第 72 页。

② ［德］瓦尔特·本雅明：《迎向灵光消逝的年代：本雅明论艺术》，许绮玲、林志明译，广西师范大学出版社 2008 年版，第 101 页。

③ Margarete Kohlenbach, *Walter Benjamin: Self-reference and Religiosity*, New York: Palgrave Macmillan, 2002, p.165.

④ Margarete Kohlenbach, *Walter Benjamin: Self-reference and Religiosity*, New York: Palgrave Macmillan, 2002, p.153.

⑤ Hanna Musiol, “Museums of Human Bodies”, *College Literature a Journal of Critica Literary Studies*, Vol.40, No.3, 2013, pp.156–175.

歧。人们欣赏传统的事物而不加批评；反之对真正新的事物，却嫌恶批评有加。”① 破除灵光会带来一种感知和一种“平等意义”，可平等的大众更需要对其身体进行美学管理。

《机械复制时代的艺术作品》强烈地表明了机械技术给艺术带来的革命性影响，其中本雅明彰显了身体逐渐获得解放的革命性关系，由有灵魂的身体到感知性的身体再到身体退隐而成为大众的过程。“灵韵”概念说的也是身体的关系问题：从仪式的身体到感知的身体再到政治的身体。三种形式下的艺术都是让人献出身体：灵韵时期是以仪式的方式献祭自己的身体；复制技术时期（比如电影），演员是表演自己的身体；公共空间中则是大众的行动的暴力身体。在前两个阶段，行动的身体与观看的身体是分离的。从创作者来说，第一个阶段需要付出大量的身体行为去磨炼以达到与对象的一致，从而具有使对象超越有限世界达于无限的神秘感，这里的美更多的是由身体的内在体验产生的，具有较浓的虚幻色彩。第二个阶段则更多地表现为不知为谁去付出身体，或者最低限度来说，具身化的结果与过程之间是分离的，身体更多的是呈现出某种姿态与表演。而从接收者来看，第一个阶段是膜拜创造者的身体，第二个阶段是通过后期制作的形象越过中间过程去崇拜创造者形象。到了第三个阶段，身体的仪式性和分离性消逝殆尽，取而代之的是持续或维持、承受某种行为的大众的身体，它使美学的身体进入伦理、政治领域。对此，本雅明曾举了一个画家与医生对比的例子来说明不同阶段艺术中身体的关系以及所彰显的美学问题，即以电影为代表的机械技术的艺术形式渗透进人的身体组织内部，从而“为我们打开了无意识的经验世界”②。

自然距离及其相关的权威性天然地将等级关系横亘在艺术生产者与大众之间，大众以仪式膜拜之情匍匐于艺术品之下；距离消失之后，艺术生产者与观众被带到共同经验那里；界限破除之后，观众的批判意识越发强烈，而且他们的接收方式还受到其他个体的影响，于是一个具有共同体特征的群体便诞生了。这显然有别于虽具有感受统一性却独自以个体性呈现的灵韵艺术阶段：将断裂时空性通过拼接而成的艺术形式与现实的统一体相结合。通过分析，本雅明在空间距离、感知模式与主体结合方式的多维辩证关系中嗅到了革命的气息。本雅明在第一个阶段透

① ［德］瓦尔特·本雅明：《迎向灵光消逝的年代：本雅明论艺术》，许绮玲、林志明译，广西师范大学出版社 2008 年版，第 85 页。

② ［德］瓦尔特·本雅明：《迎向灵光消逝的年代：本雅明论艺术》，许绮玲、林志明译，广西师范大学出版社 2008 年版，第 90 页。

露出怀旧的忧郁姿态，在第二个阶段更多强调身体化过程分离的忧伤，在第三个阶段则更强调直接的身体行动本身。本雅明用“崇拜仪式价值”和“展览价值”指称传统社会中具有灵光艺术的美学和现代机械复制技术时代的复制品美学。与之相符合，身体则体现出神圣姿势、展示姿势以及大众社会公共空间中作为行动身体的暴力姿势。不得不说，“暴力”有来自平等身体经验方面的原因，也有的是由在接收者心理神秘性及等级关系消失之后的反拨所致。以电影为代表的、新技术制造的艺术样式将本来寄寓于各自分割的“集中营式的世界”的主体汇聚到一个共享的公共空间，这种艺术样式也将它自身向无意识的经验世界敞开与解放。还有一个截然不同的地方在于，灵韵美学要人在闲适的状态下静观遐想，而电影则热衷于场景和人物的变换，以情节节奏的缓急调节刺激并使人产生震惊体验，而且努力使这种身体感受冲破精神的门框。这种艺术不仅降低了参与的门槛，甚至是激进地鼓动大众参与进去。因此在这种情况下，大众很容易被某种政治艺术捕获、利用，进而形成某种极端政治方式。本雅明从他的辩证观出发，看到了这种政治美学化危机中的艺术政治化曙光。灵韵美学与震惊美学的关系同样可以用外科手术与巫师的譬喻得到说明，灵韵美学偏静观，震惊美学重展览，一个是视觉，一个为触觉，而其中身体—空间正是本雅明辩证历史观的一个枢纽所在。

“现代条件下艺术发展倾向的论纲”——《机械复制时代的艺术作品》呈现了艺术在两种媒介时代更迭过程中艺术的身体美学。这种身体以经验身体、体验身体、政治身体的灵韵美学、震惊美学和暴力美学呈现。这里，我想借用本雅明用人类爱恋中的关系作比真理与美的关系来说明艺术变革中身体的关系问题。那就是，身体对于艺术变革来说至关重要，但身体并不以自身在艺术中走向前台，这是因为身体是在一个“更高的秩序中表现自身”[①]，而不是以概念之思形成认识。对于其中的身体美学，本雅明不仅让人们去寻找、去经历那么一种“触动我们、考验我们、穿越我们的体验”[②]，而且也提醒人们应该关注现代社会中身体进入伦理、政治范畴所引发的诸多身体美学问题。

---

① ［德］本雅明：《德意志悲苦剧的起源》，李双志、苏伟译，北京师范大学出版社 2013 年版，第 6 页。

② ［法］西尔维娅·阿加辛斯基：《时间的摆渡者——现代与怀旧》，吴云凤译，中信出版社 2003 年版，第 51 页。

第二节　文学书写的主体政治

诺贝尔文学奖获得者、日裔英国小说家石黑一雄（Kazuo Ishiguro）2005年创作的长篇小说《别让我走》(*Never Let Me Go*)甫一出版，便好评如潮。在文学界，《别让我走》接连斩获英国布克奖提名、美国亚历克斯奖和意大利塞罗诺文学奖，并相继登上《时代》周刊、《纽约时报》等多家英美重要媒体的年度最佳图书榜。在研究界，学者们也纷纷从克隆人、生死主题、道德伦理、政治权力、人性与动物、屠杀与创伤、心理与情感、生存与记忆，以及叙事学和后人类主义等多个方面对该小说做了深入探究。纵观这些研究，该小说至少在以下三个方面显示出尤为重要的意义：一是《别让我走》处于由《失乐园》《鲁滨孙漂流记》《科学巨人》《美丽新世界》《一九八四》《裸体午餐》《V.》《死者年鉴》《幻影书》《米娜哈克的来信》《雪人》等作品所开拓的生命政治批评实践中；① 二是借用福山的说法，《别让我走》也处于由《一九八四》与《美丽新世界》② 在信息技术和生物技术两个方面所界定的20世纪中叶出生的人们对于未来世界可能出现的知识与情感系统被更改的生命政治恐怖景象的结合点上；③ 三是《别让我走》一方面将生命政治问题置于作品的显要位置④，另一方面有关它的生命政治批评也同样居于前沿与显要位置。⑤ 目前，《别让我走》是国内外学界进行生命政治批评最为丰富的文学作品。

---

① Christopher Breu, *Insistence of the Material: Literature in the Age of Biopolitics*, Minneapoli: University of Minnesota Press, 2014.

② *Bülent Diken*, "Huxley's Brave New World - and Ours", *Journal For Cultural Research*, Vol.15, No.2, 2011, p.153.

③ Francis Fukuyama, *Our Posthuman Future: Consequences of the Biotechnology Revolution*, New York: Farrar, Straus and Giroux, 2002, p.3.

④ Leanna Richardson, "The Modern Robot and the Postmodern Cyborg: The Post-Human as an Image of Anxiety", *A Journal of Undergraduate Literary Criticism and Creative Research*, No.3, 2012, p.38.

⑤ See Bruce Jennings, "Biopower and the Liberationist Romance", *The Hastings Center Report*, Vol.40, No.4, 2010, pp.16–20; Shameem Black, "Ishiguro's Inhuman Aesthetics", *Modern Fiction Studies*, Vol.55, No.4, 2009, pp.785–807；陈重仁《〈别让我走〉与生命政治的美丽新世界》,《中外文学》2012年第2期；Arne De Boever, *Narrative Care: Biopolitics and the Novel*, New York: Bloomsbury Academic USA, 2014; Jhohnston, J. Omar, *The Prosthetic Novel and Posthuman Bodies. Biotechnology and Literature in the 21st Century*, Mandison: University of Wisconsin- Mandison, 2012; Emily Johansen, "Bureaucracy and Narrative Possibilities in Kazuo Ishiguro's Never Let Me Go", *The Journal of Commonwealth Literature*, Vol.51, No.3, 2016, pp.416–431.

在刚刚过去的这些年，生命政治概念获得了巨大的成功。生命政治业已成为当代资本主义社会主要的管治范式。而且在哲学、美学、历史学、政治学、文学艺术，以及更为广泛的社会学和人类科学的广大领域，大量的学者开始使用这一概念，并作为他们理论分析中不可或缺的一部分。[①] 毫不夸张地说，生命政治已从十年前福柯思想中的一个概念，演变成为“标识一个独立的学术领域”[②] 与思想武器的新境地。沿着这一批评路径阐释《别让我走》的生命政治化，或许将会敞开当代文学书写及其法则与它不断求助的生命概念之间在生命政治理论中所存在的某种疏离和超越的吊诡关系。[③] 本书在这里将结合情感政治谈谈技术创造物——克隆人的问题。

一、生命政治的治理与生命的感性

《别让我走》是一部有关制造生命、看护生命和思考生命的当代小说。小说书写的克隆人是本来并不存在的生命，只是由于生物技术与生命政治发生关系才得以来到世上。围绕凯茜、汤米和露丝三个年轻人，作者讲述了一段发生在 20 世纪 90 年代的英格兰的一群克隆人的生命故事。小说从青春期以前就生活在黑尔舍姆（Hailsham）寄宿学校的克隆人说起，后来不断辗转各地，直到为正常人类做完四次器官捐献后生命终结。在文中作者冷静地道出了克隆人的身世秘密和未来命运。布朗宁（James Browning）称赞这部小说“堪称生物工程时代的《一九八四》”[④]。确如其言，该小说的故事情节巧妙地呼应了当代生命政治议题。

对于小说书写的生命故事，石黑一雄是以 31 岁的克隆人凯茜作为第一人称的敞开性视角叙述了一群克隆人所生活的黑尔舍姆，以及他们所黏附于权力的一切关系和“规训机制”。这里有环绕的栅栏、遍布各处的“天线和卫星接收器”的监控设施，有每周一次的严格身体检查和形影不离的看护员，有各种“晨会”“谈心”“训诫”“警告”和“秘密护卫队”，也有不知从何而来的“各种各样的可怕故事”，以及克隆人之间无时不在

① Vanessa Lemm, Miguel Vatter, *The Government of Life: Foucault, Biopolitics, and Neoliberalism*, New York: Fordham University Press, 2014, p.112.

② Jakob Nilsson, Sven-Olov Wallenstein, *Foucault, Biopolitics, and Governmentality*, Huddinge: Södertörm University, 2013, p.73.

③ Jakob Nilsson, Sven-Olov Wallenstein, *Foucault, Biopolitics, and Governmentality*, Huddinge: Södertörm University, 2013, p.90.

④ 转引自谷伟《沤浮泡影：略论〈千万别弃我而去〉中“黑尔舍姆”的体制悖论》，《外国文学》2010 年第 5 期。

的监视偷听，乃至“关禁闭”“体罚”“剥脱权利”等各种规训手段。然而与这些直接作用于克隆人身体上的惩戒权力相比，那些植入克隆人头脑和心理上的困惑与压抑则显得更为细密与恐怖。例如，克隆人对为何抽烟对他们来说“更糟”而疑惑不解，对自身不能生育忧伤不堪，对谈到“二战”关押在铁栅栏里的战俘时表现出惊恐不已，对性爱规则和卫生要求的过分强调顾虑重重，以及对裂开伤口做的纯物质性叙述则心生不适等，极其细密地呈现了生命中那些内在的感性样貌；尤其是在“被告知又没有真正被告知”[①]的心理暗示中把莫名的恐怖推到了令人毛骨悚然的极点。显然，这些无形的东西成为“煽动、强化、控制、监督、抬高和组织它手下的各种力量的作用的一个部件。它是一个旨在生产各种力量、促使它们增大、理顺它们的秩序而不是阻碍它们、征服它们或者摧毁它们的权力”，即这种惩罚性、恐怖性的“部件”又同时“成了对一种积极地管理、抬高、增加、具体控制和整体调节生命的权力的补充”。[②]

此外，小说还凸显了那些不具名的、潜在地散布于各个方面的权力掌控者的威慑性，而这些权力者往往没有具体的形象和来源。“看护员”和“夫人”作为权力的执行者却不知权力来自何方，权力的“无首化”和细密化使得克隆人生活在笼罩着各种有形和无形的生物危险、权力危险和疾病危险的恐怖之中。但是，小说似乎意欲将克隆人呈现为有关现在和有关我们人类自身的一种存在。因此，克隆人的状况也是我们自己的状况。[③]以生命为中心，作者在不知不觉中巧妙地模糊了人类与克隆人的种属界限、物—人之分，让两者自动进入生命政治生与死的矩阵中，进而带出人类与克隆人的对视、互换以及自我的代入，在身份自由切换中增加理性思考和情感体验的强度。非常明显的是，一旦涉及生命与医学问题，小说就立刻呈现欲言又止的模糊叙述，读者也无时无刻不处在一种看似无关紧要的字句中却隐含着可怕的秘密和随时降临生命风险的无尽的心理担忧中。或许，作者用这种复杂的生命感性故意预设了生命政治的可能场景。

正如有的学者所说的那样：孩子们在一个与其他同伴隔绝的环境中

---

① Kazuo Ishiguro, *Never Let Me Go*, New York: Vintage, 2006, p.82. 后文出自同一著作的引文，将随文标注该著名称首词及引文出处页码，不再另注。

② ［法］米歇尔·福柯：《性经验史》（增订版），佘碧平译，上海世纪出版集团、上海人民出版社 2005 年版，第 88 页。

③ Arne De Boever, *Narrative Care: Biopolitics and the Novel*, New York: Bloomsbury Academic USA, 2014, p.60.

被克隆和养大。一旦他们到了成年，就成为“捐赠人”，他们的器官在一系列的操作中被收割和被用来治疗人类的疾病。在捐献四次以后，便走向死亡。[①] 人类给予克隆人生命，可是在其步入死亡的过程中，又故意改变了一次性收回的古典权力，显现形式为借助器官捐献的多次收回方式。想必，作者是以此来诠释生命在遭受到权力与生物技术造成的生命风险时刻的敏感、脆弱、惊恐等一系列精神、心理的细节过程。

从小说结尾“夫人”的陈述看，凯茜等人是一群因担忧人类生命的风险（或为了增强生命的质量），在权力、商业、医学等机构支持下进行的生物学实验中产生的实验生命，是被“创造”“规划”和“安排”的来自技术而非来自自然生殖造成的实验生命。维系他们完成捐献走向终结的一系列看护行为、教育行为、健康检查和行为监控等显然不是基于生命的自然需求，而是基于一种外部的政治目的和生物医学需要。在这个过程中，像凯茜这些被制造出来的生命不断接受各种各样、无处不在，又或隐或现的外部因素（力量）的介入，产生出了一系列生命问题和不可言说的健康状况。《别让我走》用凄婉的故事生动地注解了生命政治理论家们对于生命是与政治（权力）、医学（制度）、知识体系密不可分的关系物的论述，让人瞥见了政治权力、医学技术、知识与经济等外部因素“介入人类存在的生命特征而进行的尝试”[②] 所显现的生命权力（biopower）场景。

凯茜等人作为被制造的生命，他们生的机会和死的意义都聚焦在“给正常人类提供生育高素质的孩子的可能性。优异的智商，优异的体质，诸如此类”[③]。赤裸裸的种族主义逻辑，赋予了权力承担分割应该活的人和应该死的人之间断裂的责任，而且，“在我自己的生命和他人的死亡之间建立一种（生物学类型的）联系”。它不是为了消灭敌人或政治对手，而是在人口之内或之外以消灭人口生物学上的危险进而巩固人种或种族为目的。[④] 种族主义转换成一种较为隐秘的方式——器官克隆，而在现代技术社会中获得了存在的合法性。不管是把其视为延续人类生命而献祭的牲人（homo sacer），还是把其视为可任意处置的生物器官，这

① Anne Whitehead, “Writing with Care: Kazuo Ishiguro’s Never Let Me Go”, *Contemporary Literature*, Vol.52, No.1, 2011, p. 54.

② ［英］尼古拉斯·罗斯：《生命本身的政治：21 世纪的生物医学、权力和主体性》，尹晶译，北京大学出版社 2014 年版，第 64 页。

③ Kazuo Ishiguro, *Never Let Me Go*, New York: Vintage, 2005, p.264.

④ 参见［法］米歇尔·福柯《必须保卫社会》，钱翰译，上海人民出版社 2010 年版，第 195 页。

里都是一个法的例外空间和悬置状态，即这些复制人可以随意被处置而不受任何处罚，他们是不受任何法律保护的，是“处在生命与死亡、内部与外部之间的一个界限性地带”和无区分性地带的赤裸生命（bare life）。[①] 因“政治”而“生”（zoē）为生命客体（对象性存在），却没有任何生命的权利和价值。小说明确交代了凯茜等人完成的艺术作品，不仅大多数艺术品没有什么创造性和艺术价值，而且这些艺术品还被无偿取走；不仅用爱情欺骗本来不存在的延迟捐献，而且在寻找生命原型上无情地斩断他们自我认同形成的可能；剩下的只有看护员才能“行进在那一度唯有至高权力才可以进入的无主之地中”[②]。

黑尔舍姆的监控实在是谈不上有多么坚固，它就如同《一九八四》里的“电幕”一样，甚至还会起到某些积极的效果。比如，栅栏没有电气化、克隆人也可以私下里评价看护员，生活在这里竟然颇让人感到“真正轻松自在，甚至是恬静宜人”[③]。作者后来安排凯茜等人从黑尔舍姆到村社和其他康复中心，由封闭场所一步步走向更为宽松、自由的空间（公路），不管作者是否存在暗示某种管治权力松动的隐喻，可他们依然十分怀念黑尔舍姆，这是确信无疑的。所以，与其说这是对克隆人的严格监控，倒不如说是用一种较为温和的知识渗透和情感培育的方式引导他们及早进入捐献或未来生命的一种预演。显然，交换艺术品旨在训诫克隆人的无偿奉献意识，“代币之争”是在暗示他们对于自身价值的认知，滋生爱情和寻找生命原型则是强化其身份认同和生命主权。

面对这一切，黑尔舍姆给他们留下记忆的是对健康的保护，对家、童年和生命的关怀，并让他们安然度过了令人难忘的快乐童年。虽然是克隆人，但是他们其实和正常人并没有什么两样。看护员也需要对看护工作全情付出，否则这将是一份常人难以胜任的艰巨工作；捐献者也需要富有情感和饱满的热情才可以延续捐献次数，否则同样是一种痛苦不堪的短暂生命，甚至，情绪（情感）的重要性远远超越了疾病本身。凯茜就说：“我们与谁做爱必须小心。不仅仅因为可能感染疾病，而且，她说，还因为‘做爱会以出乎你意料的方式影响情感’。”[④] 作者选取的故事

---

① 参见［意］吉奥乔·阿甘本《神圣人：至高权力与赤裸生命》，吴冠军译，中央编译出版社 2016 年版，第 213 页。

② ［意］吉奥乔·阿甘本：《神圣人：至高权力与赤裸生命》，吴冠军译，中央编译出版社 2016 年版，第 214 页。

③ Kazuo Ishiguro, *Never Let Me Go*, New York: Vintage, 2005, p.237.

④ Kazuo Ishiguro, *Never Let Me Go*, New York: Vintage, 2005, p.83.

叙述者凯茜就很好地说明了这一点，她兼具权力施动和受到的双面性，是克隆人的看护者和幸存者，还是三个主要人物中最温柔、天真和友爱的；她对看护工作的满意、对往日技术学校生活和日常交往的回忆和常人均无二致，而且，同样是要做捐献，她却不会“情绪波动”。因此，技术制造了人，也制造了人性。克隆人之间的三角恋爱、嫉妒、性混乱，以及凯茜对残忍摘除克隆人器官和克隆人苦痛的无动于衷等，他们在看护与被看护中也在逐渐经历着自我塑造，这本身就是“太人类”了。只是作者在叙述过程中时不时表现出的“神秘与风险”在时刻提醒他们（包括读者）不要忘了他们与正常人类的不同罢了。

二、非对称的生命政治与主体塑造

根据福柯的看法，生命政治指的是发生在18世纪末期由“‘让’人死或‘让’人活的古老权力”向“‘让’人活或‘不让’人死”[①]的现代权力的转变，以及系于此的治理技术模式的转变。同时，它也意指围绕个体肉体为中心进行规训（les disciplines）的身体解剖政治（anatomopolitique）向针对整体人口为中心进行介入和调控的生命政治另一极的过渡机制，以及在主体那里造成的多重效应。一方面，生命政治以群体人口为治理对象，以管理生命、增强生命、看护和理顺生命为旨趣，进而实现治理的合理化。但另一方面，生命政治也造成了生命“不确定状况或不明确的部分”[②]，生命统计学化和生命的问题化，以及抵抗臣服化的主体性之路的乌托邦化等诸多关键性难题。尽管在福柯那里，治理并非指某种纯粹的统治关系，也不是主要指迫使他人的手段，而是一种具有引导性的美学手段和主体间的技艺，一种“使人能够利用人们的自我，利用人们的自我指导”[③]的技艺。

简言之，在《别让我走》中，石黑一雄用一个由生物技术制造的实验生命——克隆人的生命故事感伤地展现了在“生殖成为生命政治的核心”[④]语境中的种种难题和非对称性。凯茜、汤米、露丝……这些克隆人

---

① ［法］米歇尔·福柯：《性经验史》（增订版），佘碧平译，上海世纪出版集团、上海人民出版社2005年版，第80页。

② ［法］阿兰·布罗萨：《傅柯：危险哲学家》，罗惠珍译，漓江出版社2014年版，第51页。

③ ［法］米歇尔·福柯：《自我解释学的起源：福柯1980年在达特茅斯学院的演讲》，潘培庆译，西南师范大学出版社2018年版，第102页。

④ Sergei Prozorov, Simona Rentea, *The Routledge Handbook of Biopolitics*, London: Routledge, 2017, p.281.

虽然是从正常人类器官经由生物技术批量生产，而不是经过有性生殖诞生的“同一性的人”，他们却都有着各自不同的性格脾气与灵魂。也就是说，他们和常人无异。这很容易让人联想到不可复制、唯一性的《别让我走》磁带与独一无二的克隆生命之间可能构成的强烈的生命隐喻，他们来到世上是为了给人类做器官捐献，他们活着的意义却又偏偏在于“死”的行为，基于人类生命质量的目的，他们要完成死（即捐献）却又反讽地意味着必须保持健康和活得愉快、充满友爱，并受到严格看护、监控和教育等一系列的生命照料，这很好地注解了“赐生”“让死”和死亡政治（thanatopolitique）作为生命政治反面的辩证、模糊与不对称性。凯茜在《别让我走》的歌曲中热泪盈眶，对生充满无限留恋，又对生育充满无限期待，可他们的原型却又偏偏是来自吸毒者、妓女、酒鬼、流浪汉、罪犯等这些不珍惜生命的社会渣滓的母体，[①] 他们接受性教育的规训，可又能随便和不同的克隆人发生性行为。

此刻，处于身体规训和人口调节两条轴线交叉点的性巧妙地发生了错位。人类像对待可怕的蜘蛛一样对待克隆人，把他们作为没有灵魂的生物垃圾随意处置，这表征了人类遭遇的后人类政治烦恼[②]，基于提升生命质量的目的，结果反而是制造了一个冷漠的社会。人类一手制造的克隆人在追寻与弃置的错位中暗示了生命伦理在生命政治中的严重缺位；人类似乎以德勒兹“无器官的身体”那样一般出现：他们对自己的器官不满，同时又作为器官身体疏离了参与塑造的人。他们虽追求健康但终究还是导向了生命在本质上隐含不健康的自然规律的必然，对克隆人照料备至却难逃“捐献四次”的限制，生物技术与生命之间存在的不可调和的冲突预设了对生命存在的本质的关怀与尊重。

石黑一雄用“学生”替代小说主人公克隆人的生物医学称呼，又通过淡化其特殊性让读者自行代入自身体验，使其觉得他们就是自己身边熟悉的人的同时强化了人类对于自身生命的思考。通常，人们认为“医学所希望的只能是阻止反常现象，重建自然生命规范和支撑它的身体规范”[③]。而从小说所描述的克隆人来看，他们都很好地适应了不同的环境。他们自身的病理看似如阴魂不散一般时时伴随着他们，可事实上他们并

---

① Kazuo Ishiguro, *Never Let Me Go*, New York: Vintage, 2005, p.166.

② Johnston, J. Omar, *The Prosthetic Novel and Posthuman Bodies: Biotechnology and Literature in the 21st Century*, Mandison: University of Wisconsin- Mandison, 2012, p.33.

③ ［英］尼古拉斯·罗斯：《生命本身的政治：21 世纪的生物医学、权力和主体性》，尹晶译，北京大学出版社 2014 年版，第 20 页。

没有因此而出现危及生命的病理问题。结果导致对生命的重新认识，就像福柯的老师康吉莱姆所认为的那样：生命不是物理和科学问题，而是政治与伦理问题；生命病理不是来自结构性失衡，而是来自生命的变化、变异，或者知识的制度化。

这就提出了一系列令人思考的问题。究竟人类有没有必要对自身器官进行克隆，为增强生命是否必须将克隆人弃之不顾，正常人类的自然生命模式还要不要继续，克隆技术和延长生命技术是否能够制造与维持一段高质量的生命，是否需要担忧可能造成的生命风险？如此等等。因为，生命政治反而导致了某种无用性。克隆人存在的价值就是为年老的病人提供更好、更有效的身体器官以便其更好地生活，而人类又何尝不是？他们难道不也是为权力者提供同样的生产增值，使其治理更有效吗？可人类自身最终不也是和克隆人一样成为献祭者了吗？自身的内在价值、情感、精神这些珍贵的生命情感不也变得不重要了吗？克隆人不管是做艺术品还是制造友谊，本以为能提升自我价值，但后来发现情况绝非如此。而是看护员以此来证明他们精神存在，并借此为克隆技术（项目或政治行为）获得支持提供证据。也就是说，生命政治着眼于群体治理导致了对个人价值和生命情怀的无视，使个人成为献祭的无用者。

言下之意，生命政治强调集体人口健康的同时应该关注个体生命质量，在被动接受生命政治福利时生命也主动参与了自我找寻与幸福塑造。所以，“生命政治分析也必须考虑到主体化的形式”[①]。学界对《别让我走》中克隆人为何不逃离的争论不是恰好印证了生命政治中主体塑造的自我技术吗？生命政治理论家奈格里同样以杰出的研究指明了生命政治在生产自身的同时，也生产了社会关系。石黑一雄显然没有在小说中过多地渲染权力管治、生物技术、科技监控、视听监管的细密与复杂，而是聚焦于一名普通的克隆女孩凯茜，着墨于她在寄宿学校度过的快乐又令人难忘的童年，在创造和阅读艺术作品中自由地成长，尽心尽责地做看护工作，为延迟捐献滋生的真正爱情。她有着和正常人一样的好恶、嫉妒、忧伤、报复心以及种种小情绪，她对自己的看护工作心满意足，又甚或充满着些许的骄傲，对于卸任她喜爱的岗位也能欣然接受，并充满期待与畅想。因为，她认为可以有充分的时间和机会“去停下来思考和回忆”、

① Thomas Lemke, *Biopolitics: An Advanced Introduction*, Translated by Eric Frederick Trump, New York University Press, 2011, p.120.

享受自我，可以有机会尝试去弄明白他们作为克隆人未来的生命问题。[①]

克隆人拥有的这些无法言说的品性、性情、伦理道德反而是为增强身体能力、生命健康，延长生命周期实施生命技术的人类所丧失的，或者说被忽略的。克隆人的命运和价值在于生命置换，将人类的器官复制成克隆人，再用克隆人的器官回过头来置换正常人的疾病器官，从而达到增强人类生命的目的。小说用零度叙述将正常人类置于克隆人的他者地位，同时采取否认克隆人对等性和同一性的方式，以便人类与克隆人在生命政治场域中实现互视。然后，再以富有感伤的基调叙述克隆人的生活、情感、心理与思考，从而尽可能丰富地展现克隆人的内心情感世界。作者试图用这种实验生命与自然生命并置于共属空间的方式将人类不知不觉地带入生命政治语境中并重新体认："人类存在的最重要的意义，完全不是由于物质性设计。而正是人类所独有的全部情感，让人产生了生存意义、目标、方向、渴望、需求、欲望、恐惧、厌恶等意识，因此，这些才是人类价值的来源。"[②]

克隆人与人类既存在一种对照，又彼此连接在一起：从克隆人反观人类，见出人类所追求生命改良的意愿难以规避生命在本质上不健康的必然，即人类还是克服不了生命的自然逻辑。凯茜、露丝、汤米之间的友好情谊反衬了人类的冷漠无情；他们不具人性（无苦痛感）的设定隐喻的是人类理性的无情；他们所面对的未来也同样是人类所要面对的共同未来。这个暗示立足于人类自身，以生命政治来审视，是该小说的根本主旨。因为，复制人只是人类器官的一个再植，从复制人那里看，"别让我离开"是说他们也是说生命，也与人类一样需要增强、提升、关怀和给予生命福利。这不是肤浅的人类伦理、权力规训对人类的指责，而应该将其置于生命政治中去重新理解。一个是人类的生命政治，即增强与提升人类生命的主题；另一个是复制人自身也需要生命政治的照料，即也需要在生命政治视域内以生命权利对待之。《别让我走》的生命渴望与祈求主要是在这一层面。

针对克隆人一系列的检查与监控机制，尽管小说中没有写，但很显然，同样也反衬了施加在正常人类身上的。如果说，克隆人来到世上，或者说存在的价值就在于器官捐献，他们维持身体健康是唯一重要的事

① Kazuo Ishiguro, *Never Let Me Go*, New York: Vintage, 2005, p.37.

② ［美］弗朗西斯·福山：《我们的后人类未来：生物技术革命的后果》，黄立志译，广西师范大学出版社 2017 年版，第 169 页。

情的话，那么，维持人口健康也是现代生命政治唯一重要的事情。因为，维持人口健康是维持继续生产的基本条件。克隆人由器官捐献而来，又为了器官捐献而离去。只不过，克隆人对生命的期盼在于留恋生命、享受生命、珍爱生命，与正常人延续生命的生产、政治、知识等多重目的相比，显得更为符合生命的本质。因此，《别让我走》在凸显生命政治冲突、彰显生命难题中也让读者“体验强大的张力与压抑的力量”①，从另一方面表达了作者对正常人生命价值与伦理的一种潜在的批判。

三、生命的抵抗、拯救与乌托邦

生命政治既是一种增强、提升与调节生命幸福的权力观，亦是一种基于权力松动和积极性的管治技术。因此，一切可纳入生命政治批评的作品，无一不是针对人类管治松动的书写。尽管，生命政治以集体人口作为统计目标，可悖论的是，还是强化了管治的细密化。《别让我走》自然也不例外。小说中的监控体系一点都不严密，惩戒手段也一点都不恐怖暴力，反而还特别关爱克隆人的身体健康和情绪稳定：不仅没有多少严格的生物监测程序，也没有什么不能涉足的危险行为，甚至还鼓励克隆人之间的性行为；不管是管治克隆人的物理空间，还是在制造她们的原型母体上，也都给予了比较大的自由空间和生活可能。

虽然说，黑尔舍姆后山林子里流传着“恐怖故事”：一个克隆人因逃跑失败而被绑缚在树上并被砍掉了手脚，另一个克隆人则因无意间离开黑尔舍姆继而无故死去，结果连灵魂都不允许回来。其中有借无形的精神震慑以辅助权力完成规训的用意，可更为根本的或许还在于以此确保克隆人身体和精神的完好性。所以，黑尔舍姆给克隆人留下的是无限的自豪与留恋。但是，《别让我走》的例外在于：在生命成为政治算计的明确核心和生物技术的直接生成物之外，它预示了由生物技术制造的新生命主体性的涌现，预示了克隆人拥有的智力的、情感的、认知的、艺术创造的诸多有关人性的部分是不可被规训、被管辖②和纳入技术的，而应该需要一种在生命政治上做自我与他者的审美关怀。③进一步而言，《别让我走》的突出主题是提出了在生命政治下，生命如何改变对象和客体

① Martin Puchner, “When We Were Clones”, *Raritan*, Vol.27, No.4, 2008, p.34.

② 参见［美］迈克尔·哈特、［意］安东尼奥·奈格里《大同世界》，王行坤译，中国人民大学出版社 2015 年版，第 205 页。

③ Arne De Boever, *Narrative Care: Biopolitics and the Novel*, New York: Bloomsbury Academic USA, 2014, p.8.

性地位而主动参与到自身塑造及其过程中所彰显的生命关怀问题。

《别让我走》无意专注于克隆人的管控技术，也无意专注于制造克隆人的生物技术渲染。小说的人物和情节都异常简化。显然，它不是为了要说明人类如何利用生物技术去制造出一个异于自身的客体，或者克隆人对于人类的有用性；它更为关心的是克隆人“控制、管理、制造、重塑、调节作为活生生的生物的人类具有的生存能力的能力”①，即由生物技术制造出来的克隆生命在生命政治下如何进行自身的社会关系生产，构筑新自我、新主体的可能问题。就像奈格里说的“生命政治生产的最终核心不是为了主体去生产客体，而是主体性自身的生产”②。人类肯定不是用生物技术去制造一个有别于自己的他者（克隆人），而是要克隆人与人类自身达成同一性。

凯茜的一生呈现了生命政治管治下生命的顺从、塑造与抵抗的过程。作为克隆人，她来自正常人类的器官生成，在捐献过程中承受着生物照料和身体规训，同时也在器官复生和器官捐献的生死之间作为一个“新的活着的死人，即一种新的神圣人”③而存在着。但小说给人的巨大体验张力恰恰正在于小说中凯茜等人摆脱生物技术和惩戒技术而自我塑造的主体化之旅。凯茜已经习惯了身体监控、卫生检查、人文教育和情感引导，但是她的观念（认知）却并没有彻底被权力结晶成具体模式。这从小说呈现凯茜等人具体化的细密性经验④，可见一斑。

她热爱自己的看护工作，对结束看护工作也充满期待，因为她感觉这样就有更多的时间思考生命；她对黑尔舍姆充满自豪与热爱，怀念在那里度过的快乐时光；她对寻找原型兴趣强烈，可在知道原型母体和可能的未来后也能坦然接受；她对生育无限向往，在得知不能生育后，倍感忧伤；她善于处理与汤米、露丝之间的三角恋爱，又对爱情和延长捐献全力以赴，可在知道无法突破四次捐献后，还依然能平静面对，她已经意识到这一切都是一个自然生命的日常生活和成长历程的必然。凯茜有爱、有创造性、有灵魂、有情感，也有思考，她是以对生命的满腔热

---

① ［英］尼古拉斯·罗斯：《生命本身的政治：21 世纪的生物医学、权力和主体性》“导言”，尹晶译，北京大学出版社 2014 年版，第 3 页。

② ［美］迈克尔·哈特、［意］安东尼奥·奈格里：《大同世界》“序言”，王行坤译，中国人民大学出版社 2015 年版，第 4 页。

③ ［意］吉奥乔·阿甘本：《神圣人：至高权力与赤裸生命》，吴冠军译，中央编译出版社 2016 年版，第 178 页。

④ Alvaro Jarrín, *The Biopolitics of Beauty: Cosmetic Citizenship and Affective Capital in Brazil*, California: University of California Press, 2017, p.13.

情和对未来拥抱的方式去抵抗生命政治机制的。同样，人类克隆她们也绝不是要制造一个生物怪物，而是要生产人类自身，一个具有真实存在和人格的真正的人，来拯救人类自身所遭遇的宿命。

凯茜自述了她的生命历程：从“黄金年代”陡然走向阴暗就如同“白昼陡然变成了夜晚”一般，令人难过。然而在这里，生命的诞生以及生命的发生、转变都是基于一种实验，或者说是基于项目、计划、政策、商业行为等外部因素。也就是说，生命源自一种政治行为，而非自然的过程，或者，克隆人所发生的一切都是为了印证某种思想、观念、计划、项目等。这些克隆人被教育、被规训，要求从事艺术，相互之间培育友爱，都是要说明这些克隆人“和任何正常的人类一样敏感和聪明”以“保证提供大笔的基金”[①]和众多的支持者来继续这项生命实验计划。可导致这项计划走向失败的重要原因是莫宁戴尔事件——越界法律的增强生命计划——的破产，这本身说明了克隆生命直接受制于外部权力。黑尔舍姆、桑德斯信托所、格伦摩根大楼……每一个都是一样的实验场地。这时候，才让读者感到一种强烈的、无言的悲哀 。

回想起来，克隆人在追寻生命起源上得到的真相是：她们的器官来源于像“吸毒者、妓女、酒鬼、流浪汉”以及“犯罪分子”等这些社会“卑贱者”，可人类却偏偏又想尽办法训诫这些复制生命，让她们变得情绪稳定、没有喜怒哀乐和性格脾气；用莎士比亚、卡夫卡和毕加索等人的艺术对克隆人进行人文教育，可她们创造的作品却几乎没有一点价值；培养克隆人“适当的性”的结果是她们任意的性和无法生育的现实：凯茜满心期待地用真心诚意去爱以期望延迟捐献时，得到的结果仍然是最多捐献四次的局限；在凯茜和汤米问夫人延迟捐献的最终结果时，却发现竟然是个谎言。不管是教育、艺术还是爱情，都不能拯救她们。所有的这一切都将人带回到小说题目所暗示的强烈的乌托邦意味。克隆人什么都不重要：艺术没有什么价值，爱情不能带来延迟捐献，生命原型是“卑贱者”，她们存在的唯一价值依然是她们生命的工具性。生命难以匹配技术、权力的“适当性”要求，生命自身也存在的种种问题化，这都说明了生命的不可复制、生命的政治抵抗。

有关《别让我走》的诸多生命政治解读，基本都集中于福柯与阿甘本的生命政治学路径：或着眼于黑尔舍姆的权力规训，或专注于克隆人的“赤裸生命”(bare life) 特性。这些解读要么是从国家管治的视角去谈权力

---

① Kazuo Ishiguro, *Never Let Me Go*, New York: Vintage, 2005, p.262.

监视，要么是从献祭的角度去谈个体生命的极端时刻。事实上，福柯的生命政治是一种关乎国家福利与人口健康的政治，阿甘本的生命政治则意在呈现极权政治中生命的尖锐时刻，两者似乎都不能很好地涵盖该小说对克隆人个体生命在生命政治中的风险书写，以及在风险中进行的主体性塑造这个核心问题。这些研究往往都离开了人本身而更多地谈论政治。

作者在小说中暗示的是在生物科技时代，生命政治所直面的关键问题或许并不是权力降临时的国家政治利益，也不是个体生命游走在献祭边缘的赤裸状态，或者是由权力、经济、统计等构筑的道德缺失。作者凸显的是基于以生物为核心的个体生命在生命自身的政治化和问题化中的主体性问题。这时候，生命主体的问题化取代了生命的提升成为权力的新逻辑。凯茜等人对复制生命母体的追寻、认知，对看护工作的专注，对生育的向往，对友谊、爱情的认真，对生命过程的思考等一系列塑造主体的强烈意识与终而难逃工具宿命的价值断裂，让人刻骨铭心。“在复制人的世界中，生命与公民权遭到脱钩处置，请求保护甚或请求生存的声音成为具体的诉求”[①]，这样一来，小说将读者带入了极其强烈的张力体验和命运忧虑中。

《别让我走》很好地呼应了文学与生命、政治之间的议题，所描写的是以改良生命为名的一群实验生命者对爱、人性和童年单纯的向往，其关切点并不在于创造克隆人的生物技术和科幻色彩，而在于这些克隆人的情、爱、性以及对生命自身的追寻、确认和思考。它很好地呈现了克隆生命在遭遇生命政治时的敏感与脆弱的感性维度，呈现了克隆生命政治过程中的种种“不对称性”和“无可逃离”给生命自身造成的种种政治化和问题化，并以此详细陈述了克隆生命在突破这些政治与问题过程中生命自身的重新塑造策略。小说的主题在于面对一个生命政治新世界的降临时刻，人类如何看待生命、处理生命、审视生命，如何安置自身的人性与情感，并促使人类去反思如何对待自己制造的生物体。因此，必须将《别让我走》置于生命政治语境，才能得到很好的阐释。

众所周知，文学既是对人类姿态丢失的一种记录[②]，也“隐存着一种生存方式、生命模式”[③]。文学本来是在生命内部书写生命，可突然之间把

---

① 陈重仁：《〈别让我走〉与生命政治的美丽新世界》，《中外文学》2012 年第 2 期。

② 参见支运波《姿态的诗学：阿甘本的生命政治批评》，《文艺理论研究》2018 年第 2 期。

③ Charles J. Stivale, *Gilles Deleuze: Key Concepts 2e*, Ithaca: McGill-Queen's University Press, 2011, p.213.

生命视为一个纯粹对象来观照生命时，便出现了一系列新的问题。小说结尾处给出了夫人在看到凯茜抱着枕头随着歌曲《别让我走》跳舞时热泪盈眶的原因："我看到了某样别的东西。我看到了一个新世界的迅速来临。更科学，更有效。"① 这或许也给出了文学批评将要面对的一个全新的生命政治后人类世界的新场景、新时刻。

第三节　抵抗的艺术及美学突围

《别让我走》是作家石黑一雄虚构的一个人类为了提升自身生命质量，利用生物技术克隆生命的乌托邦世界。作者细密地呈现了权力和技术等外在因素介入生命内部，并行走于这个生命无主地带中所带来的生命政治后果。本节拟在福柯对生命政治的人口对象、国家福祉、统计学策略的界定之外，从目前"生命政治转向着重于个体，不再简单地在统计学上将其处理为人口一部分"② 的现实出发，或者更进一步地说，是"从生命政治转向意索政治"③ 的现实出发，借助尼古拉斯·罗斯（Nikolas Rose）的"意索政治"（Ethopolitics）理论，论述文艺作为抵抗的美学突围策略。

一、克隆人闭合性的身体

福柯认为生命政治由身体解剖政治学和人口的生命政治学这两极构成。前者实施惩戒的权力技术，后者实施介入的调节技术，两者相互重叠。也可以说，生命政治由两个系列构成："肉体系列—人体—惩戒—机关；和人口系列—生物学过程—调节机制—国家。制度机关的整体：……即制度的惩戒机关，另一边是生物和国家的整体：国家进行的生命调节。"④ 在福柯的解剖政治学和生命政治学之外，罗斯又贡献了第三种生命政治类型——意索政治。根据罗斯的看法，意索政治创造了一个"身体自我"（somaticself）。他认为人们越来越以身体（somatic）概念来理解自身，同时，政治以及特别是伦理实践越来越将身体作为自我发挥

---

① Kazuo Ishiguro, *Never Let Me Go*, New York: Vintage, 2005, p.272.

② Alvise Sforza Tarabochia, *Psychiatry, Subjectivity, Community: Franco Basaglia and Biopolitics*, Oxford: Peter Lang AG, 2013, p.160.

③ Davide Tarizzo, "From Biopolitics to Ethopolitics: Foucault and Us", *FilozofskiVestnik*, Vol.35, No.1, 2014, p.230.

④ ［法］米歇尔·福柯：《必须保卫社会》，钱翰译，上海人民出版社 2010 年版，第 191 页。

作用的关键位置，即强调生命政治“关系到的是人类器官的特定身体”①。

作者精心塑造了由生物技术与生命政治共同形塑出来的“权力的完美客体”②——凯茜这个女性克隆人形象。小说开篇在首段就以“规范化的生命政治叙述”③开始，述说凯茜在看护工作上兢兢业业工作了十一年之后，自己的自豪、得意。她既能把克隆人照顾成温顺之人，又能对她们体贴有加，还可窥见她们细微的身心变化：“我养成了一种对捐献者的直觉。我知道什么时候该和她们待在一起安慰她们，什么时候又该让她们自己待着；什么时候要听她们一吐为快，什么时候又只需耸耸肩，告诉她们赶快振作起来。”④作为一种由人类社会用生物技术制造出来的人造生命，凯茜和她的同伴已经和人类没有什么差别了。而这种正常的人类化则完全仰仗于一个由私人企业赞助的、名为黑尔舍姆的寄宿学校所提供的规范化、标准化的生命抚育和生命规训来实现。

黑尔舍姆对凯茜等克隆人的一生起到了决定性影响，并在她们以后离开的日子里又始终以温情脉脉的回忆不断复现黑尔舍姆的金色岁月。可以说，它既是一种现实，又是一种体制性的隐喻。凯茜“只要在这里生活，就必须接受与外界的隔绝”⑤，也只有获得优质的生命照料与关怀，她才能顺利完成器官捐献，并按照人类对她的生命设定走向死亡。就像黑尔舍姆的英文名字 Hailsham 本身就是由虚假（sham）和敬重（hail）这两个相互矛盾的词所构成的那样，小说巧妙地以此例证了克隆人与人类之间“养护”与“终结”的生命政治，纳入与排除的运作机制，这恰恰也显明了生命政治 / 死亡政治（thanatopolitics）作为一枚硬币两个面向的本质悖论。可以说，黑尔舍姆作为一种体制，借助强加于凯茜等人身上的暴力来实现管治，又通过调节、管理及抚育的方式实现其生命过程的正常化，⑥两者共同导向了塑造某种完整、封闭、拒绝和没有免疫的克隆人身体。

---

① David Roberts, *Global Governance and Biopolitics: Regulating Human Security*, London and New York: Zed Books Ltd. , 2010, p.23.

② Alvise Sforza Tarabochia, *Psychiatry, Subjectivity, Community: Franco Basaglia and Biopolitics*, Oxford: Peter Lang AG, 2013, p.141.

③ Emily Johansen, “Bureaucracy and Narrative Possibilities in Kazuo Ishiguro’s Never Let Me Go”, *The Journal of Commonwealth Literature*, Vol.51, No.3, 2016, pp.416–431.

④ Kazuo Ishiguro, *Never Let Me Go*, New York: Vintage, 2005, p.3.

⑤ Kelly Rich, “‘Look in the Gutter’: Infrastructural Interiority in Never Let Me Go”, *Modern Fiction Studies*, Vol.61, No.4, 2015, pp.631–651.

⑥ Vernon W. Cisney, Nicolae Morar, *Biopower: Foucault and Beyond*, Chicago: The University of Chicago Press, 2016, p.95.

一方面，凯茜的生活空间——黑尔舍姆不仅本身就是一个极类似于福柯阐释的圆形监狱——它坐落于一个四周都有高地的平整山谷中，主楼高耸且其中布满窗户。而且，圆形意象充满了黑尔舍姆的生活叙述——体育馆争执、池塘谈话和太阳坠落于屋顶时那刺眼的卫星接收器。这里到处存在可以躲藏的封闭空间：橱柜、屋角、树丛、树篱，但看护员“总能知道你躲在哪儿，就好像她有某种超级感觉一样”[①]。另一方面，看护员还以健康检查为名直接进入凯茜等克隆人的身体内部，用祛除身体器官内病理、畸形组织的名义[②]来制造封闭性的身体。看护员对凯茜等人采取了诸如像每周例行的身体检查，严格的健康卫生管制，以及养护“肾脏和胰脏这样的器官”需要做的特殊运动等多重措施；而且，人类又用精神训导的方式保证克隆人被调教成身心完整的和用人文艺术教育保证把克隆人规训成有“教养的人”。黑尔舍姆每天都从晨会开始，充斥着“谈心、录像带、讨论和警告”，又设置诗歌、戏剧、美术和文化课程培养克隆人的教养，制造“被告知又没有真正被告知”的神秘感，或者看护员直接以自己的偏好有计划地向克隆人灌输人类观念。

在黑尔舍姆圆形监狱式的封闭空间意象之外，石黑一雄又巧妙设置了篱笆（或栅栏）叙事（或意象）。例如，第一个是散布黑尔舍姆后面小树林发生的鬼故事，这是因为有人越过黑尔舍姆的栅栏，她的灵魂不允许回归，因而死亡。结果，凯茜和她的同伴们每到天黑以后，躺在床上准备入睡时就不可避免地感到，“林子最刺激我们的想象力。那时你几乎觉得你能够听到吹过树林的飒飒风声……这样已经足以让玛琪 · K. 整个晚上都因为恐惧而抽泣个不停”[③]。第二个是渲染了凯茜上课和学生们谈论“二战”中被关押在战俘营的士兵触摸栅栏自杀时的心理，“一下子教室里都炸了锅，每个人都喊起来，模仿在电栅栏上触电。……（露丝小姐）脸上瞬间出现了恐怖的表情”[④]。第三个是细描了露丝面对铁丝网时的惊恐反应：乍见“猛地停下脚步”，继而“焦急地”拒绝，接着“看起来很不安，她一动不动。就是在这个时候，当她站在那里。……肩膀随着她的

① Kazuo Ishiguro, *Never Let Me Go*, New York: Vintage, 2005, p.44.

② Rosemarie Garland-Thomson, *World Building, Citizenship, and Disability: The Strange World of Kazuo Ishiguro's Never Let Me Go*, From: Brian Watermeyer, *Judith McKenzie Leslie Swartz Editors, The Palgrave Handbook of Disability and Citizenship in the Global South*, the registered company Springer Nature Switzerland AG, 2018, p.31.

③ Kazuo Ishiguro, *Never Let Me Go*, New York: Vintage, 2005, p.50.

④ Kazuo Ishiguro, *Never Let Me Go*, New York: Vintage, 2005, p.78.

呼吸上下起伏”。[①] 这种训诫清晰地表明栅栏的功能是保护克隆人身体的完整性以及担保她们个性的识别特征。也就是说，只有在这个规训空间之内，她们的身体才是完好的、可见的[②]。这不禁让人在篱笆（栅栏）规训与管治之间、战俘集中营与黑尔舍姆之间产生某种联想。

克隆人与人类之间不可逾越的物质边界的形成，作者是通过制造差异化的身体实现的，从而固定了克隆人身体的封闭性属性。这从夫人接触凯茜时的身体反应上，可见一斑。在初遇凯茜和她的同伴时，夫人“似乎在竭力压抑那种真正的恐惧，唯恐我们之中的一个人会意外地触碰到她。……夫人是怕我们。可是她怕我们就如同有人害怕蜘蛛一样。……一想到你的手触碰他们就感到恐惧”[③]。到最后一次遇见凯茜时，夫人的反应是：“走上前来，直到距离我们只有一两步远的地方。……她伸出手，同时一直盯着我的脸，将手放在我的脸颊上。我能感受到她身体一阵战栗。”[④] 与这种将克隆人身体等同于动物式身体，或等同于物——类似于小说中“失落角”的杂物隐喻——相联系的，是作者在小说中遍布多处的针对克隆人身体的残酷伤口叙事，并形塑了缺乏免疫的克隆人身体。

凯茜和她的同伴之间一直对自己的身体器官讳莫如深，可汤米胳膊上的伤口却将这一问题彻底公开化了。小说写道：“汤米揭开纱布，露出那伤口还介于愈合和开放之间阶段的东西。你可以看到皮肤正在收口，还有淡红色的嫩肉在下面隐约可见。……你只要弯胳膊时稍微猛一点儿，它就会像拉链一样裂开。”[⑤] 这一段如物质一般的客观而冷静的叙述清楚地显示出克隆人肉体的他异性和非免疫性，从而凸显了免疫系统“在西方生命政治的辩证法中对自我和他者的识别和误识”[⑥] 功能，同时残酷的伤口叙事赤裸裸地将恐惧意识悄悄置入克隆人的身体之中，并作为训诫的一种力量，滋生和渲染了生命政治造成的恐惧情绪。

生命关怀与情感渲染在《别让我走》中占有非常大的比重和特别重

---

① Kazuo Ishiguro, *Never Let Me Go*, New York: Vintage, 2005, p.222.

② Justin Omar Johnston, *The Prosthetic Novel and Posthuman Bodies: Biotechnology and Literature in the 21st Century*, Mandison University Of Wisconsin- Madison, Ph.D., 2012, p.30.

③ Kazuo Ishiguro, *Never Let Me Go*, New York: Vintage, 2005, p.36.

④ Kazuo Ishiguro, *Never Let Me Go*, New York: Vintage, 2005, p.272.

⑤ Kazuo Ishiguro, *Never Let Me Go*, New York: Vintage, 2005, p.85.

⑥ ［美］唐娜·哈拉维：《类人猿、赛博格和女人——自然的重塑》，陈静译，河南大学出版社 2016 年版，第 431 页。

要的作用，评论界不少学者对此都有论述。[①] 有学者从语料库角度研究并指出像“ecstasy（喜悦）、rage（愤怒）、grief（悲伤）、terror（恐惧）和 uncertainty（不确定感）”，这些词在小说中出现了近千次。[②] 当然，“生命政治批评离不开情感分析”[③]。因为，人类社会为了保证克隆人的身心完整以达成符合器官捐献的生命设定计划，故意用将其置于生命风险之地的方式有意识地制造了恐惧情绪，从而也使得“恐惧成为社会生命政治秩序的一部分”[④]。著名生命政治理论家奈格里就主张：“恐惧是一个生命政治产物，也是当前存在的结构性状况；它贯穿生命的始终，并且塑造着生命的方式。”[⑤] 作者在作品中，或者叙述暴力强加在克隆人身上直接造成恐惧，或者刻画克隆人身体伤口的残忍，或者散布各种恐怖故事制造恐惧心理，或者用每当触及生命本身时欲言又止与中断叙事等多重方式极力渲染恐惧情绪，立体呈现了生命政治管治下的感性生命的脆弱与残酷。

二、克隆人的有限性自由

或许，读者不禁要问，生命政治是以人口为目标、以身体为对象，是主权（至高权力）权力控制生死，实施统计学式的数字化治理，其“普遍性的后果是使人们沦为赤裸生命”[⑥] 的死亡政治临界境地。它是一种“主权权力管治的有效方式和对被治理对象残酷的生命管治完美结合”[⑦] 的资本主义当代治理新形式。那么，在其中谈论个体的自由究竟是否可能呢？况且，《别让我走》的教训也恰恰在于它带给了人们关于集体正义（collective justice）的冷酷和生命政治管治的统计学本质，这都严重挤压了自由的存在空间和基础。

---

① Lisa Fluet, “Immaterial Labors: Ishiguro, Class, and Affect”, *Novel: A Forum on Fiction*, Vol.40, No.3, 2007, pp.265–288.

② 参见耿林璐《基于语料库分析〈别让我走〉中克隆人的情感》，《比较文学与跨文化研究》2018 年第 2 期。

③ Roberto del Valle Alcalá, “Servile Life: Subjectivity, Biopolitics, and the Labor of the Dividual in Kazuo Ishiguro’s Never Let Me Go”, *Cultural Critique*, Vol.102, 2019, pp.37–60.

④ Antonio Negri, *Spinoza: Then and Now, Essays Volume 3*, Translated by Ed Emery, Cambridge: Polity Press, 2020, p.109.

⑤ Antonio Negri, *Spinoza: Then and Now, Essays Volume 3*, Translated by Ed Emery, Cambridge: Polity Press, 2020, p.110.

⑥ Mick Smith, *Againstecological Ecological Sovereignty: Ethics, Biopolitics, and Saving theNatural World*, Minneapolis: University of Minnesota Press, 2011, p.xv.

⑦ David Roberts, *Global Governance and Biopolitics: Regulating Human Security*, London and New York: Zed Books Ltd., 2010, p.25.

的确，生物技术制造了克隆人生命，她们所生活的世界是一个被权力管治、技术控制、健康监控、视听监管充斥的冷漠社会。凯茜和她的同伴从来没有反抗过看护员，也没有想过逃离黑尔舍姆，甚至连究竟反抗谁、逃往哪里都不清楚。不仅如此，凯茜连仅有的延迟捐献愿望也丝毫没有可能。人类既不允许克隆人有自己的生命计划，也不允许她们与外界接触或者畅想未来，例如，去美国、做超市店员或成为电影明星。[①]露丝一度想去弄明白其中的问题，可她得出的结果却是“如果你们想过体面的生活，那么你们必须了解，不折不扣地了解。你们没有人可以去美国，没有人会成为电影明星。你们也没有人会在超级市场工作……你们的一生已经被规划好了。你们会长大成人，然后在你们衰老之前，甚至人到中年以前，你们就要开始捐献自己的主要器官。这就是你们每个人被创造出来要做的事。……你们所有人的未来，都已设定好了”[②]。也就是说，克隆人的生命早已由人类的生物基因工程预先规划好了。而且其中隐含的意味是克隆人不能活到自然老去，克隆人要过体面的生活就必须遵守预先被安排的不体面的生命，即为人类社会捐献自己的器官。“体面”意味着接受作为克隆人的身份，而且这种身份是静态的、缺乏自然生命中的不可预测的生命体验。

同时，黑尔舍姆在身体之外又构筑了凯茜等人的情感与智力边界。这些由权力制造的无形的东西弥散在每一个黑尔舍姆的克隆人身上。但偏偏是监控严密的黑尔舍姆给了凯茜一生最大的快乐。黑尔舍姆终年与世隔绝，凯茜小时候在那里快乐地生活、自由地成长、创造性地学习，度过了最浪漫的童年。此时，或明或暗存于心中的疑惑使她们始终不太清楚自己的身份，生活中充满着诸多迷惑、未知和神秘；从人类那里获得的反馈信息又使她们清楚地意识到“顺从管治，看护工作做得好的，以及全情付出情感的，政治体制会给予一定的奖励”[③]。

童年以后，凯茜和她的同伴离开黑尔舍姆被送到村社（部分在农场或白楼）、康复中心（或医院），进一步成为成人。这时，小说叙述黑尔舍姆的圆形封闭式意象逐渐被公路、天空、旷野和船只等这些延展性的

---

① Michael Mack, *How Literature Changes the Way We Think*, New York: Continuum International Publishing Group, 2012, p.51.

② Kazuo Ishiguro, *Never Let Me Go*, New York: Vintage, 2005, p.81

③ Bruce Robbins, *Cruelty Is Bad: Banality and Proximity in "Never Let Me Go"*, Novel: A Forum on Fiction, Vol.40, No.3, Ishiguro's Unknown Communities, Duke University Press, 2007, pp.289–302.

意象替代，直接加在她们身上的权力布置也越来越宽松。表面上看，她们更加自由了，可实际上她们却从以前同伴们随意的亲昵行为渐渐变得“在公开场合较明智”“更成人化”，反而越来越弥漫着一种孤独忧伤的情调。具有重要隐喻性的那盒《别让我走》磁带也隐含了客观物质性之外的精神作用。例如，凯茜说：“我想，这是因为那盘磁带是我的一个秘密，对我意义重大。也许我们所有黑尔舍姆的人都有一些这样的小秘密——我们在子虚乌有中制造的属于自己的小天地，可以带着我们自己的恐惧和渴望独自前往的地方。事实却是，我们怀有这样的需求。”[①]

尽管，生命政治以毛细血管式的权力被布置渗透到人的生命之中，空前强化了管治的细密化，但相对于以终结生命为目标的君权政治而言，无疑是从否定性权力向积极性权力的伟大转变，体现了现代治理的松动。况且，“在某种程度上，生命政治也克服了惩戒权力未能解决的在个体与多样性之间的张力关系”[②]。《别让我走》还预示了克隆人拥有智力的、情感的、认知的和艺术创造等诸多有关人性部分的不可被规训、被管辖和纳入的例外。[③] 至少，它用追忆黑尔舍姆以充实生命内容、艺术创造丰富灵魂，以及爱情延长生命长度三种方式书写了克隆生命的精神自由。

这是一篇回忆性小说，也正如《别让我走》篇名本身所传达的那样，既表明了小说叙述者生命历程的真实性，也是作者用来暗示“某个创伤事件、历史时刻，或他所认为的社会正义的例证”[④]。在开篇伊始，凯茜自述了她的生命历程，就像一个工作出色的正常人类一样，但比大多数正常人还让人敬佩的是，她竟然能欣然接受“卸任”这份工作——可接下来迎接她的却是器官捐献，然后完成生命终结，即要面临死亡。可她认为，卸任以后可以更自由地回忆与思考来自生命本身的欢乐与困惑，也意味着她比人类更能超越死亡和对生命的留恋与惋惜。这里隐含了对人类中心主义或狭隘生命观的谴责与批评。就像令读者久久难以忘怀的凯茜怀抱枕头随着磁带歌舞的画面：《别让我走》的挽歌乃是它的画外音。

文化艺术被认为是人类与动物的区别特征之一，也被认为是最富自由的精神空间之一。小说中，黑尔舍姆的艺术课程是作者特别强调的。

---

① Kazuo Ishiguro, *Never Let Me Go*, New York: Vintage, 2005, p.74.

② Alvise Sforza Tarabochia, *Psychiatry, Subjectivity, Community: Franco Basaglia and Biopolitics*, Oxford: Peter Lang AG, 2013, p.141.

③ Micheal Hardt Antonio Negri, *Commonwealth*, Cambridge: Belknap Press of Harvard University Press, 2009, p.265.

④ Keith McDonald, “Days of Past Futures: Kazuo Ishiguro’s Never Let Me Go as ‘SpeculativeMemoir’ ”, *Biography*, Vol.30, No.1, 2007, pp.74–83.

凯茜等人能创作艺术、阅读文学、排练戏剧，甚至还可以“偷听”音乐。她们创作的最好的艺术作品还会被挑选出来送到画廊公开展览，然后被储藏起来。后来，汤米最想询问凯茜的和凯茜最想从夫人那里知道的，也都是关于艺术创作的问题。在做身体检查前，凯茜注意到“他的态度有些奇怪：有点忸怩，又像是故意的样子，这使我以为他想做爱。可是他接着说：‘凯茜，我只想由你来告诉我。老老实实告诉我。’然后他从桌子里把那黑色的笔记本拿出来，给我看了三张不同的素描”①。后来，夫人和艾米丽小姐面对汤米和凯茜亲口解答了凯茜等人埋藏在内心的关于画廊的疑问：是为了展示和证实她们的灵魂。②

“爱是走向自由的运动”③，小说叙述的第三种获取自由的方式是让凯茜和露丝与汤米之间建立了良好的友谊，并让汤米与凯茜恋爱成功。作者除了让汤米认为在画、诗中透露了人的喜好与精神之外，又让凯茜相信了真爱可以推迟捐献、延长生命长度的传言。不仅如此，作者还精心安排凯茜分别做了好朋友露丝和汤米的看护员，暗示凯茜具有安全健康的情感与心理。可以说，凯茜和同伴们已经是具有知觉、智能、理性与情感的“人类”。小说结尾写道：“我微微闭上眼睛，想象这就是自我童年起所有丢失的东西，现在都被冲上来了，而我就站在它前面，只要我长久地等待，一个细小的身影就会穿过田野在地平线上出现，然后慢慢地变大，直到我看见那就是汤米，他会挥着手，也许还会呼喊。这个幻象一直没有超越那个样子——我没让它超越——虽然泪水滚下了我的脸庞，我并没有哭泣，也没有失去控制。我只是等了一会儿，然后转身回到车上，向不管哪个我该去的地方疾驶而去。”④作者用这种充满伤感的创伤叙述模糊了凯茜实验生命的非人类化特质。

不可否认，作者认为这些也只是非常有限的自由。比如，克隆人第一人称的追述方式时刻提醒她们与人类的隔离与他者化身份；与外界隔绝状态下创造的艺术品被证明是没有灵魂（和内在生命）的复制品，从而否定了她们利用“艺术创造瓦解生命政治管治的可能”⑤；特别是夫人这个人物，她作为人类社会和克隆人之间的中介，可以说，知晓其中的一

---

① Kazuo Ishiguro, *Never Let Me Go*, New York: Vintage, 2005, p.241.

② Kazuo Ishiguro, *Never Let Me Go*, New York: Vintage, 2005, p.260.

③ Micheal Hardt Antonio Negri, *Commonwealth*, Cambridge: Belknap Press of Harvard University Press, 2009, p.190.

④ Kazuo Ishiguro, *Never Let Me Go*, New York: Vintage, 2005, pp.277–288.

⑤ Michael Mack, *How Literature Changes the Way We Think*, New York: Continuum International Publishing Group, 2012, p.53.

切事情，但是她（上帝的全知视角）却不告诉学生们她们的作品是没有意义的，试图借此向她们掩盖残酷的科学世界，并愚弄她们思考她们的艺术活动让其暂时活在乌托邦之中。[①]结果，爱不仅无法突破“生物限制”[②]，反而成为人类实施生物克隆利用的工具，杜绝了个体自由的空间。

三、意索政治与身份建构

《别让我走》一个特别重要的贡献，或许是它的差异化设置在多方面给读者造成的情感张力体验。这有来自器官捐献所制造的身体之间的冷漠与隔离，也有来自身体与精神之间的断裂，以及个体价值、伦理与幸福的空缺等。可这种差异化设置乃是生命政治机制的伴生物，因为，生命政治一方面通过情感、认知和意志等对克隆人的实验生命建立一种生命规范，从而建构一种新生命形式的自我主体；另一方面像凯茜那样，倚重情感态度处理人际关系和建构自己的身份。正如许多评论家已经指出的那样：情感在小说中起了决定性的作用。在这些研究中，罗伯特将《别让我走》与罗斯的意索政治相联系，使得《别让我走》的生命政治批评向前推进了一大步。罗伯特指出，凯茜在做了多年看护员以后，养成了如何对待捐献者的直觉。她能够阅读捐献者的脾气、判断捐献者的情绪，即实际上她揭示了看护中一种调节能力也能产生顺从主体。捐献者在死亡之前完成四次捐献间接透露出与所获得的看护治理密切相关。小说中，情感既是原始物质材料，又是生成的产品，在巩固看护者之间关系和营造延迟捐献心理环境上也起到了决定性作用。所以，凯茜才会说不用心体会捐献者，看护工作是无法完成的。因此，凯茜在看护工作上最显著的地方就是坚定不移地培养情感，以及保持回忆和叙述曾经在黑尔舍姆残酷工作的情绪和记忆内在的克制。[③]

罗斯认为生命政治在20世纪出现了一个历史性转向，即从人口的生

---

① Matthew Eatough, “The Time that Remains: Organ Donation, Temporal Duration”, and Bildung in Kazuo Ishiguro’s “Never Let Me Go”, *Literature and Medicine 29*, No.1, 2011, pp.132–160.

② Bruce Robbins, *Cruelty Is Bad: Banality and Proximity in “Never Let Me Go”*, Novel: A Forum on Fiction, Vol.40, No.3, Ishiguro’s Unknown Communities, Duke University Press, 2007, pp.289–302.

③ Roberto del Valle Alcalá, *Servile Life: Subjectivity, Biopolitics, and the Labor of the Dividual in Kazuo Ishiguro's Never Let Me Go, Cultural Critique*, Vol.102, 2019, pp.37–60.

命政治向个体管理自我“肉体”的意索政治的转向。[①] 何为意索政治呢?罗斯在《生命本身的政治:21 世纪的生物医学、权力和主体性》中清晰地阐述道:

> 我使用“意索政治”这个词指的是试图通过作用于人的感情、信仰和价值观——简言之,通过作用于道德准则来引导人们的生命行为。……如果“规训”是将人个体化和正常化,“生命政治”是将人集体化和社会化,那么“意索政治”关注的则是那些自我技术。人应该根据这些自我技术判断和作用于自身,从而让自己变得更好。[②]

罗斯用意索政治来描述从权力的理性治理到日常道德和伦理治理的再配置,它关注的是身体的自我技术及其伦理实践。其中既包括如何去做的实践技术,又包括自我关系的构造技术。同时,意索政治也涉及这样一种结构:“在某种固定的道德规则框架内,控制者主体的伦理自我行为通过罗斯声称的‘审美元素’起作用,包括通过关于工作、消费和存在的其他的特定生活艺术指导自我的行为。”[③] 其实,福柯的生命权力概念就包含了主体性建构的维度。对于生命权力,福柯明确将其界定为某种“干预生命形成,生活方式,以及‘如何’生活的权利”[④]。

《别让我走》一方面叙述了以关怀生命之名的生命政治通过清除“有缺陷的身体”的方式来提升、训练和筛选健康的个体以稳固提升集体性生命质量[⑤],但又认为这种“有缺陷的身体”代表的生命也是不能排除在正常生命之外的;另一方面又叙述了凯茜自行挑选捐献者、主动寻找丢失的磁带和生命原型、主动承担露丝和汤米的看护员、自主寻求真爱和延迟捐献的主体化之旅,作者采用这种“解构主义叙述策略致使读者在

---

① Bruce Braun, “Biopolitics and the Molecularization of Life” , *Cultural Geographies*, Vol.14, 2007, pp.6–28.

② Nikolas Rose, *The Politic of Life Itself:Bbiomedicine, Power, and Subjectivity in the Twenty-First Century*, Princeton: Princeton University Press, 2007, p.27.

③ John Flint, “Housing and Ethopolitics: Constructing Identities of Active Consumption and Responsible Community” , *Economy and Society*, Vol.32, No.4, 2003, pp.611–629.

④ Michel Foucault, “Faire Vivre et LaisserMourir: La Naissance du Racism” , *Les Temps Modernes*, 1991, p.46.

⑤ Bruce Braun, “Biopolitics and the Molecularization of Life” , *Cultural Geographies*, Vol.14, 2007, pp.6–28.

人类社会和克隆人之间难以做出区分”[1]的叙事策略凸显了意索政治在个体与集体伦理责任上存在的张力。

小说采用凯茜的第一人称叙述视角，亦即小说所呈现的一切价值观念和情感体验都“包含了克隆人原初的人造审美”[2]，或者，她在黑尔舍姆和后来做看护员的生命经验。凯茜从来没有接触过人类社会，却能自然产生对生育的渴望和对幼小生命的怜悯；凯茜也没有接触过外界正常社会，但却拥有高人一等的艺术创造和欣赏的能力；凯茜和其他同伴一样，从黑尔舍姆到村社，再被送往康复医院，但却能成为一位优秀的护理员；而且，不管是在黑尔舍姆的集体生活，还是后来的独自面对陌生环境，她都获得了和正常人类一样的认知、情感和伦理观念。

可是，《别让我走》终归书写的是人造生命的残酷悲剧。这从黑尔舍姆对有生命创造性隐喻的艺术创造的欺骗性就可见一斑。凯茜和她的同伴们绘画、写诗和排练戏剧，然后她们的作品被看护员收集，凯茜等人在作品中看到了她们的自我。但是，人类却认为这些作品没有一点价值。也就是说，这些证明克隆人有内在生命和独特性的艺术作品并没有起到作用。相应地，却进一步预示着克隆人只是复制品，而不属于真正生命的残酷真相。小说最后认为介于人类与克隆人之间的夫人也不能帮助凯茜延迟捐献，并让生物克隆技术让位于法律伦理和经济行为，这为个体的主体之旅蒙上了浓重的阴影。

国外也有学者敏锐地意识到生命政治中意索政治的新困境。他们认为意索政治创造了牧师权力的新形式——抚育、优化和管理生物生命，以及生物安全网络，这已经证明主权权力的重现。但是，罗斯描述的身体是被管治的身体，屈服于追求身体的优化和最大化的伦理实践。而生命安全中的身体被嵌入了一个混杂和不可预知的分子世界（molecular world），是按照交换和沟通的一般经济学来理解的身体，被一些新出现或不可知的风险幽灵缠绕。不只是涉及“自我的关怀”，而是管理这种脆弱易碎的身体——时刻暴露于流行病毒、疾病风险、自然灾害、环境污染和各种风险之中——是一种应对即将来临的灾难的事情。[3]

---

① Hatice Yurttas, *An Original Copy: The Film Adaptation Of Kazuo Ishiguro's Never Let Me Go*, *Sefad*, Vol.36, 2016, pp.189–210.

② Karl Luther Shaddox, *Accommodating the Posthuman in Twentieth Century Dystopian Literature*, Stony Brook University, Ph.D., 2008, p.83.

③ Alvise Sforza Tarabochia, *Psychiatry*, *Subjectivity*, *Community: Franco Basaglia and Biopolitics*, Oxford: Peter Lang AG, 2013, p.162.

结语

当然，《别让我走》既不能为我们提供一种抵制生命政治的方案，也不能对不断侵蚀人类身心的生命政治提供一种治疗方案，却提供了“关于如何维护和如何保存人类意义的必不可少的提醒”[①]。它揭示了：第一，小说中像学生、看护、给予、服务、完成，以及“别让我走”等这些词语都是委婉和双关语。那些接受器官捐献的受助身体是以弃绝意义为代价的。凭借生命权力，他们或许可以活得更长久，却不可能促进人类的繁荣。第二，生命政治不能按照“使活”或“让死”，“关怀”或“暴力”的反面意义来理解，相反，它在生命与死亡之间、在关怀与暴力（侵犯）之间建立了一个相互增强的关系，其中的任何一方都以另一方为前提。[②]小说用悲剧结局的方式说明了这一点，同时表明相应的生命政治管治和社会规范还没有建立。第三，小说叙述的“代替性的身体”[③]或假肢身体的生命，表明介入人类身心的生物技术威胁到了人类及其人性的基础。总之，在当代资本主义时代，这些都在告诫人们：生命政治提供了一种系统性的伦理论述。

① Bruce Jennings, “Biopower and the Liberationist Romance” , *The Hastings Center Report*, Vol.40, No.4, 2010, pp.16–20.

② Catherine Mills, *Biopolitics and the Concept of Life*, From *Biopower: Foucault and Beyond*, Edited by Vernon W. Cisney, Nicolae Morar, Chicago: The University of Chicago Press, 2016, p.98.

③ Matthew Eatough, “The Time that Remains: Organ Donation, Temporal Duration” , and Bildung in Kazuo Ishiguro’s “Never Let Me Go” , *Literature and Medicine*, Vol.29, No.1, 2011, pp.132–160.

第五章　福柯对俄狄浦斯阐释的重构

法国理论与古希腊悲剧之间存在着密切的关联。战后法国理论界存在一种返回古希腊反思政治以寻求政治突围的强烈兴趣。比如，像维尔南（Jean-Pierre Vernant）、斯特劳斯、福柯、拉康、伊利格瑞和德里达等一大批思想家都参与了这一思想运动。福柯对古希腊悲剧的杰出阐释更激活了一种新的政治理论——生命政治的形成。福柯所分析的生命政治概念其实和西方的政治思想一样古老，因为古希腊的政治思想恰恰本来就已经是彻底的生命政治。[①] 可是，福柯对俄狄浦斯阐释的意义至今都尚未得到应有的重视。

任职法兰西学院之始，至其职业生涯结束为止，俄狄浦斯的形象都一直在福柯的思想研究中扮演着反复出现的角色。这主要体现在 1970—1971 年的《知识意志讲稿》，1972 年在美国布法罗开设的俄狄浦斯知识讲座，1973 年在巴西开设的真理与司法形式讲座（收入《性史》第二部分），以及同年为德勒兹和瓜塔里重要著作《反俄狄浦斯》所作的序言，1980 年在法兰西学院的《对活人的治理》课程，1981 年在鲁汶“做错事，说真话”（Wrong-Doing,Truth-Telling）系列课程，1982—1983 年在法兰西学院的《治理自我与治理他者》课程。俄狄浦斯既为福柯的谱系学和批判计划提供了关键性坐标，也为福柯从性经验史迈向人类管治（government）的阐释转向打开了便利之门。然而，其中却存在着一个令人困扰的理论难题，那就是福柯在这一时期围绕权力轴线借助俄狄浦斯逐步完成生命政治理论清晰化的明确关系至今仍悬而未决[②]，他颠覆弗洛伊德俄狄浦斯情结的本能欲望说、重构俄狄浦斯知识—权力观的理论意义至今还晦暗不明。

---

① Mika Ojakangas, *On the Greek Origins of Biopolitics: A Reinterpretation of the History of Biopower*, New York: Routledge, 2016, p.1.

② Mariana Valverde, “Foucault on ‘Avowal’: Theatres of Truth from Homer to Modern Psychology”, *Law & Social Inquiry*, Vol. 40, No. 4, 2015, pp. 1080–1097.

第一节　生命政治的阐释模式

福柯认为弗洛伊德的欲望阐释和德勒兹、瓜塔里的认知论阐释都在究竟什么是俄狄浦斯情结这一根本问题上分别革新了俄狄浦斯阐释的坐标体系。精神分析学家用俄狄浦斯来控制欲望，并在特定时刻将欲望置入社会所定义的家庭结构中，从而沦为另外一种钳制人类的权力机制。从中，福柯发现俄狄浦斯并非人类存在的根本结构，而是一种特定类型的强制，一种社会、家庭、政治权力等对个人所产生的权力关系。[①] 这种从根本上否定俄狄浦斯情结作为一种自然本质属性（truth of nature）的观点与德勒兹、瓜塔里的阐释保持了一致。根据战后法国，特别是 1968 年以后的法国政治境况，以及当时《反俄狄浦斯》的面世，福柯更加明确意识到俄狄浦斯情结是一种权力的手段（instrument）、一种特殊的强力（compulsion）。福柯反对弗洛伊德痴迷的精神治疗，也不关心德勒兹和瓜塔里所专注的俄狄浦斯情结涉及的知识真假问题，而是着意于真理话语与社会权力存在的必然关联性，并认为它是一种警察行为（police action）。也就是说，在另一个坐标上，福柯"开启了俄狄浦斯情结所包含的权力和知识体系之间关系的阐释路径"[②]。

福柯的俄狄浦斯阐释致敬了像亚里士多德、黑格尔、尼采、弗洛伊德、海德格尔和德勒兹等众多杰出的俄狄浦斯阐释学家，并同属于谢林之后俄狄浦斯哲学阐释的路径之内。但他直接针对的还是由弗洛伊德开创的 20 世纪俄狄浦斯阐释框架，这是他在所有俄狄浦斯分析中都不会忘记的一点。尽管，福柯直接借鉴了维尔南的政治阐释模式，但与维尔南还是存在着重大差别：维尔南侧重的是民主与暴政的矛盾关系，福柯关心的则是真理（truth）与司法形式、知识与权力的关系。[③] 每一次分析俄狄浦斯时，福柯总会不忘强调俄狄浦斯情结不是在个人层面，而是在集

① Michel Foucault, *"Truth and Juridical Forms"*, in *Power: The Essential Works of Foucault, 1954–1984*, Vol.3, Edited by James D. Faubion, Translated by Robert Hurley and others, Hassocks: The Harvester Press, 1980, pp.1–89.

② Mauro Basaure, "Foucault and the 'Anti-Oedipus Movement': Psychoanalysis as Disciplinary Power", *History of Psychiatry*, Vol.20, No.3, 2009, pp.340–359.

③ Jean-Pierre Vernant, Pierre Vidal-Naquet, *Myth and Tragedy in Ancient Greece*, Trans. by Janet Lloyd, New York: Zone Books, 1990.

体层面起作用；不是与欲望和无意识有关，而是与权力和知识有关。[①]通过俄狄浦斯阐释，福柯甚至认为整个希腊悲剧都是关于法律诞生，都是对人类生命产生致命后果的政治悲剧，都是“权力关系的关键领域”[②]。他甚至还在《必须保卫社会》中提出了一个十分诱人的简短建议，即从古希腊到莎士比亚和拉辛的漫长历史中，悲剧一直没有离开过国家治理（government），并总是与公共权利问题相关，即戏剧是国家治理、公共生活与权力的叠合空间。治理术总体上被理解为对行为的引领及其相关的权力，其在福柯那里有着丰富的内涵。它包括对身体实行的解剖政治[《性经验史》（第一卷）]，对主权领域内人们的监管（《规训与惩罚》《空间、知识与权力》《治理术》），对人口作为“种族生命”的生命政治调控（《性经验史》），以及借助对自身的伦理关怀而塑造的自我——形成的生存美学[《自我的关怀：性经验史》（第三卷）]。借此，求解那个他一直感兴趣的话题：“权力和知识之间可能存在的关系。”[③]

这种关系是什么呢？在《规训与惩罚》中，福柯重申了权力与知识之间的三重原则性关系：一是权力产生知识，二是权力与知识直接相关、彼此暗示，三是知识与权力互为前提，如一枚硬币的两面，互为一体。[④]这种权力—知识情结，福柯有时明确地称之为“生命权力”（biopower），有时又清楚地以系谱学的术语称之为“牧领权力”（pastoral power）[⑤]，后来都被纳入生命政治理论。福柯用“生命政治”这个词来指向现代性中的特殊现象：权力与知识在历史上交汇的一种新表现，渗透到现代社会权力的多种形态技术，权力与知识的诸多部署。在现代社会，这种政治权力成为一种构成社会的积极力量——不仅仅是禁止、规训和惩罚，更重要的是某种积极地铸就、塑造和形成人类行为、个性和欲望的机制、

---

① Michel Foucault, *Truth and Juridical Forms*, in *Power: The Essential Works of Foucault, 1954–1984*, Vol.3, Edited by James D. Faubion, Trans. by Robert Hurley and others, Hassocks: The Harvester Press, 1980, p.17.

② Michel Foucault, *The History of Sexuality, Vol. 1: The Will to Knowledge*, London: Penguin, 1998, p.96.

③ Michel Foucault, *Power/Knowledge: Selected Interviews and Other Writings 1972–1977*, Edited by Colin Gordon, Translated by Colin Gordon, Leo Marshal, New York: Pantheon, 1980, p.51.

④ Michel Foucault, *Discipline and Punish: The Birth of the Prison*, London: Allen Lane, 1977, p.27.

⑤ Brandon Konoval, *From Sexuality to Governmentality: The Oedipus Complex of Michel Foucault*, *Modern Intellectual History*, Cambridge: Cambridge University Press, 2017, pp.1– 33.

能力与知识等。在《性史》中，福柯认为政治权力是 17—18 世纪西方诞生的一种治理方式的根本转变，而在俄狄浦斯阐释中，他则更倾向于将这种管治术的萌芽回溯到古希腊。故此，福柯的俄狄浦斯阐释被认为是一种真正的革命、一种开启了国家权力机器装置阐释的新概念：生命存在、知识控制与权力干预的策略性机制。

福柯开启的俄狄浦斯生命政治阐释的构想充满诱惑又极富挑战。针对《对活人的治理》中所触及的"一般的人种学分析"①，尽管他未加阐明却不得不让人联想到俄狄浦斯躲避或者对不洁的驱逐意在维持种族纯洁的生命政治意图；针对消除特拜城瘟疫的神谕本意是"让人活"（寻找一个替罪羊以让城邦人民活），却被俄狄浦斯解释为"使人死"（驱逐或杀死凶手），这不得不让人联想到《社会医学的诞生》中申明的"医学是一种生命政治的策略"②的观念；俄狄浦斯情结（恋母情结）的出现意味着异性间的性吸引不再是天生的自然事件，而是后天形成的。福柯认为当人类自然性的问题在一个人为环境（比如说在权力关系的政治策略中）中突然出现，并成为一个问题时，就引发了一个带有根本性的问题——生命政治的诞生。这不得不让人联想到福柯将俄狄浦斯悲剧从个体的夫妻性行为的惩戒阐释转向视其为一种集体性的政治、经济行为的生命政治阐释的革命性观念。

从表面上看，俄狄浦斯既是至高无上的权力者，又是维持王权统治的性的替罪羊（也是以牲人献祭的方式）。一个复活的俄狄浦斯还是生命权力和性科学的后代，这本身就是生命政治的。此外，从现实上看，福柯认为当时法国政治与理论界的状况都与古希腊悲剧之间存在密切关联，俄狄浦斯已经成为当时社会中仍然存在的权力与知识之间联系的代表人物。而对于风靡的精神分析，福柯则认为"精神分析本身是一种权力斗争的结果，这种权力斗争分别是对生命政治管治和对欲望生产的捕获"③。

俄狄浦斯的一生都处在权力与生死交割的生命政治变奏之中。他生而为忒拜王子却又被施以死亡的魔咒；他颠沛流离求生赴死却又处处权力加身；他拯救的城邦，又是他一手制造瘟疫的城邦；他能成为忒拜王，

---

① Michel Foucault, *On the Government of the Living*, Edited by Michel Senellart,trans. by Graham Burchell, London: Macmillan Publishers Limited, 2014, p.23.

② Michel Foucault, "*La naissance de la médecinesociale* ", *Dits et écrits*, T. III, Paris: Gallimard, 1974, p.210.

③ Agustín Colombo, Edward McGushin, Geoff Pfeifer, *The Politics of Desire: Foucault, Deleuze, and Psychoanalysis*, Maryland: Rowman & Littlefield, 2022, p.77.

是因为靠知识杀死了那个吞食不能解开谜语的神圣恶妇，更因为他娶了老国王的妻子靠家庭亲缘继承而来；而他消除瘟疫、调查真相的知识也是他拥有权力和实施国家治理的政治实践。此外，福柯还关注俄狄浦斯治理城邦的技艺，关注俄狄浦斯与克瑞翁多次对话所彰显的“美好生活”，以及俄狄浦斯精神修养的自我技术。事实上，福柯感兴趣的是戏剧对于作为某种发现、符号、知识、技术、策略，以及机制，等等，这些并非理所当然和自然本性的兴趣。简言之，在他看来，俄狄浦斯就是一部贯穿惩戒政治 / 死亡政治到生命政治全过程的关于政治权力的国家治理悲剧。

第二节 国家治理机制的书写

在文明史的意义上，福柯重提古希腊权力与知识传统，用来反对弗洛伊德的俄狄浦斯情结以展开他的生命政治学阐释。福柯剖析《俄狄浦斯王》其中一个重要原因是他认为该剧“重现了一种我称之为知识—权力、权力—知识的东西”[①]，是知识与权力、知识与政治权力“两者特定关系类型创建的典范代表”[②]。索福克勒斯这个悲剧《俄狄浦斯》本来的题目是《俄狄浦斯王》(*Oedipus Turannos*)。福柯认为其中 Oedipus 的希腊语 Oidipous 中 Oidia 的意思是“看过”，也是“认知”“知识”(savior) 的意思，Oidipous 就是一个能够去观看、去认知的人，所以俄狄浦斯并不是一个缺少知识的人，而是一个知识太多的人。当然，福柯强调这里的知识绝对不是内嵌于人的本性、欲望和本能的知识，而是不断被发明、被发现的“属于行为范畴的一种事件”[③]；Turannos 这个词表明俄狄浦斯是一个拥有权力的人、一个行使权力的人，或者说是一个僭主 (tyrant) ——单独靠自己的知识以及经历的一系列事件而获得权力的人。因此，俄狄浦斯关心的不是瘟疫，也不是凶手，而是他的王权。随时可能被真相击

---

① Michel Foucault, *Truth and Juridical Forms*, in *Power: The Essential Works of Foucault, 1954–1984*, Vol.3, Edited by James D. Faubion, Translated by Robert Hurley and others, Hassocks: The Harvester Press, 1980, p.30.

② Michel Foucault, *Truth and Juridical Forms*, in *Power: The Essential Works of Foucault, 1954–1984*, Vol.3, Edited by James D. Faubion, Translated by Robert Hurley and others, Hassocks: The Harvester Press, 1980, p.17.

③ Michel Foucault, *Truth and Juridical Forms*, in *Power: The Essential Works of Foucault, 1954–1984*, Vol.3, Edited by James D. Faubion, Translated by Robert Hurley and others, Hassocks: The Harvester Press, 1980, p.13.

碎的王权制造了悲剧的情势也让古老的权力和知识之间的各种联系和从属关系的涌现成为可能。这样，权力也就被福柯认为是推动剧情的源力、矛盾冲突的焦点和剧本的关键主题。

那么，权力与知识是如何交织，又是如何运转的呢？在福柯看来，悲剧是权力关系的关键领域[①]，他从《俄狄浦斯王》创造性地分析出诸神与占卜师、依俄卡斯忒与俄狄浦斯、牧羊人与奴隶三种知识—权力模式。诸神与占卜师以神谕和先知的方式呈现神性知识，他们讲述真相的权力都是神赋的，不可置疑，不能询问，他们之间的关系也是宗教性质的神圣关系；依俄卡斯忒与俄狄浦斯的知识靠转述、听闻获得，以誓言作为保证，他们讲述真相的权力是世俗的权威，他们之间是夫妻，为法律关系；牧羊人与奴隶的知识是亲身经历、亲自看见和亲自实践的人类知识，拥有的是真相（truth）赋予的权力，以见证对抗王权，他们之间奉行的是友谊关系。这三种知识—权力模式分别代表着三种国家治理模式：诸神和先知的预言治理、国王和王后的知识治理以及牧羊人和奴隶的真言治理。

俄狄浦斯从其生命诞生之初就跌入了这三种知识与权力的交织算计之中，知识与权力机制围绕着生命的真相始终控制着俄狄浦斯的一生，左右着他一生的沉沦起伏。一方面，俄狄浦斯为了更好地活下去必须从无知者转变为有知者，他置神谕和命运于不顾，靠着个人知识、事件和技术获取了权力，进而破除了诸神与先知的权力模式，同时以拯救瘟疫中城邦人民福祉的名义实施治理技术。另一方面，俄狄浦斯又以所拥有的权力巩固他的知识：他拒绝倾听，以言行逼供外来者，他是一个管治太多的外来者。正像有的学者所说的那样："从根本上说，这是一个权力知识的问题，一个不知道一个人的知识不足以统治好国家的问题，这决定了俄狄浦斯的命运。"[②]

但是，福柯也注意到牧羊人与奴隶的证词知识与王权的知识"具有几乎相同的地位，它们共同填补了神谕留下的空白"[③]。甚至，神谕依然需要这一知识模式的验证与缝合才能奏效。三种知识—权力模式：一个不

---

① Michel Foucault, *The History of Sexuality, Vol. 1: The Will to Knowledge*, London: Penguin, 1998, p.96.

② Stephen Legg, *Subject to Truth: Before and After Governmentality in Foucault's 1970s*, *Environment and Planning D: Society and Space*, 2016, pp.1–19.

③ Paul Allen Miller, *Foucault's Seminars on Antiquity: Learning to Speak the Truth*, New York: Bloomsbury Academic, 2021, p.29.

需要证明与验证，一个无法证明与验证，一个是作为知情主体对所有人敞开，且可以显现。[①] 从中，福柯看到了三种不同层次知识—权力模式的转向与糅合，也看到了俄狄浦斯情结围绕权力轴线横跨了惩戒政治与生命政治，但他似乎更倾向于没有社会地位的第三种“知识—权力”模式。

俄狄浦斯只有祛除城邦瘟疫，找出杀害老国王的凶手才能维护自身的权力，可维护自身权力又以行使权力为前提。这样，权力的行使必然涉及真理的展现。根据悲剧中出现的符码（迹象）“sumbolon”（它指任何形式的确认或认可，其中一条信息或物件与另一条信息或物件契合或匹配，从而证明情况或事务的真实性或证明协议的有效性的方法），借用黑格尔“对半法则”（rule of halves）阅读法，福柯实施符码阐释法分析了真相的三种表现、三种程序和三种确证类型。[②] 忒拜发生瘟疫，神谕说出源于老国王拉伊俄斯凶杀案的真相，神谕给出的解决办法是举行净化仪式：杀死或驱逐凶手，但是神谕却拒绝说出谁是凶手。神谕只说他想说的，对于不想说的，没有人能强迫他。歌队否决了俄狄浦斯行使政治权力强迫获取真相的提议，而代之以先知咨询的方式。忒瑞西阿斯透露了阿波罗神所遗漏的另一半神谕，并亲自对俄狄浦斯说出了：“凶手就是你。”可是俄狄浦斯认为忒瑞西阿斯是因为觊觎他手中的权力故意说谎。歌队以缺乏证据、没有理性为由再次否认了来自另一半神谕与现实契合的机会。这时候，真理的程序只完成了神谕的这一半。其实，福柯是认可这种真理程序的。他认为在荷马时代以及随后的6—7世纪的古典时代，吟游诗人口中所吟唱的先知都是如此，即通过在自我内部出现另一个说话者：神灵、宙斯和“永恒者”的声音，而不是通过个人观察和验证方式讲述真相的。

真相程序的第二半自然聚焦到谁是拉伊俄斯凶杀案的凶手上。王后依俄卡斯忒回忆和转述了她从其他目击证人听闻而来的零星事件：拉伊俄斯死于三岔路口的一伙强盗之手。俄狄浦斯完全可以补全依俄卡斯忒所遗漏的另一半真相。因为，俄狄浦斯乃是亲手所做、亲眼所见的。只要俄狄浦斯不承认，就没有人能去强迫一个国王说出真相。依俄卡斯忒与俄狄浦斯的真相程序根据对话的方式渐渐被揭示。福柯认为这种言说

---

① Paul Allen Miller, *Foucault's Seminars on Antiquity: Learning to Speak the Truth*, New York: Bloomsbury Academic, 2021, p.38.

② Michel Foucault, *Wrong-Doing, Truth-Telling: The Function of Avowal in Justice*, Edited by Fabienne Brion and Bernard E. Harcourt, Translated by Stephen W. Sawyer, Chicago: The University of Chicago Press, 2013, p.64.

真相的方式，标志着管治对自我行为的密切侵入。在《求知意志》中，福柯就展示了亚里士多德是如何将知识定义为不是从感觉和快乐中产生，而是从证据、原因和最终结果的特定形式中产生的方式。福柯也排除了对话产生真相的合法性，而倾向于用一种新的、逻辑的、演绎的证据方式规范真理的主张。

当真相程序过渡到最后一半寻找拉伊俄斯凶杀案目击证人的时候，牧羊人自动出场报告了科任托斯国王波吕波斯去世的消息，并道出了俄狄浦斯生父并非波吕波斯的身世之谜。就在这个时候，牧羊人的朋友——忒拜的一个奴隶也出场了。他既是拉伊俄斯凶杀案的目击证人，也是他亲手从依俄卡斯忒手里接过刚出生的俄狄浦斯，并把他亲自送出去的。于是，俄狄浦斯在忒拜与科任托斯之间的身世符码也就契合了：神谕的预言、国王的誓言/宣言以及各方所执的真相的一端都在奴隶的证言处契合了。对此，福柯说道：

> 我们已清楚看到，有一个机制把这些“半”彼此组合在了一起：首先，神灵的一半，即宗教诚现、先知诚现、仪式诚现的一半，与神谕、卜筮的一半组合在一起——福波斯一半、忒瑞西阿斯一半；其次，人类的一半，即靠回忆和调查的个人诚现，与依俄卡斯忒和俄狄浦斯各自掌握的凶杀案的一半组合在一起；再次，身世的一半，俄狄浦斯的出生，一半来自科任托斯（Corinthe）报信人之口，另一半则出自隐居草屋的忒拜奴隶之口。这样，真相的持有者便有了六个，他们两两组合，互相补充，互相匹配，互相联结，创作了对半的戏剧。①

福柯认为所有这些对半以及对半的对半所执掌的真相拼合起来，彼此匹配、彼此结合，就重构了故事（案件）的整体轮廓。这些符码分裂与重聚的运作在《俄狄浦斯王》中令人印象极为深刻，它既是修辞学的，也是戏剧性的、宗教的和政治的。这是有名的希腊式的象征技术，也是权力及其实践的工具。

与“知识—权力”模式转向类似，福柯同样注意到了在这个游戏规则中，从神的预言和指示类型的话语，全能的巫术—宗教的凝视向奴隶的回顾性话语，卑微的证人的凝视的转移。他揭示了听觉知识向视觉知

① Michel Foucault, *On the Government of the Living*, Edited by Michel Senellart, Translated by Graham Burchell, London: Macmillan Publishers Limited, 2014, pp.30–31.

识的转移，也说明了人的技艺和话语与神性之间存在着互通、印证和抵抗。知识能够回答是谁的问题，也能够为俄狄浦斯的统治提供可能，但却回答不了必须做什么的问题。"俄狄浦斯剧中关心的既不是净化瘟疫所需要采取的仪式、手段或者程序，也不是俄狄浦斯本人回答了狮身人面关于是谁的问题，而是必须要做点什么，即找到是谁，然后将其处死或驱逐出城邦"[①] 的法律问题。所以，福柯从知识与权力交汇处的真相出发，在戏剧史上第一次做了司法形式的调查分析，并复现了古典时期君主的治理模式。

福柯还注意到"见证"(witnessing) 所暗示的伦理化旁证，而非监视和控制制度。那个地位低微的奴隶是作为最后的证人出现的，他在小屋里躲藏了很多年，就是为了不说出真相；他被带到舞台上，被迫成为证明俄狄浦斯的人。在异常真相（蒙面戏剧）的表演中，奴隶的到来标志着一个已经完成的见证，而观众却被迫再次见证那些仍在黑暗中观看的人。权力的可见显现于城邦生命的边缘地带——躲在偏僻草屋中的奴隶，而既不在统治者那里，也不在中心地带——舞台中央的宫殿。权力通过诚现看得见的真理而显现自身。福柯感兴趣的是人的管治（the government of men），是戏剧舞台在司法场景的隐喻。《俄狄浦斯王》恰巧展现了人如何被迫成为真理现象的基本行动者、操作者、旁观者和客体。福柯是在不同于亚里士多德以来所形成的悲剧传统的意义上看待《俄狄浦斯王》的，他认为索福克勒斯的这部悲剧宣告了"事件的变化和人物的命运变化并不能揭示真相"[②]，从而更新了亚里士多德悲剧诗学的阐释框架。

第三节　治理术阐释的革命性

福柯"知识—权力"管治技术的阐释既是对他的导师乔治·杜梅齐尔（Georges Dumézil）关于早期印欧社会将俄狄浦斯解读为希腊暴君（tyrant）政治权力模式失败论说的继承，更是对尼采拒绝承认西方哲学

---

① Michel Foucault, *Lectures on the Will to Know Lectures at the College de France 1970–1971 And Oedipal Knowledge*, Edited by Daniel Defert, Graham Burchell trans. , New York: Picador, 2013, p.185.

② Michel Foucaul, *Wrong-Doing, Truth-Telling: The Function of Avowal in Justice*, Edited by Fabienne Brion and Bernard E. Harcourt, Trans. by Stephen W. Sawyer, Chicago: The University of Chicago Press, 2013, p.63.

在创立之初视权力与知识分离为神话观点的发挥与例证。福柯把俄狄浦斯定位于古希腊权力—知识关系发生转变的关键时期，他认为索福克勒斯书写了古希腊时代权力与知识关联的断裂，而《俄狄浦斯王》正好是这一关系的典范形式。这也是后来福柯阐发生命政治理论的秘密源地之一。当然，在福柯那里，知识是作为“某种属于行为范畴的事件，而非某种本能或者普遍性结构”[①]的。

随着俄狄浦斯的垮台，那种仅凭个人知识就能使危机中的城邦恢复正常、抵御灾难或瘟疫的国王政治消失了，那种希望以改变神谕以调整城邦治理机制的时代也宣告终结了。此后知识与权力之间出现了互斥关系，福柯正是发现了这种隐秘关系，试图重修柏拉图以来权力与知识的密切关系。进言之，福柯的俄狄浦斯阐释的理论雄心和思想抱负是将自己明确摆置到尼采之于哲学史所具有的变革性地位上了，即在西方哲学将知识和权力的分离奉为神话的传统的哲学史上，将自己类比为尼采这样过渡性的哲学家。尽管，他从来没有这样认为过。

这不是说福柯坚持权力不能被批判，或者说知识没有建立内在的标准，而是说西方政治和理性包括从古希腊至今，却始终没有被人发现的西方哲学的前尼采哲学范式。[②]这也是福柯反俄狄浦斯批判运动的重大意义之一。因此，福柯关于俄狄浦斯的阐释被认为是一种真正的革命、一种开启了国家权力机器装置阐释的新概念。而他这一阐释观念的生命政治意味则在于首次将生物存在反映在政治存在中，郑重表明生活的本质不在于难以触及的基质，而只在死亡和死亡的随机性中不时出现，其中一部分又进入被知识控制和被权力干预的深渊之中的宿命。

俄狄浦斯获取权力的方式是通过一个人发现的知识带来的，而他的统治陷入困境同样也是由他的个体能力和独断性知识造成的。这是福柯关于俄狄浦斯阐释的突出方面之一。他似乎要告诉人们：权力往往并不是什么神秘的东西，也不是只有主权者自己知道的东西；恰恰相反，它是某种不能被主权者自己知道和独有的东西。福柯所开启的俄狄浦斯情结包裹着知识与权力间关系的阐释模式，并不像德勒兹和瓜塔里那样看重知识的真假问题，而弗洛伊德的欲望本能更看不到俄狄浦斯的真相，

---

① Michel Foucault, “Truth and Juridical Forms”, in *Power: The Essential Works of Foucault, 1954–1984, Vol.3*, Edited by James D. Faubion, Trans. by Robert Hurley and thers, Hassocks: The Harvester Press, 1980, pp.13–14.

② Michel Foucault, *Power*, Edited by James D. Faubion, Trans. by Robert Hurley and Others, The New Press, 1998, p.xxvi.

福柯在意的是作为一种真理话语，它是否为社会内部权力关系的结果，对俄狄浦斯身上所发生的明显的乱伦行为及其系统的迫害，也绝非某种精神治疗，而更可能是惩戒机制在家庭内部不连续地浮现和微观权力的运作形式。[①] 以此也就能理解福柯偏偏对牧羊人和奴隶的真理程序和知识内容心有所好的缘故了。

福柯发现惩罚凶手并非解除瘟疫的必要条件，真相也并不是惩戒凶手的手段，而是单纯地揭露真相就够了。真相只要在仪式中、在适当的程序或规范中展示出来，就足以在话语中代替惩戒，城邦便也能得以拯救。《俄狄浦斯王》的这个迷人之处正是弗洛伊德精神分析所忽略的。[②] 所以，在《做错事，说真话》中，福柯郑重地引申到权力—技术话题，展开他著名的司法调查分析。福柯认为不管是在古希腊法律，还是在哲学中，揭露不知名凶手的程序都是一个显著问题，悲剧《俄狄浦斯王》显然也不例外。

说到底，这是一个关于非本国公民在城邦领土上犯罪的刑事案件。对于由阿波罗给出的神谕惩戒，俄狄浦斯像首席法官一样驳回了这种由经文命名的先验内嵌于瘟疫和宗教仪式中关于神谕治理的不正义程序，并重提了一种包括奖励、诅咒和豁免等多重手段的调查程序。福柯详细阐释了调查的司法场景：证词、调查、审讯、勒索、陪审团、证人以及最终的招供。但福柯认为该剧并没有准确地再现一场审判，而是再现了一场司法范式。[③] 这是什么意思呢？即他关注的是真相产生的程序、正义和效果，而非真相本身。或者说，他关注的是在有效和合法的司法条件下真相是如何得以确立的。这样，歌队在这场司法审判中所扮演的类似于陪审团的公众审判功能自然就引起了福柯的重视。歌队既是公民，又是类似司法机构的人，负有发现、建立和确立真相的责任。作为一种特殊的戏剧元素，歌队不断地显露他们所知道的真相。他们类似于牧羊人与奴隶，因为除了他们之外，神灵与国王都无法做出判决，也无法做出令司法机构认可的真相。

---

① Mauro Basaure, “Foucault and the ‘Anti-Oedipus Movement’: Psychoanalysis as Disciplinary Power”, *History of Psychiatry*, Vol.20, No.3, 2009, pp.340–359.

② Corey McCall, “Oedipal Fragments: Reconsidering the Sgnificance of Oedipus for James Bernauer and Michel Foucault”, *Philosophy and Social Criticism*, Vol.47, No.8, 2021, pp.947–959.

③ Michel Foucaul, *Wrong-Doing, Truth-Telling: The Function of Avowal in Justice*, Edited by Fabienne Brion and Bernard E. Harcourt, Trans. by Stephen W. Sawyer, Chicago: The University of Chicago Press, 2013, pp.61–62.

作为城邦治理中的公共司法机构，没有任何机构能跨越歌队而凌驾于正义、权力和法庭之上。对于第一个真相，俄狄浦斯以城邦公民的生命安危和犯罪的理由逼迫忒瑞西阿斯，并拒绝接受这种由权威者转述的神灵真相。歌队站在俄狄浦斯这一边。因为，司法机构无法对自然拥有真理和合法性，但缺乏证据的神谕做出判决。对于第二个真相，歌队在依俄卡斯忒与俄狄浦斯之间进行回忆、转述，在零星证据和论证的过程中逐渐开始讴歌法律、赞颂神灵、谴责暴政，走到了俄狄浦斯的对立面，从而把真相程序和司法审判带向了结束。第三个真相是真正的真相呈现——最后的审判。俄狄浦斯带着他的技术（technē）和调查（tekmēria）到森林深处去寻找证人，歌队也提前宣布了真相，牧羊人和奴隶面对面走到了一起，真相遵循所有的程序规则，完全而详尽地展开。所以，福柯说："在整个戏剧中，俄狄浦斯对自己的认识与歌队对真理的司法有效性的认识之间存在着永恒的联系。"[①]我们也许会问为何牧羊人和奴隶这般类似鄙民的证词具有效力，并成为福柯关注的焦点？因为，根据福柯的考察，他发现希腊哲学主张真理不受权力的支配，并赞成以真理的名义向权力进行一种外在的、批判挑战的永久可能性。

在分析第二个真相时，福柯插入了权力与技术的重要话题。在与克瑞翁（作为世袭权力者）和忒瑞西阿斯（作为神赋权威者）的对比中，福柯强调了俄狄浦斯所拥有的技术、知识和才干（savoir-faire）对于治理术的重要性。俄狄浦斯的技术是一种发现的技术——根据一些符号、痕迹、标记或事件进行推断和预测的能力与艺术[②]，这是其他人都不具备的能力。福柯还特别指出这种发现的艺术还与另外两门类型相同的技术相关：医学和航海术。他认为索福克勒斯的悲剧就国家治理术、医学治理技术和航海技术等，这些18世纪之前都是绝对重要的西方政治技术提出了全新的看法。俄狄浦斯主张政治权力形式的新科学，也即僭主政治。它既指因拥有英雄地位而获得的个人权利，也指因与神存在特权关系而获得的为城邦制定法律的权力，或指过度滥用权力、逾越规范的治

① Michel Foucaul, *Wrong-Doing, Truth-Telling: The Function of Avowal in Justice*, Edited by Fabienne Brion and Bernard E. Harcourt, trans. by Stephen W. Sawyer, Chicago: The University of Chicago Press, 2013, p.67.

② Michel Foucaul, *Wrong-Doing, Truth-Telling: The Function of Avowal in Justice*, Edited by Fabienne Brion and Bernard E. Harcourt, trans. by Stephen W. Sawyer, Chicago: The University of Chicago Press, 2013, p.75.

理术。[①] 福柯在其中赞成了一种以专门知识和权力形式去破除神谕和先知的权力模式，以及以拯救遭遇医学灾难的城邦全体人民为管治技术的权力模式。

第四节　关怀自我的诗学

福柯考察知识离不开权力，而他研究权力关心的其实是主体问题。同样，福柯分析《俄狄浦斯王》的城邦治理，治理他者，自然也离不开治理自我。在《主体解释学》中，福柯沿用了语文学方法考察古老的航海术隐喻，他认为这一隐喻既密切联系于古典时代就发展起来的一个宏大而重要的"关心自我"(care of the self)现象(在当时它是贯穿人生的法则，具有普遍而无条件的形式)，也包含了这样一种观念："即这个经历各种危险通向获救港口的路线包括一种知识、一种技术、一种艺术，以便达至善和它的目标。这是一个复杂的知识，既是理论上的，又是实践上的。"[②] 这种旨在关心生存艺术性的驾驭观念涉及医学、城邦治理、指导与治理自我(一种修身技术)三种相互关联模式，而且它们完整而连续地广泛存在于古希腊时期的文学艺术中。《俄狄浦斯王》就是一幕围绕瘟疫(医学)、谋杀(司法)和道德(性)主题探索自我救赎的戏剧。

当时人们试图建立这样一种关心自我的修身技术是因为：君主只有像治理城邦那样治理自我，根除各种恶疾才能治理好他人，而医生则需要对身体和灵魂上的病症提出建议才能根除病症。这种修身实践一直延续到16世纪，并在现代文化中以一种自我美学和伦理学的面貌再次回潮。福柯认为回归主体、关心自我的自我修身既是抵抗政治权力、超越毛细血管般浸布的生命政治禁锢的首要和最终的支点，也是一种紧迫、根本的政治上不可或缺的任务。围绕修身关系理解主体要素是分析治理概念无法绕开的关口。而且，关心自我必须从认识自我开始，灵魂以回忆的方式才能得以确认自己之所是。以此，再来审视福柯俄狄浦斯阐释的根本旨趣，或许能更加明白他的学术思想意图和意义之所在。

在古希腊，《俄狄浦斯王》是一个流传很久的故事。俄狄浦斯统治了

---

① Michel Foucaul, *Wrong-Doing, Truth-Telling: The Function of Avowal in Justice*, Edited by Fabienne Brion and Bernard E. Harcourt, Translated by Stephen W. Sawyer, Chicago: The University of Chicago Press, 2013, p.76.

② Michel Foucault, *The Hermeneutics of the Subject*, Edited by Frédéric Gros, Trans. by Graham Burchell, New York: Palgrave Macmillan, 2005, p.249.

忒拜城多年都一直安然无恙，戏剧一开始就知道了谁是凶手。但俄狄浦斯拒不承认这样的一个预言、神谕和神灵的讯息。他的理由是这些话都是空洞的，他不能确认它的正确性。这说明最初的“自我技术的出现与自由城邦内政治特权的确认是不可分割的”[①]。可在与忒瑞西阿斯对抗后，促使俄狄浦斯将凝视的目光转向对自我认识的追求，更具体地说是转向了他自身内部的性的自我认识——这也暗示了第二个真理程序转向身世的调查。而且，揭开这个秘密将被证明是恢复城邦和公民健康的关键。尽管这一揭示很可能具有毁灭性。

在第二个真相程序展示的过程中，俄狄浦斯与依俄卡斯忒的对话和个人独白无疑是直言式真话，可为何俄狄浦斯依然没有认识到是自己呢？即使他自己就是真相的制造者。因为，权力遮蔽了国王将目光投向自己。或者说，国王没有自视的能力，他与神灵与先知的目盲类似。但这个时候，福柯意识到调查发生了一个重大变化，即神谕的司法审判被抛到九霄云外，取而代之的身世调查开始成为目光的焦点。尽管他周围所有的预言都已告诉他，可俄狄浦斯却只有在面对一个他本人的誓言时才能认识到是自己。福柯认为《俄狄浦斯王》代表了一种新的法律调查的诞生，这种法律调查建立在对过去事件真相的发现和对目击者回忆的基础上。这种新的法律调查形式也指向了知识的民主化，就像一个牧羊人甚至一个奴隶的证词就足以推翻一个国王一样。也只有在这个时候，俄狄浦斯才终于能够对所有罪行说“我”（“I”）了。

福柯把《俄狄浦斯王》置于公元前6世纪以前的历史语境，认为这一悲剧具有与当时像《荷马史诗》等其他文献所不同的真相言说体制：不仅俄狄浦斯体现出主体自反性和话语的双重含义，而且牧羊人和奴隶说出“我”“我自己”“我亲自在场”“我亲眼看见”“我亲手交给”“我亲手接受”[②]这样的主体话语方式。对于俄狄浦斯的真理程序，福柯认为俄狄浦斯所拥有的技艺（tekhnêtekhnês），即最高的技艺、治理人的技艺、某种灵魂引导的技艺如何与自我诚现——一种围绕第一人称，围绕我、自己而进行的诚现，相对于克瑞翁不需要技艺和忒瑞希斯无效技艺，俄狄浦斯拥有的是根据“我”的看法和观点进行揭示真相的技术，以及凭借标记、符码和事件将一个无知的主体转变为有知的主体的技术。忒拜城

① Alexandre Macmillan, “Michel Foucault’s Techniques of the Self and the Christian Politics of Obedience”, *Theory, Culture & Society*, Vol.28, No.4,2011, pp.3–25.

② Michel Foucault, *On the Government of the Living*, Edited by Michel Senellart, trans. by Graham Burchell, London: Macmillan Publishers Limited, 2014, p.48.

的灾难由瘟疫引起，按理说应该由医学治疗，但戏剧并没有就此打住，而是牵扯出关于权力的司法调查，进而演变为回归主体对自我的探讨，就像航海术的寓意那样：带着目标并最终返回港湾。

我们也不要忘记最后俄狄浦斯的忏悔。俄狄浦斯为何执意调查真相呢？福柯将之归功于俄狄浦斯所拥有的一种发现真相的特殊技能（tekhnē）。它是某种可以教授和学习的技能，以及从迹象或症候中归纳推理的方法或程序，而不是自然的、本能的（如诸神、忒瑞希斯等）或世袭的（如克瑞翁）。它既能靠回忆重建过去，也能超越这些迹象和符码在见证人那里得以确证。正是这种技能或知识形式从一开始就给予了他信心：让他避免神谕——杀父娶母——逃离科林斯、解答了狮身人面像之谜，正是这种技能，以及对真理的追求界定了他的统治和权力。[①] 然而，其他人却拒绝这一知识形式，认为俄狄浦斯的地位并非来自解谜。这暗示了俄狄浦斯与王后的婚姻，也表明了他不是世袭首领，他的权力的巩固将取决于他的英雄壮举。这既促使俄狄浦斯转向了主体自我的认知之路，也让他意识到了只有调查出真相才能获得认可，并巩固权力。但充满悖论的是，俄狄浦斯知道得越多就越显得他对自己一无所知：他的政治统治和性（血缘与婚姻）双双陷入了危险，这提出了一种独特的洞察，即它隐喻了只有成为自己的牧者，羊群（人）才能避免悲剧的发生，达成超越性的生存美学。

俄狄浦斯两次被诅咒，一次是刚出生时，另一次是统治城邦数年之后。前一次诅咒是因为俄狄浦斯将来会由于杀父娶母而污染了权力的血统，是神权基于王权的世袭和血统（性）的纯洁而做出的；后一次诅咒是因为俄狄浦斯凭借知识，以及娶了生母而获得了权力，是神权基于王权世袭的传统和道德的要求追究凶杀的罪行而做出的。可神谕给出的两种解决办法并没有奏效，俄狄浦斯最终还是留在了王宫，没有被驱逐，也没有偿命。他是因为家庭乱伦自戳了双眼，即维护种族的纯洁超越了凶杀的刑事犯罪。他的自我惩罚并不在神谕的范畴，而是他转向了自我实践。所以，福柯说，这是一个权力安插在家庭中的悲剧，也是一个指向自我实践、自我关怀、回归主体的问题。这说明了生命政治的一个重要原则：当种族的纯洁性与权力合谋时，规范化技术就成了维护国家权力的首要规则。

① Paul Allen Miller, *Foucault's Seminars on Antiquity: Learning to Speak the Truth*, New York: Bloomsbury Academic, 2021, p.33.

1980 年，福柯在《俄狄浦斯王》和有关早期基督教的真理行为的演讲中，重申他的兴趣在于以主体性形式展现出的关于真理的人类管治。他解释说，这种兴趣在于个人是如何被迫成为真理显现的行动者，同时又如何是真理的实施者、旁观者和真理的客体的。因此，这里的第一人称不仅是见证和履行的“我”，以及权力的主体（我在这里，我服从），而且还是真理程序（alethurgy）的主体（这就是我，这就是我所见，这就是我所做）。福柯一再强调他的兴趣在于将真理通过主体性的形式表现出来，从而对人的管治产生兴趣，即主体的双重意义：权力关系中的主体，作为真理表现的主体。《对活人的治理》再次从叙述一个试图以真理为代价统治知识的政权开始，经过一系列真理程序和司法审判，最终止步于自我主体的回归和修身实践的展开。于此，福柯提供了一种阐释古希腊悲剧的新方法，即分析艺术表现形式及其与文化、政治和物质构成的空间关系和自我生存美学的方法。

福柯认为“我们的文明中确实存在俄狄浦斯情结，但是它并不涉及我们的无意识和我们的欲望”[①]，而戏剧本身所反映的知识与权力之间存在着基本的关系。福柯对弗洛伊德关于俄狄浦斯精神分析的阐释做了彻底批判。他不仅认为该精神分析无法看到俄狄浦斯的真相，而且认为弗洛伊德的阐释存在“严重的缺陷”。他坚决反对将俄狄浦斯情结视为人类的一种本能、本性和自然的观念，反对在人类主体、知识主体和知识形式上持有先验观，也反对家庭中的性政治对崛起的政治阶层压制观和纯粹生物学的解读。尤其是针对当时的法国思想界，福柯很不满精神分析本身业已演化成了一种生命政治管治和对欲望生产捕获结果[②]的现状。

如果只是看到福柯对精神分析的激烈批判，可能还未能真正理解福柯阐释的根本要旨。[③]因为精神分析学与福柯的生命政治学之间存在着固有的关系，他的生命政治逻辑更是遵循着超我“规训”与“超越”的双重逻辑。[④]或者说，福柯用生命政治精神分析学革新了弗洛伊德的无意识

① Michel Foucault, *Truth and Juridical Forms*, in *Power: The Essential Works of Foucault, 1954–1984*, *Vol.3*, Edited by James D. Faubion, Trans. by Robert Hurley and others, Hassocks: The Harvester Press, 1980, p.17.

② Agustín Colombo, Edward McGushin, and Geoff Pfeifer, *The Politics of Desire: Foucault, Deleuze, and Psychoanalysis*, Maryland: Rowman & Littlefield, 2022, p.77.

③ James William Bernauer, *Michel Foucault's Force of Flight: Toward an Ethics for Thought*, Atlantic Highland, N.J.: Humanities Press International, 1990, p.167.

④ Alenka Zupančič, *Biopolitics, Sexuality and the Unconscious*, Paragraph, Vol.39, No.1, 2016, pp.49–64.

精神分析学。只有意识到了这一点，才能真正理解性经验、治理术和主体等诸多概念的隐秘关系。

秉承尼采的思想，福柯提出了一种包含权力和知识体系之间关系的解释路径[①]来重构俄狄浦斯情结，以开启《真理与司法程序》中被视为“知识史上一个相当奇特的插曲”的阐释学新景观。《俄狄浦斯王》之于福柯，正如那个处于俄狄浦斯命运交会之地的三岔路口一样，它与柏拉图《理想国》、霍布斯《利维坦》和尼采《道德谱系》的交会融合，突出了福柯生命政治概念的关键组成部分及其与现代国家的关系。[②]况且，“俄狄浦斯进入哲学是与启蒙运动中关于自由和政治主体性的争论紧密相关的”[③]，福柯又将他的知识权力阐释发展成生命政治学，“不断追求一个清晰、完整、整体而全面的客体观”，并试图消除所有的匿名地带。[④]于此，或许，福柯对《俄狄浦斯王》的理论洞见才能焕发出非凡的理论效力。

---

① Mauro Basaure, “Foucault and the ‘Anti-Oedipus Movement’: Psychoanalysis as Disciplinary Power”, *History of Psychiatry*, Vol.20, No.3, 2009, pp.340–359.

② Brandon Konoval, “From Sexuality to Governmentality: The Oedipus Complex of Michel Foucault”, *Modern Intellectual History*, Vol.16, No.1, 2019, pp.217–249.

③ Miriam Leonard, *Athens in Paris: Ancient Greece and the Political in Post-War French Thought*, Oxford: Oxford University Press, 2005, p.30.

④ Sergei Prozorov, Simona Rentea (eds.), *The Routledge Handbook of Biopolitics*, New York: Routledge, 2016, p.86.

结语　迈向生命政治批评的新诗学

行文至此，有必要对全书做一个简要的总结与回顾。我想以“迈向生命政治批评的新诗学”作为题目的用意在于呼唤一种生命政治批评学的建立。前文中，我不止一次地重申福柯对于生命政治的卓越贡献。因为，几乎每一个涉及生命政治议题的理论家都要提及福柯。福柯把生命政治理解为一种始于 18 世纪的治理范式，它所指的是由活人构成的生命总体的治理技术，或者说人口向治理实践提出的问题化状况。它直接以（人口的）生命为对象，以增强生命和提升生命为目的而实施的一系列国家治理技术。或简言之，生命政治即一种现代关于生命的政治。

这本是一个限于政治学的概念，从福柯研究而言，最多算是福柯在权力观上的一个理论贡献。可为何能够在今天，竟然实现了福柯当初设想的可能会在社会科学和人文学科中发展出一些新领域的预言，并且俨然成为当今资本主义社会最大的现实呢？这一方面就像福柯说的，是由于人类依然没有逃离亚里士多德所言的人本质上是政治动物的逻各斯；另一方面就像海德格尔所言的，现代社会是一个技术的“集置”，社会使人丢失了存在。更为甚者，今天所有的生命都被认为是“人造生命”，极大地挑战了生物生命观，生命及其幸福与否很大程度上受制于权力与技术。

因此，在刚刚过去的短短二三十年中，生命政治概念获得了巨大的成功。在哲学、政治学、美学、历史学、文学艺术，以及更为广泛的社会学和人文学科的广大领域中，大量的学者开始使用这一概念，并作为他们理论分析中不可或缺的一部分。生命政治已从作为福柯思想中的一个概念，演变成为标识一个独立学术领域与思想武器的新境地，同时，文艺及其作品中的生命政治也逐渐被置于显要位置。于是，生命政治诗学的时代已然诞生。

但是，福柯将生命政治的诞生置于 18 世纪晚期古典权力向现代权力的转变过程中，即从“使人死”向“让人活”的权力观念的转变过程中。不仅如此，它还联系于同一时期其他诸多方面的转变。在哲学上，出现了从世界是什么、人是什么、真理是什么向我们实际上是什么、我们当下是什么的现代哲学转变；在治理上，出现了从上帝的自然治理到国王治理再到国家治理的转变，拥有权力者由个体性的神、国王向一批由专门技术人员构成的群体治理转变，权力的对象从个体变成了围绕生活、人和人口的生命照料；权力的功能由战争与和平向治安民生（国民健康、经济调控和秩序稳定三大目标）转变；医学开始由一个生物健康技术向管治系统和权力机器迈进，也就是政治开始转向了生命政治，消极权力转向了积极权力。而人所追求的终极目标也由至善（人的自然和神圣的终点）转向至福（在世幸福）。其实，福柯在当时冯・尤蒂斯的著作中就惊喜地发现了他已首次将人口纳入治安范畴的讨论。

毫无疑问，这种转向也体现在当时的文学艺术领域，一方面出现了从边缘的、不正常的个体描写转向对于一个阶层、阶级生活的记录，另一方面出现了对于诸神远去、灵韵之光不再的忧伤，对自然生活、世俗生活的向往等。也就是说，伴随着生命政治转向，文学艺术也发生了类似的情况。为了将生命造就成一个国家要素，文艺批评应该回答生命的政治（politics of life）以及加在生命之上的政治（politics over life）诗学，生命在管治（government）机制中的自我技术与生活美学，文艺对生命的再现与叙述策略，治理之下生命的问题化与伦理关怀，等等，这些核心问题，更不用说如何看待文学艺术作为一个单独对象的现代机制了。

其实，说它是一部学术史或学科史也一点都不为过。以安全之名，作为生命管治的政治概念，作为国家和公民幸福快乐的政治概念与西方政治思想一样古老。它源于古希腊。古希腊的政治思想、权力与知识的观念都可以视为生命政治学。像苏格拉底曾以自身生活的和声之美引领城邦人民实现和谐生活；柏拉图将具审美属性的不朽视为人生的最高追求，他的艺术观就是从城邦治理出发的批评观；亚里士多德在《尼各马可伦理学》中，就区分了三种人类生命：享乐生命，政治生命和沉思生命，这些生命都是bios。而且，亚里士多德认为生命本来就有一份自然的愉悦和甜蜜，这种甜美的生命只属于bios。古罗马人亦认为生命中含有创造快乐生活的想法。现代，尼采提出权力意志概念后，生命、权力与力量的关系逐渐成为哲学考量的重要议题。

受尼采的影响，美学界越发意识到形而上学思维的弊端，不断将视点移向治身修德场域，尝试构建有关生存、真理和伦理的美学思想以超越资本主义治理体制。到了现代，溢出美学之外，特别是美学与政治的互渗更被认为是美学重要的新近贡献。总体而言，生命政治美学显示出这么一个重要思路：生命政治给生存预留了美学空间，美学渴望但也需要在理论与实践中回应来自它的提问，两者呈现出相互吸引、彼此靠拢的强劲趋势。

回视中国古代，儒、道两家在生命的集体治理和自我治理上积累了丰富的有关养修人生的思想，是采取庄子“无欲、去智、体道”的精神修养方法和“超世、遁世、顺世”的处世态度而走向“无待、无累、无患”的精神自由，还是采取孔子“知其不可为而为之”的现实原则始终是中国古代文人面对君主管治时所彰显的两种主要美学抉择。当然，佛家在侧重心理治理的生命哲学上则形成了系统理论。近现代以来，王国维视审美为人生伦理，蔡元培在政治层面上认识美学，方东美重视人的理想化生存和生命的自我超越并提出理想人格的目标，宗白华引入生命哲学并融合传统思想后倡导一种生命、美与秩序相统一的艺术化人生，也基本没有离开传统思路。中国百年来的数次“美学热”，无疑在另一层面彰显了公民启蒙与国家治理间的潜在对话。那种将美视为自足性存在，剥离掉一切外在因素做理想化纯粹观照的做法无疑是有价值的，不仅不是美学的全部，而且是一种无生命的概念美学。

今天，生命政治似乎成了一个时髦话题。它不仅在人文学科与社会学科之间获得了巨大的理论空间，而且由于它的现实介入性与批评精神而获得了巨大的阐释效力。在不少被冠之以生命政治的探讨中，诸如后人类主义、情感（情动）理论、动物研究、性别研究、空间理论、叙事学、生命伦理、生物技术以及人工智能时代的艺术理论等林林总总的后现代理论都可以觅见生命政治理论的影子。尽管如此，文艺与美学概念的出现都是晚近的事，其与生命政治的关系与可能空间，就像有些西方学者所提出的那样，还有待进一步探明。我们也畅想迈向生命政治时代的新诗学能尽快得以实现。